肉制品

绿色制造技术

——理论与应用

彭增起　著

Green Manufacture
for Processed Meats
—Theory and Application

化学工业出版社
·北京·

图书在版编目（CIP）数据

肉制品绿色制造技术——理论与应用/彭增起著．
北京：化学工业出版社，2018.1
ISBN 978-7-122-30994-5

Ⅰ.①肉⋯　Ⅱ.①彭⋯　Ⅲ.①肉制品-食品加工-无
污染技术　Ⅳ.①TS251.5

中国版本图书馆 CIP 数据核字（2017）第 278743 号

责任编辑：彭爱铭　　　　　　　　装帧设计：张　辉
责任校对：边　涛

出版发行：化学工业出版社（北京市东城区青年湖南街 13 号　邮政编码 100011）
印　　装：高教社（天津）印务有限公司
710mm×1000mm　1/16　印张 14¾　字数 258 千字　　2018 年 1 月北京第 1 版第 1 次印刷

购书咨询：010-64518888（传真：010-64519686）　　售后服务：010-64518899
网　　址：http://www.cip.com.cn
凡购买本书，如有缺损质量问题，本社销售中心负责调换。

定　　价：**69.00 元**　　　　　　　　　　　　　　版权所有　违者必究

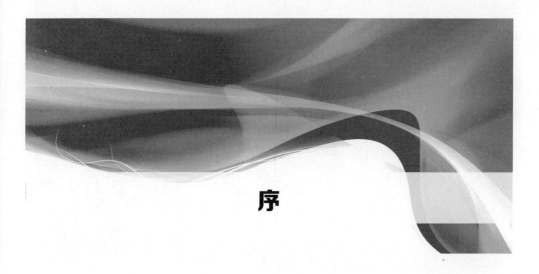

序

随着对客观世界认识的不断深入和生活水平的日益提高，人们越来越推崇绿色发展的生活方式。民以食为天，绿色发展的生活离不开每天必需之食物，如何生产更加环保更加安全的食物成为食品产业的重大命题，在此大背景下，食品绿色制造技术应运而生，并且蓬勃兴起。

《肉制品绿色制造技术——理论与应用》这部著作从发展的角度，介绍了人类从 20 世纪 60 年代初叶开始意识到环境污染的严重性，到 20 世纪 90 年代初绿色化学和绿色制造的提出，论述了食物组分在腌制、乳化、油炸、烧烤、烟熏、煮制等加工和储藏过程中的化学变化，详尽阐述了食源性有害物质的形成机理与抑制方法。作者从减少和消除油炸、烧烤、烟熏和老卤煮制等传统加热方法给环境和人类健康可能带来的风险角度，提出了肉制品绿色制造理念，并系统介绍了相关技术，此乃本书核心。

作者长期从事畜产品加工的教学和科研，在肉制品加工技术方面造诣颇深，对食品加工过程中有害物质形成方面有深入的研究，不仅在国内外发表了多篇有关学术论文，还研发出多项肉制品绿色加工技术。我认为本书既有理论深度，又有实用价值，能够对食品科技工作者、肉类食品加工企业开展绿色制造研究和生产起到启发、指导作用。

周光宏
2017 年 10 月

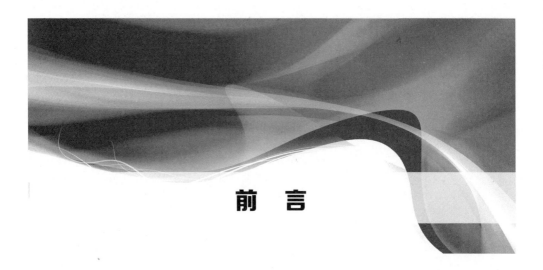

前　言

　　人类，从意识到环境污染的严重性到绿色化学概念的提出，并不是一帆风顺的，而是经历了一个漫长而曲折的发展过程。这个过程可分为四个阶段，即公众觉醒阶段、污染稀释阶段、立法阶段、绿色化学的诞生。

　　第一阶段，公众觉醒阶段。第二次世界大战之后的一些年月里，人们对化学污染的危害认识尚浅，对化学物品的生产、使用和处理的方法则几乎无任何立法。直到 20 世纪 50 年代末至 60 年代初，化学污染对人类健康及环境的危害才逐渐受到关注。

　　第二阶段，污染稀释阶段，也是初级阶段，是指利用稀释的办法来解决污染问题。在人类环境保护意识尚且薄弱的时候，通常的处理办法是将化学污染物直接排放到水、大气及土壤中。在当时，人们认为只要将化学品在某些溶剂中降低到一定的浓度就足以减轻其对自然界的危害。在人类对慢性毒性、生物积累等知识还没有充分认知的情况下，这一做法得到广泛应用，成为处理有害物质的主要方法。

　　第三阶段，立法阶段，通过政策法规来控制污染。随着对化学品毒性作用及其对环境影响的进一步了解，加上工农业的快速发展，人们认识到仅仅通过稀释无法从根本上解决日益严峻的污染源问题。于是，开始了环境保护方面的立法。对排放的废气、废水、废渣等进行必要的强制性处理，规定排放标准和污染物的最大安全浓度，严格控制有害物质的排放量。

　　第四阶段　绿色化学的诞生。立法是否是保护人类健康和使环境免遭厄运的最经济、最有效的方法呢？随着对化学生产与环境、资源的关系不断反思和总结，科学家们提出了"绿色化学"的新对策。1991 年，美国化学学会提出，绿色化学就是在化学物质合成、加工和利用过程中减少对人类和环境产生风险的途径与方法。随后，美国科学家 Trost 提出了"原子经济性（1991）"、荷兰有机化学家 Sheldon 提出了"E-因子（1992）"；这两个重要的绿色化学基本概念的提出，引起了人们的极大关注。20 世纪 90 年代，耶鲁大学 Anastas 提出了绿色化学"十二原则"；1999 年，世界第一本"绿色化学"杂志的创办，标志着绿色化学的诞生。

自 20 世纪 90 年代末期以来，我国和发达国家先后建立了绿色制造研究机构，研究领域多见于机械工业、电子工业、制药工业、纺织工业、染料工业、纸浆和造纸工业、机电产品绿色设计、可回收性绿色设计、清洁生产技术等。2006 年，我国正式成立"中国化学会绿色化学专业委员会"。2009 年，我国成立了绿色制造技术创新联盟。这些举措对于促进绿色化学和绿色制造技术在我国的发展起到了非常重要的作用。过去，世界各国传统加工肉制品的热处理一般包括油炸、煮制、烟熏、烧烤等工序。随着社会和科学技术的进步，公众健康和安全意识的增强，食品加工过程中的污染排放和食源性致癌致突物形成的问题日益受到重视。世界癌症研究基金会的专家早在 20 世纪 90 年代提出，这些食源性致癌致突物可能会增加罹患癌症的风险，而且世界癌症研究机构一直认为，没有令人信服的证据支持现有油炸、烟熏、烧烤等加热方法能改变这种致癌风险。应该指出的是，食源性致癌致突物的形成主要决定于肉的加热方法。为了减少或消除加工对环境和健康带来的危害，肉制品绿色制造技术研究浪潮正在兴起。因此，发展食品绿色制造，实现传统食品加工业更新换代和消费升级，是现代食品科学技术发展的必然趋势。绿色制造应具备两个基本要素，一是对环境友好，二是对人类健康友好，这也是衡量绿色制造的两个基本点。

本书介绍了肉制品绿色制造的概念、有害物质的生成机理和过程，如何控制或降低有害物质的生成，同时兼具良好的色香味。笔者感谢国家肉牛牦牛产业技术体系的科学家和实验站给予的大力支持，还特别感谢靳红果、汪张贵、姚瑶、张雅伟、李君珂、王蓉蓉等老师和研究生在研究和写作方面的大力协助。由于时间和水平所限，本书难免存在不当之处，殷切期待读者提出宝贵建议，不胜感谢！

彭增起
2017. 7

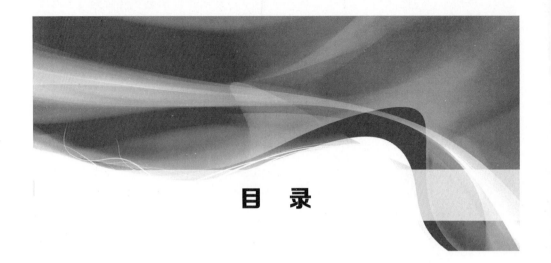

目 录

第二章　腌制过程中有害物质的形成

第三章　乳化与常见乳化剂的健康风险

第六章　煮制过程中有害物的形成

第七章　熏制过程中有害物质的形成

第八章　储藏加工过程中胆固醇氧化物的形成

第九章　绿色化学与绿色制造

第十章　肉制品绿色制造技术

第一章 食物主要成分在加工中的化学变化

食物蛋白质，特别是畜禽肉类蛋白质、鱼贝类蛋白质、乳蛋白质和禽蛋蛋白质，在加热过程中，如油炸、烧烤、蒸、煮、烟熏等，其许多化学基团会与氧气、食品中的其他基团发生各种各样的化学反应。这些化学反应的方向和速率受许多因素的影响，如肉类蛋白质的种类、脂质和糖的种类、加工温度、pH 值、水分活度、离子类型与离子强度以及各种自由基。

第一节 氨基酸的热变化

肉类烧烤和油炸通常会超过 $200\sim300℃$，有时，局部温度会更高，以致炭化和焦化。在这样的温度下，肉品表层的氨基酸残基会发生许多化学变化，如氨基酸的高温分解、氨基酸残基的脱氨基作用。脱氨基作用的速率和程度取决于加热温度的高低和加热时间的长短、反应介质的 pH 值和蛋白质的性质，如蛋白质构象的局部变化和氨基附近多肽链的游动性。在氧和还原糖存在时，加热温度越高，热敏氨基酸残基的热降解速度越快。

一、高温分解

氨基酸高温分解机制和分解产物的种类及数量决定于氨基酸的结构、分解温度和作用时间、中间产物的稳定性和挥发性。小分子量的高温分解产物的形成一般要经过脱羧、环化、脱氨等化学过程。

(一) 色氨酸的高温分解

在油炸汉堡包、烤牛肉、牛肉膏香精中，有许多色氨酸的衍生物存在，如氨基咔啉类（Amino-Carbolines），有些咔啉类混合物具有致突活性。单独加热色氨酸，100℃加热20min不形成2-氨基-1-甲基-6-苯基咪唑并［4,5-b］吡啶（PhIP，2-amino-1-methyl-6-phenylimidazo-［4,5-b］pyridine，CAS no：105650-23-5）；150℃时，PhIP形成逐渐增多；在175～200℃，PhIP的形成急速加剧（图1-1）。

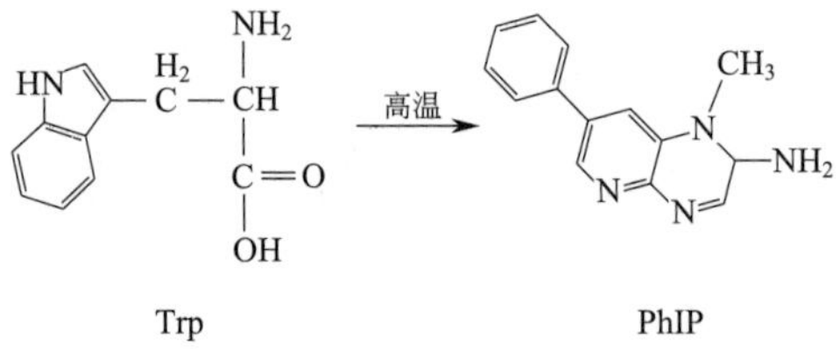

Trp　　　　　　　　　PhIP

图 1-1　色氨酸高温分解形成 PhIP

300℃时，色氨酸已有大约60%被炭化，能形成含氮杂环化合物，也能形成含氮多环芳香混合物，如1-甲基-9H-吡啶并［3,4-b］吲哚（Harman）和9H-吡啶并［3,4-b］吲哚（Norharman）及其衍生物。色氨酸的炭化物更易于含氮多环芳香混合物的形成。在625℃下色氨酸高温分解形成的含氮多环芳香化合物的产率比在300℃下的产率高。色氨酸750℃以上发生焦化，其高温分解过程中易于形成与吲哚环有关的含氮多环芳香化合物（N-PACs），但没有发现多环芳烃（PAHs）。

(二) 天冬氨酸的高温分解

300℃时，天冬氨酸（Asp）能形成含氮杂环化合物；超过750℃时，天冬氨酸能形成含氮多环芳香化合物和多环芳烃（图1-2），而且天冬氨酸和脯氨酸所形成的含氮多环芳香化合物相似，却与色氨酸所形成的含氮多环芳香化合物区别很大。天冬氨酸和脯氨酸形成含氮多环芳香化合物的途径分两步，首先降解成小分子量的前体物，而后合成多环化合物。天冬氨酸在625℃时大约80%被烧焦。色氨酸、天冬氨酸和脯氨酸随着加热温度的提高，三环和四环含氮多环芳香化合物的产率明显增加。

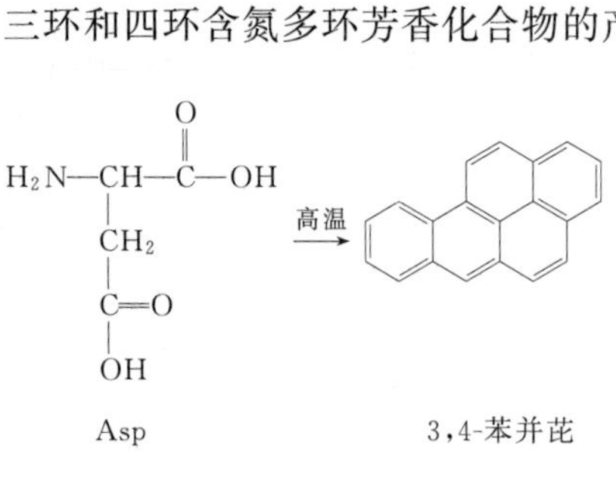

Asp　　　　　　　　　3,4-苯并芘

图 1-2　天冬氨酸高温分解形成 PAHs

(三) 脯氨酸的高温分解

脯氨酸（Pro）高温分解的主要产物有吡咯、吲哚、吡啶、喹啉、异喹啉和甲基吡啶。脯氨酸300℃时也能形成含氮杂环化合物；750℃以上，脯氨酸能形成含氮多环芳香化合物和多环芳烃（图1-3）。

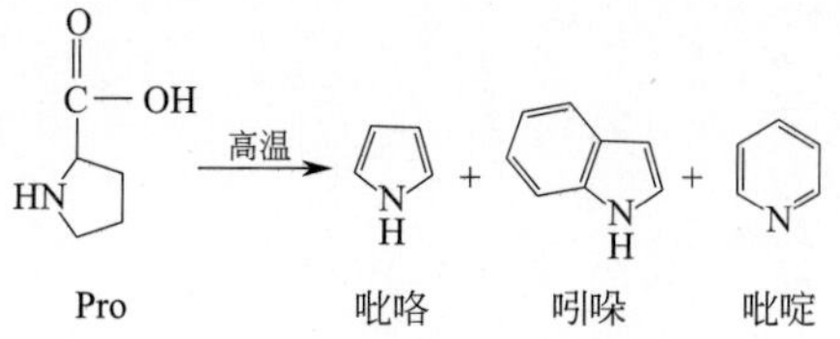

图 1-3　脯氨酸高温分解

谷氨酸、赖氨酸、苯丙氨酸、鸟氨酸、亮氨酸在 650～850℃下高温分解，会有含氮多环芳香化合物和多环芳烃产生。

肉类，包括鱼贝类，在烧烤、油炸等工艺过程中，有时会发生炭化或焦化，其高温分解产物十分复杂，包括含氮杂环化合物、含氮多环芳香化合物、多环芳烃、杂环胺化合物，其中最为关注的是3,4-苯并芘，又称苯并（a）芘（BaP）。高温分解产物的形成决定于肉类蛋白质的性质和高温分解条件。氨基酸的结构和性质不同，产物的形成机制和产物的种类、性质也不一样。进一步理解肉类氨基酸高温分解和高温合成的机理及其产物的种类和性质，对于发展食品加工工程和改善食品安全水平是十分重要的。

二、脱酰胺作用

在中性和碱性条件下，蛋白质加热后其多肽链上的氨基氮与侧链上的羰基之间通过亲核反应形成环状酰亚胺，同时脱去氨基（图1-4）。

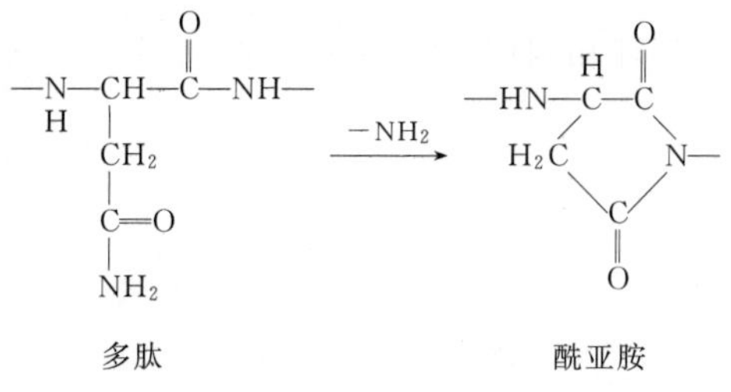

图 1-4　脱酰胺作用

谷氨酸残基谷氨酰胺受热200℃以上发生脱酰胺作用，生成戊二酰亚胺和氨

（图 1-5）。

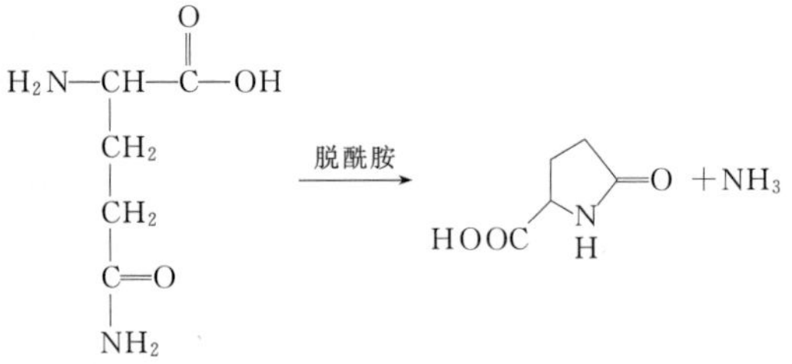

图 1-5　谷氨酰胺的脱酰胺作用

与比谷氨酸相比，天冬氨酸的酰胺基天冬酰胺（图 1-6）与有催化作用的氨基酸残基相邻更近，其脱酰胺作用更容易发生。

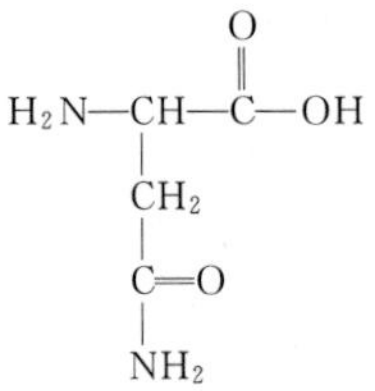

图 1-6　天冬酰胺

三、去磷酸化作用

蛋白质加热后的去磷酸化作用，要么经磷酸丝氨酸水解而形成磷酸和丝氨酸，要么经消除作用而形成磷酸和脱氢丙氨酸（DHA），后者的活性很强，与赖氨酸反应形成赖丙氨酸（图 1-7），与组氨酸反应形成组丙氨酸（histidinoalanine），与半胱氨酸反应生成羊毛硫氨酸（lanthionine），与鸟氨酸和精氨酸反应生成鸟丙氨酸（ornithinoalanine），与氨反应生成氨基丙氨酸（aminoalanine）。

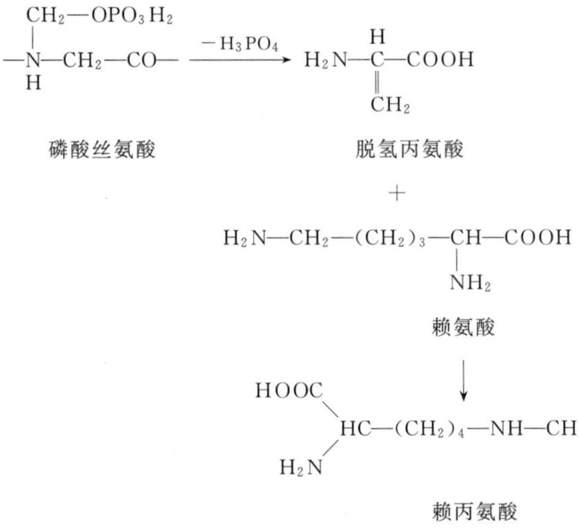

图 1-7　去磷酸化作用

四、pH 值对氨基酸热变化的影响

（一）常见反应

在中性和偏碱性条件下，肌肉蛋白质能够获得良好的提取性和加工特性，如凝胶特性。淡水鱼鱼糜制造过程中采用的 pH 漂变技术（pH shift），或酸碱变换技术（pH 3.5 和 pH 11 之间变换），可提高鱼糜品质。在碱性条件和 50℃下，半胱氨酸、丝氨酸和磷酸丝氨酸、苏氨酸的活性氨基酸残基，通过 β-消除反应，可转换成脱氢丙氨酸。

在碱性条件下，胱氨酸残基则发生二硫键破坏并释放二价硫离子和单体硫（图1-8）。由于碳阴离子与一个质子发生重组反应，可形成 L-半胱氨酸和 D-半胱氨酸。外消旋作用的速率取决于蛋白质和氨基酸残基的性质。在一定的温度和 pH 值下，一般说来，蛋白质中氨基酸残基的外消旋作用速率比游离氨基酸要快得多。

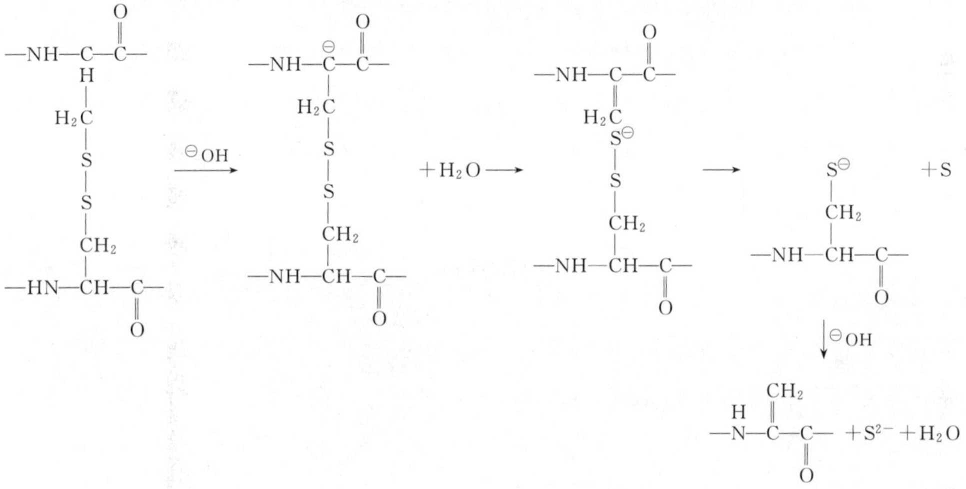

图 1-8　胱氨酸二硫键的破坏

在碱性条件下，精氨酸残基裂解为鸟氨酸。

（二）松花蛋加工中赖丙氨酸的形成

松花蛋加工过程中，pH 值逐渐上升，至皮蛋成熟，蛋白的 pH 值可达 11.30，蛋黄的 pH 值可达 10.40。加工厂为了延长松花蛋的货架期，往往需长时间高温加热。这样，就会形成大量的赖丙氨酸（LAL）。LAL 的形成规律与 pH 值的变化趋势是一致的。腌制前期，蛋白的 pH 值迅速上升，LAL 的含量也随之急剧增加；腌制后期蛋白的 pH 值增速放缓，LAL 的含量也呈现缓慢增加的趋势。研究指出，赖丙氨酸对人体健康有潜在的危害。首先，LAL 会导致食品中必需氨基酸含量的下降，同时伴随着某些特定氨基酸的外消旋化，降低蛋白质的消化率，进而降低食品的营养价值；其次，LAL 会螯合金属离子，钝化金属酶或使其失去活性；最重要的是，LAL 会特异性地导致白鼠肾细胞巨大症，给大鼠投喂碱处理的蛋白质（含 LAL）会导致肾细胞细胞核和细胞质的扩大，以及干扰 DNA 的合成和有丝分裂，直至肾小管细胞坏死。目前已有将 LAL 作为婴幼儿配方奶粉的一个质量指标，以避免 LAL 对婴幼儿造成的伤害。碱性条件下氨基酸残基会发生有害反应，这种反应可被亲核基团所抑制，如通过酰化或通过与氨基酸残基竞争脱氢丙氨酸双键的化合物。研究发现，通过添加巯基化合物、亚硫酸钠、糖类、有机酸、生物胺、二甲基亚砜等可以抑制食品中 LAL 的生成，同时蛋白质经乙酸酐和琥珀酸酐酰化也起到抑制赖氨酸的破坏和降低 LAL 生成的作用。

松花蛋加热 20min 后，硫胺素几乎完全分解。加热不新鲜的鸡蛋（蛋清 pH 9.5，储藏期间，由于逸出二氧化碳，pH 值逐渐升高，至 10 天左右可达 9.0～9.7），也会使硫胺素大量分解。肉类和鱼贝类经烧烤、油炸、水煮和罐制加工后，硫胺素会随肉汁的流失而流失，一般损失 20%～70%。硫胺素及其降解产物也会参与美拉德反应。

五、脱氨基作用

肉类在油炸、烧烤、煮制和烟熏过程中，会产生许多典型的风味物质。许多研究表明，经由美拉德反应可形成许多独特的风味物质，特别是一些氨基酸的产物，如半胱氨酸、蛋氨酸和脯氨酸的产物。油炸肉类时，有时在肉表面挂糊（或不同浓度的饴糖、蜂蜜）。这些原料中的天冬氨酸与还原糖的美拉德反应产物及其后续产物经脱氨基作用可形成丙烯酰胺（图 1-9）。半胱氨酸和蛋氨酸与葡萄糖反应，也能形成丙烯酰胺。

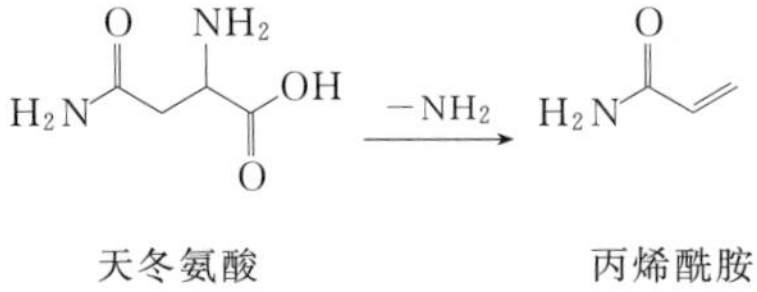

图 1-9 天冬氨酸的脱氨基作用

赖氨酸残基遇有过氧化物酶或 H_2O_2，会发生氧化脱氨基作用、羟醛缩合和醛亚胺缩合，进而使小分子蛋白质之间发生交联，形成大分子蛋白质。

第二节　糖的热变化

在食品加工过程中，糖可作为食品工业的原料，如用作甜味剂，改善食品的加工性能。但是，某些糖在加工中由于加热的温度和时间会发生一些热变化，导致有害物质物质的产生。

一、糖的化学反应

（一）单糖的复合反应

受酸和热的作用，一个单糖分子的半缩醛羟基与另一个单糖分子的羟基缩合，失水生成双糖，这种反应称为复合反应。糖的浓度越高，复合反应进行的程度越大。若复合反应进行的程度高，还能生成三糖和其他低聚糖。复合反应的简式为：

$$2C_6H_{12}O_6 \longrightarrow C_{12}H_{22}O_{11} + H_2O$$

（二）脱水反应

糖受强酸和热的作用易发生脱水反应，生成环状结构体或双键化合物。例如戊糖脱水生成糠醛，己糖脱水生成5-羟甲基糠醛（HMF），己酮糖较己醛糖更易发生此反应。在六碳糖脱水生成HMF的过程中，还伴有其他副反应，同时生成很多复杂的副产物，如2-羟基乙酰呋喃、呋喃甲醛、5-氯甲基糠醛、甲酸、乙酰丙酸等。在反应进程中，这些副产物容易发生聚合反应，生成可溶的聚合物和不溶的黑色物质。

单糖的复合反应以及糖的脱水反应的加热温度均在100～150℃之间，所以这些反应都是在较低的温度下进行的。

（三）热分解反应

糖的热分解反应是食品中的重要反应，通常被称为焦糖化反应，可以被酸或碱催化。焦糖化反应的温度在150～200℃之间。

二、糖高温分解有害物质的产生

葡萄糖、蔗糖等在加热条件下会发生脱水、热解等化学反应，在产生特定的风味、色泽的同时，会导致一些有害物质的生成，如5-羟甲基糠醛（5-HMF）、多环芳烃以及甲醛等。例如蔗糖在高温下分解（温度超过400℃）会经过一些复杂的化学反应，生成一些对人体有害的物质，羟甲基糠醛（HMF）就是其中的一种。有相关研究报道称，在高于250℃的条件下烘烤饼干，若将葡萄糖或果糖置换成蔗糖，则有大量的 HMF 产生，这可能是蔗糖在高温下产生了具有较高活性的呋喃果糖基离子造成的。因此，糖类在加热过程中有害物质的产生与受热温度、糖的种类密切相关。

（一）5-羟甲基糠醛的产生

5-羟甲基糠醛（又名 5-羟甲基-2-糠醛、羟甲基糠醛、5-羟甲基呋喃甲醛或 5-羟甲基-2-呋喃甲醛），英文名 5-hydroxymethyl-2-furfural、5-hydroxymethylfurfural 或 5-HMF，是一种重要的化工原料，其结构式见图 1-10。它的分子中含有一个醛基和一个羟甲基，可以通过加氢、氧化脱氢、酯化、卤化、聚合、水解以及其他化学反应，用于合成许多有用化合物和新型高分子材料，包括医药、树脂类塑料、柴油燃料添加物等。工业上生产糠醛和 HMF，主要使用富含糖类的生物质材料或农业废料，在受热、氧化或酸性环境发生水解、裂解、脱水反应，产生糠醛和 HMF 等化合物。

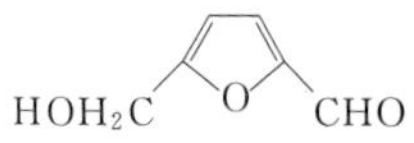

图 1-10　5-羟甲基糠醛结构式

HMF 是一种呋喃类化合物，也是美拉德反应的一种中间产物，它可以在食品热处理过程中的酸性条件下由糖（焦糖）直接水解产生。在葡萄糖注射液的储存过程中，或糖含量高的食品如蜂蜜、甜酒、甜面酱等的储存过程中，都会产生糠醛和 HMF。

反应温度和反应压力对 HMF 的生成有很重要的影响。高温和高压都会加快反应速率，因此在较高的反应温度和反应压力下，糖的脱水反应更容易进行。除了温度、压力外，食品中的 HMF 含量与糖的种类、pH 值、水分活度、二价阳离子介质的浓度等均有密切的联系。

将蔗糖样品迅速加热到 700℃，测得挥发性物质中的 67.1% 是糠醛类化合物。D-葡萄糖、D-果糖和蔗糖在高温条件下的产物主要是 5-羟甲基糠醛。

HMF 是一种食品内源性污染物，具有低毒性，是一种弱致癌性的细胞毒素，其 LD_{50} 为 3.1g/kg。HMF 具有抗心肌缺血、抗氧化、改变血液流变性和神经保护性的功效，但是有相关研究表明，高浓度的糠醛或 5-羟甲基糠醛可通过吸入或皮肤接触被人体吸收，对眼睛、上呼吸道、皮肤和黏膜等具有严重的刺激作用；对人体横纹肌及内脏有损害，且具有神经毒性，能与人体蛋白质结合产生蓄积中毒等症状。其实，5-HMF 本身并没有毒性，主要是因为其能在体外和体内分别形成 5-氯甲基糠醛（5-chloromethylfurfural，5-CMF）和磺酸氧甲基糠醛（sulfoxymethylfurfural，SMF），而这些物质都具有较强的致癌性和基因毒性。目前，对于 HMF 的安全性争议非常大，在 HMF 对人类是否具有致癌性和致畸性等方面还没有充分的理论根据。

（二）多环芳烃的产生

多环芳烃（polycyclic aromatic hydrocarbons，PAHs）是分子中含有两个及以上苯环的碳氢化合物，包括萘、蒽、菲、芘等 140 余种化合物，为煤、木材、石油和烟草等中的有机物不完全燃烧产生的挥发性碳氢化合物，属于严重影响环境和食品的污染物。糖熏肉制品，如熏鸡、熏肠、熏肉等是我国传统的肉制品，是以鲜肉为主要原料，白砂糖为熏料制作而成。糖熏肉制品以其色泽鲜艳、风味独特深受广大消费者的喜爱。但是在熏制过程中，会由于糖的温度过高以及其燃烧不尽产生多环芳烃，尤其是 3,4-苯并芘的产生。

碳水化化合物在超过 800℃ 的高温下主要产生 PAHs。有研究表明，在超过 800℃ 的高温条件下，D-葡萄糖、D-果糖以及纤维素分解会导致大量酚醛和 PAHs 的产生。

多环芳烃是最早发现且为数最多的一类化学致癌物。大量研究表明，多环芳烃是导致肺癌发病率上升的重要原因。多环芳烃的毒性很大，对中枢神经、血液作用很强，尤其是带烷基侧链的 PAHs，对黏膜的刺激性及麻醉性极强。在多环芳烃中，3,4-苯并芘污染最广，具有致癌、致畸、致突变性。3,4-苯并芘的毒性超过黄曲霉毒素，不仅是多环芳烃中毒性最大的一种，同时也是所占比例最高的一种。人体每日摄入 3,4-苯并芘的量不能超过 10μg，不能超过安全摄入量，否则，会对人体造成极大的伤害，甚至会危及生命。

（三）甲醛的产生

英国学者 Baker 对糖在高温下分解形成甲醛进行了深入的研究，结果表明，所有的糖类物质在 220～550℃ 都会产生甲醛，糖类物质可能是甲醛的前体物。在10% 含氧环境中，四种固体糖（红糖、白糖、果糖、葡萄糖）在 400℃ 左右热解产生较多的甲醛，其含量在 4～6μg/mg 之间；蜂蜜在 300℃ 左右产生甲醛量最多，可高达 10μg/mg；而转化糖在 200～330℃ 间热解产生较多的甲醛，其含量在 8μg/mg 左右。对于大部分的糖来说，甲醛是糖的直接降解产物，而对于转化糖来说甲醛的形成机制比直接降解产生要复杂得多。在蜂蜜、糖浆中添加适量的 L-脯氨酸，可起到降低甲醛产生的效果；添加适量的磷酸氢二铵可以有效地抑制葡萄糖、果糖热解产生甲醛。总之，一些含氨基的化合物在加热过程中会与糖类物质反应，从而抑制糖类降解产生甲醛；同时氨也可与甲醛形成复合物，进而抑制甲醛的产生。

第三节　食用油脂的热变化

食用油脂的提取、脱臭和油炸等加热过程是食品加工的重要工序。加热时，热源、介质与食用油之间发生相互作用使其理化特性、感官特性等都发生明显的变化，同时也会形成部分有害物质。

一、食用油脂中的多环芳烃

食用油脂中多环芳烃主要在油料和油脂加工过程产生。油脂原料中的多环芳烃含量和种类取决于受大气、土壤和水质的污染程度，以及收获和晒干的场所，如在沥青马路上晾晒，会使油料污染多环芳烃。在油脂加工的热处理过程中，油脂原料的焙炒或烘烤温度高低和时间长短是决定食用油中的多环芳烃含量的主要因素，温度越高，时间越长，油脂中多环芳烃含量就高，如温度过高（>400℃），或时间过长（>20min），都可导致原料局部焦煳，致使蛋白质和脂肪热解和聚合，生成多环芳烃。油脂品种影响油脂中多环芳烃含量。在有些市售食用油中，菜子油中总多环芳烃和3,4-苯并芘（BaP）含量一般为 $10\sim65\mu g/kg$ 和 $0.9\sim2.3\mu g/kg$，花生油、葵花子油、大豆油、橄榄油的总环芳烃和3,4-苯并芘含量分别为 $45\sim165\mu g/kg$ 和 $0.5\sim4.6\mu g/kg$、$12\sim56\mu g/kg$ 和 $0.6\sim2.1\mu g/kg$、$11\sim50\mu g/kg$ 和 $0.5\sim4.6\mu g/kg$、$16\sim61\mu g/kg$ 和 $0.3\sim1.1\mu g/kg$。食用油脂多环芳烃含量与油脂加工条件也有很大关系，如芝麻油，由于原料、车间及其周边环境、生产设备与工艺、品质控制手段等参差不齐，BaP 含量高的可达 $20\mu g/kg$，低的往往小于 $0.5\mu g/kg$。

食用油中多环芳香烃是油脂中甘油三酯或脂肪酸高温分解的产物，其形成机制涉及许多步骤，如杂环芳香烃和碳环芳香烃是在缩合、环化和自由基反应中形成的，十分复杂，许多细节尚不十分清楚。甘油三酯在 $300\sim500℃$ 高温下发生裂解。棕榈油高温分解会产生烃类化合物和一些有机化合物的氧化物，如羧酸、烷烃、二烯烃以及烯烃等，而脂肪烃的进一步高温裂解产生了多种自由基。有些自由基十分活跃，它们与反应体系里的其他物质和自由基发生碰撞和重组，最终缩合成多环芳烃。

二、食用油脂中的反式脂肪酸

天然油脂中的不饱和脂肪酸主要是顺式脂肪酸，它可以转变成反式脂肪酸。反式脂肪酸的存在及产生方式主要有以下两大类：一是天然存在的反式脂肪酸，多见于反刍动物，如牛、羊的脂肪、奶中；二是加工产生的反式脂肪酸，形成于食品加工过程，如氢化和热处理等。市售的一级精炼大豆油中，反式脂肪酸总含量一般为 $39\sim79mg/100g$，三级精炼大豆油则为 $54\sim79mg/100g$。

精炼和油炸是食用油中反式脂肪酸形成的主要途径。目前关于反式脂肪酸（TFAs）形成机制的研究相对较少，且单不饱和反式脂肪酸和多不饱和反式脂肪酸的形成机制不同。单不饱和反式脂肪酸通过自由基机制形成。有些自由基能使双键发生异构化，如含硫自由基和二氧化氮自由基等。这些自由基首先与顺式脂肪酸结合形成加合物，然后通过 β 消除反应，最初结合的自由基被去除，形成反式脂肪酸。而对于多数不饱和脂肪酸，其形成方式包括自由基机制和分子内重排两种。人造奶油、起酥油等是植物油氢化的产物，其中的反式脂肪酸是在金属催化剂参与下形成的反式结构。

第四节　肉类加工中的美拉德反应

一、美拉德反应过程

加热肉类和鱼贝类等富含蛋白质的食物，由于美拉德反应的发生，会产生色泽和风味。美拉德反应是自然界广泛存在的一种化学现象，由法国化学家 Louis Camille Maillard 于 1912 年发现，是指食物在加工储藏过程中羰基化合物和氨基化合物在一定温度下发生的一系列非酶褐变反应的总称。美拉德反应的一般反应机理分三个阶段。

（一）初始阶段

氨基酸和还原糖发生缩合反应，醛糖存在的条件下形成 N-糖基胺，然后再经 Amadori 重排而形成 1-氨基-1-脱氧-2-酮糖；酮糖存在时发生 Heynes 重排而形成 2-氨基-2-脱氧-1-醛糖。

（二）中级阶段

分为三个途径：①Amadori 重排产物 1-氨基-1-脱氧-2-酮糖进行 1,2-烯醇化反应，生成羟甲基糠醛化合物；②Heynes 重排产物 2-氨基-2-脱氧-1-醛糖发生 2,3-烯醇化反应，生成糠醛化合物；③氨基酸和二羰基化合物发生缩合反应形成席夫碱（Schiff's base），然后进行脱羧、加水反应，脱去一分子的二氧化碳，形成醛或酮类化合物，这也是美拉德反应生成风味物质的主要途径——Strecker 降解。如，赖氨酸残基的非电离氨基 ε-NH$_2$ 或末端 α-NH$_2$ 与还原糖的羰基，或与脂质氧化的次级产物发生反应。在与醛糖的反应中，形成不稳定的醛亚胺（席夫碱），进一步异构化为醛糖胺。

（三）终极阶段

即高级阶段，美拉德反应中间产物如醛类、酮类等与氨基化合物发生分子聚合，最终生成复杂的不溶性褐色聚合物——类黑素。

类黑素是分子结构未知的复杂高分子色素。在聚合作用的早期，类黑素是水溶性的，在可见光谱范围内没有特征吸收峰，它们的消光值随波长降低而以连续的无特征吸收光谱的状态增加。红外光谱、化学成分分析等试验表明，类黑素混合物中含有不饱和键、杂环结构以及一些完整的氨基酸残基等。在食品加工，特别是热处理工艺中形成的类黑素不仅直接影响着食品的风味、色泽和质地，同时可通过断开分子链清除体系中的氧和螯合金属离子，具有较强的抗氧化作用并延长食品的货架期。

二、影响美拉德反应的因素

影响美拉德反应的因素很多，美拉德反应除了受到糖类和氨基酸的影响，还受到温度、时间、水分活度、pH 值等的影响，前者主要影响到产物种类，后者通常是反应的动力学影响因素。

(一) 底物

1. 糖类

在美拉德反应中，参与反应的糖可以是双糖、五碳糖和六碳糖。可用的双糖有乳糖和蔗糖；五碳糖有木糖、核糖和阿拉伯糖；六碳糖有葡萄糖、果糖、甘露糖、半乳糖等。反应的速度为五碳糖＞己醛糖＞己酮糖＞双糖，开环的核糖比环状的核糖反应要快，因为开环核糖更利于 Amadori 产物形成。

2. 氨基化合物

氨基酸的种类、结构不同会导致反应速度的很大差异，如氨基酸中的氨基在 ε-位或末位比在 α-位反应速度快，碱性氨基酸比酸性氨基酸的反应速度要快。氨基酸的选择对风味特征的影响很重要。含硫氨基酸对于肉类风味是必需的，要产生所需风味需要反应混合体系中含有特定的氨基酸。

(二) 加工方式

美拉德反应速率受温度的影响很大，温度每变化 10℃，褐变速度便相差 3～5 倍，温度越高反应越快。温度也是影响美拉德反应形成风味物质的一个最重要的因素。例如，对比烤肉和煮肉的感官品质，煮肉缺乏焙烤产品的特有香味。这主要是因为水煮肉的水分活度接近 1.0，温度不超过 100℃。而烤肉具有较低的水分活度和较高的表面温度，从而促进风味化合物的产生，所以尽管反应物相同，但烤肉却具有焙烤风味。

加热时间对于风味特征也很重要，延长美拉德反应的时间并不会使风味物质增多，但是会改变风味物质的最终平衡，从而改变了风味特征。

辐照也可以引起美拉德反应的进行。非还原性双糖——蔗糖在辐照的条件下有褐色物质形成。

(三) pH 值

通常情况下，随着反应的进行 pH 值会降低。初始 pH 值大于 7 时，颜色物质生成很快；初始 pH 值低于 7 时，吡嗪类物质难于形成。在初始 pH 值低于 2 的强酸溶液中，氨基处于质子化状态，使 N-糖基化合物（葡基胺）难以形成，从而使反应难以进行下去；初始 pH 值大于 8 时，反应速度难以控制。某些挥发性物质的形成有一个最适 pH 值，因此食品中 pH 值的一点小变化都有可能明显改变其加热后的香味特征。

（四）水分活度

水分含量在 10％～15％时，反应容易发生，完全干燥的食品难以发生美拉德反应。若用美拉德反应制备肉类香精，水分活度在 0.65～0.75 最适宜，水分活度小于 0.30 或大于 0.75 反应很慢。

（五）金属离子

金属离子对美拉德反应的影响在很大程度上依赖于金属离子的类型，而且在反应的不同阶段，其影响程度不同。铁离子和亚铁离子能促进美拉德反应，且三价铁离子的催化能力比二价亚铁离子的强；钙离子和镁离子能减缓美拉德反应；钾离子和钠离子对美拉德反应影响不大。

（六）盐类

具有缓冲作用的盐类及其浓度也可能影响反应速度。缓冲盐对美拉德反应的影响各不相同，通常认为磷酸盐是最好的催化剂。磷酸盐对反应速率的影响取决于 pH 值，pH 值在 5～7 时催化效果最好。

三、食品加工中的常见美拉德反应及其影响

大多食品的色、香和味，基本都是发生美拉德反应的结果。烘、烤、煎、炸等食品加工过程中发生的美拉德反应有利于食品的颜色和香味物质的形成。而在其他的一些食品加工过程中（如巴氏消毒、灭菌等）发生的美拉德反应对食品品质是不利的。除此之外，大量研究表明，美拉德反应产物具有良好的抗氧化性。但同时，美拉德反应会造成氨基酸消耗和糖及蛋白质损失，从而致使食品营养价值下降，甚至会产生有害物质。

（一）美拉德反应与食品色泽

美拉德反应最早就是由于葡萄糖和甘氨酸反应产生褐色物质而引起重视的，反应产生的褐色物质是食品色泽的重要来源之一。颜色的变化是一种极其重要的并且是表示美拉德反应程度的显著标志。颜色变化过程主要是形成不饱和灰色含氮聚合物或者多聚物，并由浅黄向黑灰色发展，这一过程主要取决于食物的类型或者反应的程度。褐变对于一些食品来说是必不可少的，如烤制食品，但在烤制过程中随着

美拉德反应产物的积累，色泽不断加深，因此在加工过程中，可以通过控制美拉德反应的底物及条件来达到合适的褐变程度。

（二）美拉德反应与食品风味

食品加热过程中，高温使其中的蛋白质分解产生游离氨基酸并与糖分发生美拉德反应，从而产生风味物质。研究发现，风味化合物主要在美拉德反应的中、末级阶段形成。美拉德反应可产生适宜或不适宜的风味，如 2-H-4 羟基-5-甲基-呋喃-3-酮有烤肉的焦香味，可作为风味和甜味增强剂；而某些吡嗪类及醛类等是食品高火味及焦煳味的主要成分。因此可以通过选择氨基酸和糖类、控制反应条件，有目的地形成不同的香味。例如，烤牛肉风味形成，美拉德反应模型体系中底物最优配比为牛肉酶解液 20g、葡萄糖 1.0g、甘氨酸 0.8g、硫胺素 0.3g，最佳反应条件为 120℃、pH 7.5、反应 90min。该模型体系形成的肉香纯正，烤牛肉风味浓郁。

美拉德反应是生产肉味香精的主要反应，其反应基质主要是氨基酸和还原糖，其中损失最多的是半胱氨酸和核糖。肉类香气的主要成分是呋喃、呋喃酮、吡嗪、吡咯、噻吩、噻唑、咪唑、吡啶以及硫化氢和氨等含氧、氮、硫的杂环化合物和其他含硫化合物，碱性条件有利于含氮、硫、氧等杂环化合物的形成。并非所有的美拉德反应产物都可以产生香味，只有相对分子量小于 200 的化合物才会有牛肉味。有研究表明，参与美拉德反应的肽分子量在 2000～5000U 最好，也有研究发现，参与美拉德反应的肽分子量在 1000～5000U 的具有增强风味的作用。

（三）美拉德反应产物的抗氧化性

自 20 世纪 80 年代以来，美拉德产物（MRPs）的抗氧化性引起了广泛的关注。美拉德反应过程中生成醛、酮等还原性物质，它们有一定的抗氧化能力，尤其是防止食品中油脂的氧化作用较为显著，如葡萄糖与赖氨酸共存，经焙烤后着色，对稳定油脂的氧化有较好作用。

H. Jing 发现酪蛋白-糖的 MRPs 能清除自由基，其中酪蛋白-核糖的反应产物可清除羟基自由基，酪蛋白-葡萄糖或果糖的反应产物只能清除二苯代苦味酰肼（DPPH）自由基。不同氨基酸与糖类的 MRPs 对冷藏的牛排脂质氧化有不同的抑制作用，木糖-赖氨酸、木糖-色氨酸、二羟基丙酮-组氨酸和二羟基丙酮-色氨酸的MRPs 对牛排脂质氧化有较好的抑制作用。

MRPs 的抗氧化研究报道很多，而将其作为有效的抗氧化剂应用于食品中还存在许多问题。这主要在于缺少有抗氧化活性的 MRPs 的特殊结构和对其抗氧化机理的研究。早期研究认为，MRPs 中间体——还原酮类化合物的还原能力及 MRPs 的螯合金属离子的特性与其抗氧化能力有关；近年来研究表明，MRPs 具有很强的消除活性氧的能力，也有认为 MRPs 的中间体——还原酮类化合物通过供氢原子而终止自由基反应链，并发现 MRPs 具有络合金属离子和还原过氧化物的特性。

（四）美拉德反应降低食品营养价值

美拉德反应后，有些营养成分损失，有些营养成分变得不易消化。因此，食品加工储藏过程中发生美拉德反应后，其营养价值有所下降，主要表现在以下方面。

首先是氨基酸的损失。赖氨酸占肉类蛋白质的 7%～9%，占鱼贝类蛋白质的 10%～11%。当一种氨基酸或一部分蛋白质参与美拉德反应时，显然会造成氨基酸的损失，这种破坏对必需氨基酸来说显得特别重要，其中以含有游离 ε-氨基的赖氨酸最为敏感，因而最容易损失。

其次是糖和蛋白质损失。从美拉德反应历程中可知，可溶性糖在美拉德反应过程中大量损失；蛋白质上氨基如果参与了美拉德反应，其溶解度也会降低。由此，人体对氮源和碳源的利用率也随之降低。

另外，研究发现食品发生美拉德反应后，食品中矿物质元素的生物有效性也有所下降。Whitelaw 等将 $^{65}ZnCl_2$、甘氨酸、D-亮氨酸、L-赖氨酸、L-谷氨酸同 D-葡萄糖结合并进行热处理，产生美拉德反应后，用透析的方法制得高分子（6～8kU）的 ^{65}Zn 化合物，然后进行动物实验，与对照相比，用上述方法制备出的美拉德反应产物结合锌的生物有效性大大降低。

（五）美拉德反应产生有害成分

美拉德反应产物除了能赋予食物特殊香气以及诱人的色泽外，其中某些成分还具有潜在的危害性。如今人们关注的热点是如何实现美拉德反应定向控制，即利用美拉德反应产生所需要的色泽香气，同时又最大限度降低有害物质的生成。

研究表明，食物中氨基酸和蛋白质通过美拉德反应生成了能引起突变和致畸的杂环胺物质。许多研究表明，反应底物和反应条件影响杂环胺化合物种类和数量的形成。在 130℃下，丙氨酸-肌酸酐-葡萄糖模型、苏氨酸-肌酸酐-葡萄糖模型、甘氨酸-肌酸酐-葡萄糖模型这 3 种模型体系更容易生成 2-氨基-3,4-二甲基咪唑并［4,5-f］喹啉（MeIQ），其次是 2-氨基-3,4,8-三甲基咪唑并［4,5-f］喹喔啉（4,8-DiMeIQx）和 2-氨基-3,7,8-三甲基咪唑并［4,5-f］喹喔啉（7,8-DiMeIQx），而加热 3h 均未检出 2-氨基-3-甲基咪唑并［4,5-f］喹啉（IQ）和 2-氨基-3-甲基咪唑并

[4,5-f] 喹喔啉（MeIQx）类杂环胺。研究认为，与其他 2 个模型相比，丙氨酸-肌酸酐-葡萄糖模型形成的杂环胺相对较少。有关肉类中其他前体物质模型的建立，或关于复杂模型体系有待进一步深入研究。

目前对美拉德反应产生有害成分研究较为清楚的是丙烯酰胺。国际癌症研究机构已将丙烯酰胺列为潜在的人类致癌物。Capuano 和 Fogliano 报道了丙烯酰胺的毒性，人体暴露在高浓度的丙烯酰胺下会引起神经损伤。因此食品中存在丙烯酰胺的问题引起了全球的关注。食品中丙烯酰胺主要产生于高温状况下，一般来说，食品在 120℃下加热即会产生丙烯酰胺。此外，由美拉德反应产生的典型产物 D-糖胺可以损伤 DNA；美拉德反应产物对胶原蛋白的结构有负面作用，这将影响到人体的老化和糖尿病的形成。

第五节　肉品在加热过程中形成的有害物

一、多环芳烃

许多烟熏和糖熏食品中含有多环芳烃类致癌物质，严重危害食用者的健康，使得人们对烟熏食品产生了怀疑。在目前已查出的 500 多种主要致癌物中，有 200 多种属于多环芳烃类化合物。

（一）多环芳烃的一般物理化学特性

PAHs 主要是由有机物的不完全燃烧产生的。大多数 PAHs 在常温下呈固态，沸点比相同碳原子数目的正构直链烷烃高。3 环以上 PAHs 大都是无色或淡黄色晶体，个别颜色比较深。因其分子结构对称、偶极距小、分子量大，PAHs 通常为非极性物质，在水中溶解度低，且具有高熔点和高沸点的特征。在常温下，PAHs 是以气相和固相共存。一般而言，低环 PAHs 主要存在于气相中，5～6 环 PAHs 则主要凝聚而吸附在颗粒物表面上，介于两者之间的含有 3～4 个苯环的 PAHs 以气相和颗粒相共存。1976 年美国环保局提出的 129 种"优先污染物"中，多环芳烃化合物有 16 种，这 16 种优先控制的 PAHs 结构见图 1-11，基本情况见表 1-1。具有致癌作用的多环芳香烃一般为 4～6 环的稠环化合物，如苯并（a）蒽、苯并（b）荧恩、3,4-苯并芘等，其中 3,4-苯并芘，又称为苯并（a）芘，是多环芳烃类化合物中最具有代表性的强致癌稠环芳烃，是首个被发现的环境化学致癌物，其分布广泛，性质稳定，致癌性强。3,4-苯并芘通常被用来作为多环芳烃类化合物总体污染的标志。

表 1-1　美国国家环境保护局优先控制的 16 种多环芳香烃化合物基本情况

化合物名称	英文缩写	环数	CAS 数	$\lg K_{ow}$①	IARC②致癌性等级
萘 naphthalene	Nap	2	91-20-3	3.37	2B
苊 acenaphthene	Ace	3	83-32-9	4.54	3
苊烯 acenaphthylene	Acy	3	208-96-8	4.00	3
芴 fluorene	Flu	3	86-01-8	4.18	3
䓛 chrysene	Chr	4	218-01-9	5.86	2B
菲 phenanthrene	Phe	3	85-01-8	4.57	3
蒽 anthracene	Ant	3	120-12-7	4.54	3
芘 pyrene	Pyr	4	129-00-0	5.18	3
苯并(a)蒽 benzo(a)anthracen	BaA	4	56-55-3	5.91	2B
3,4-苯并芘 benzo(a)pyrene	BaP	5	50-32-8	6.04	1
荧蒽 fluoranthene	Fl	4	206-44-0	5.22	3
苯并(b)荧蒽 benzo(b)fluoranthene	BbF	5	205-99-2	5.80	2B
苯并(k)荧蒽 benzo(k)fluoranthene	BkF	5	207-08-9	6.00	2B
茚并(1,2,3-cd)芘 indeno(1,2,3-cd) pyrene	IcdP	6	193-39-5	5.81	2B
二苯并(a,h)蒽 dibenzo(a,h) anthracene	DBahA	5	53-70-3	6.75	2A
苯并(g,h,i)苝 benzo(g,h,i) perylene	BghiP	6	19-24-2	6.50	3

① K_{ow}是正辛醇-水分配系数,越高越不溶于水。

② IARC 是 International Agency for Research on Cancer 的缩写,表示国际癌症研究中心。

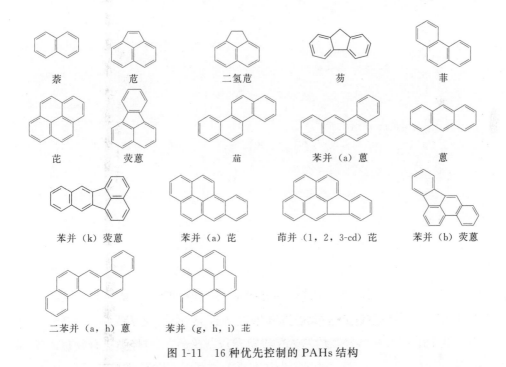

萘　　　苊　　　二氢苊　　　芴　　　菲

芘　　　荧蒽　　　䓛　　　苯并（a）蒽　　　蒽

苯并（k）荧蒽　　　苯并（a）芘　　　茚并（1，2，3-cd）芘　　　苯并（b）荧蒽

二苯并（a，h）蒽　　　苯并（g，h，i）苝

图 1-11　16 种优先控制的 PAHs 结构

（二）多环芳烃的来源及形成机理

1. 多环芳烃的来源

（1）自然来源　多种陆生植物（如小麦及裸麦幼苗）、多种细菌（如大肠菌等）以及某些水生植物都有合成多环芳烃（包括某些致癌性多环芳烃）的能力。生物体内合成、森林及草原自然起火、火山活动是环境中多环芳烃主要的天然来源。

（2）人为来源

① 各类工业锅炉、生活炉灶产生的烟尘，如燃煤和燃油锅炉、火力发电厂锅炉、燃柴炉灶。

② 各种生产过程和使用煤焦油的工业过程，如炼焦、石油裂解，煤焦油提炼、柏油铺路等。

③ 各种人为原因的露天焚烧（包括烧荒）和失火，如垃圾焚烧、森林大火、煤堆失火。

④ 各种机动车辆排出的尾气。

⑤ 吸烟和烹调过程中产生的烟雾是室内多环芳烃污染的重要来源。

食品在加工过程中，脂肪、蛋白质和碳水化合物等有机物质的高温（＞200℃）受热分解是食品中多环芳烃的主要来源，尤其是脂肪在 500～900℃ 的高温，最有利于多环芳烃的产生，并且产生量随着脂肪含量的增加而大幅增加。

2. 不完全燃烧条件下多环芳烃的形成机理

根据 Badger 等（1959）的假说，熏烟生成（热解）过程中 3,4-苯并芘的合成步骤如图 1-12 所示。首先有机物在高温缺氧条件下裂解产生碳氢自由基结合成乙炔（1），乙炔经聚合作用形成乙烯基乙炔或 1,3-丁二烯（2），然后经环化生成乙基苯（3），再进一步结合成丁基苯（4）和四氢化萘（5），最后通过中间体（6）形成 3,4-苯并芘（7）。但这并不意味着 3,4-苯并芘一定要从两个碳原子的化合物开始，实验已证明，图中任一中间体均可在 700℃ 下裂化生成 3,4-苯并芘。发烟时 3,4-苯并芘的生成量与烟熏木材的燃烧温度有很密切的关系。一般认为发烟温度在 400℃ 以下时，只形成极微量的 3,4-苯并芘，发烟温度在 400～1000℃ 之间时，3,4-苯并芘的生成量随温度的上升急剧增加。

烧烤肉制品中 3,4-苯并芘的含量与烤制方式（炭烤、木头烤、电烤等）、原料肉中的脂肪含量、烧烤温度、时间、肉样和火源的距离等因素有关。

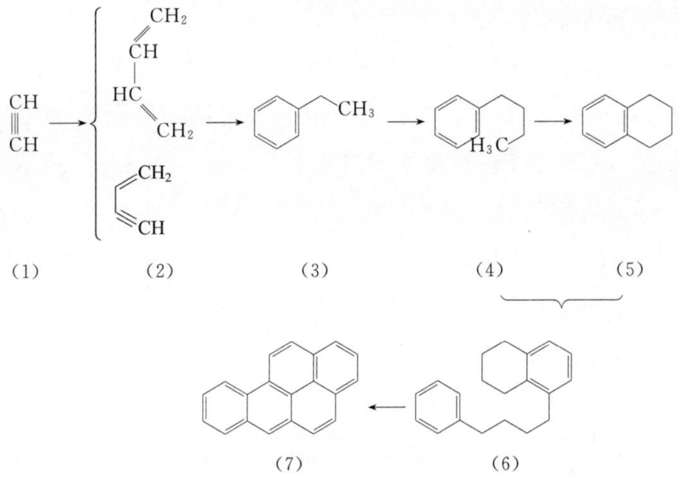

图 1-12　3,4-苯并芘形成过程

（三）多环芳烃的危害

1. 直接致癌作用

3,4-苯并芘对人体健康可造成严重危害，其主要是通过食物或饮水进入机体，在肠道被吸收，进入血液后很快散布至全身。小剂量 3,4-苯并芘就有可能引起局部组织癌变。有研究表明，3,4-苯并芘可引起大鼠肝细胞、肺细胞及外周血淋巴细胞 DNA 损伤，对皮肤、眼睛、消化道有刺激作用，可以诱发皮肤、肺、消化道和膀胱等癌症，且具有胚胎毒性。

2. 间接致癌作用

3,4-苯并芘还是一种间接致癌物，所谓间接致癌物是指在体内需经代谢活化才与大分子化合物结合的致癌物。在此代谢活化过程中，细胞色素酶系 P450（简称 CYP450）起到了重要作用。

3. 致畸致突变作用

3,4-苯并芘的毒性还远不止上述的致癌性，它还是一种很强的致畸、致突变和内分泌干扰物。3,4-苯并芘对兔、豚鼠、大鼠、鸭、猴等多种动物均能引起胚胎死亡或畸形及仔鼠免疫功能下降。

4. 神经毒性

3,4-苯并芘还具有一定的神经毒性。研究表明，以 3,4-苯并芘为代表的 PAHs 具有一定的神经毒性，其中最为突出的是影响暴露者的学习记忆能力。研究认为，3,4-苯并芘可对神经元产生细胞毒性效应，脂质过氧化可能是细胞活力降低的原因之一。

5. 摄入限量标准

自 2002 年食品科学委员会提出的食品中 PAHs 对人体健康的危害后，欧洲委员会第一次对食品中的 3,4-苯并芘进行了限量，包括烟熏肉制品和鱼肉制品。欧盟规定烟熏剂中 3,4-苯并芘的含量不超过 $0.03\mu g/kg$，德国对肉制品中 3,4-苯并芘的残留限量为 $1\mu g/kg$，随后，澳大利亚、捷克、瑞士、意大利等国也采用了同样的限量标准。我国食品卫生标准（GB 2762—2005）中规定，熏烤肉制品中 3,4-苯并芘的残留量不得超过 $5\mu g/kg$。

（四）多环芳烃的检测方法

3,4-苯并芘常用的检测方法有 GB/T 5009.27—2003《食品中苯并芘的检测》中的荧光分光光度法和行业标准 NY/T 1666—2008《肉制品中 3,4-苯并芘的测定——高效液相色谱法》，前者要求试样量 50g，检出限为 1ng/g，该方法的缺点是试剂使用种类较多，且多为有机试剂，测定时间长，检测限较高，灵敏度较差；后者所用试剂较少，测定时间较短，分离效果好，检出限低，适用于烧烤、油炸、烟熏等肉制品中 3,4-苯并芘的检测。3,4-苯并芘的检测方法还有气相色谱-质谱联用法（GC-MS）、薄层色谱法、纸层析法等，随着现代检测技术的快速提高，将会出现更加快速、准确、智能化的检测方法，能够更好地进行肉制品中 3,4-苯并芘残留的安全检测。

（五）肉制品中多环芳烃产生的影响因素

1. 烧烤方式影响 3,4-苯并芘的含量

炭烤、木柴烤、电烤等烤制方式影响烧烤肉制品中 3,4-苯并芘的含量。Bonny 等（1983）研究了炭、木柴和电烤三种加工方式对香肠中 3,4-苯并芘残留量的影响，结果表明，使用电烤方式制作的香肠中 3,4-苯并芘的残留量最少，为$0.2\mu g/kg$，炭和木柴加工的香肠中 3,4-苯并芘的含量分别为 $0.3\mu g/kg$、$54.2\mu g/kg$。Olatunde 等（2008）检测了烟熏、烧烤和卤煮肉中多环芳烃的含量，结果表明三种加工方式中 3,4-苯并芘的含量分别为 $6.52\mu g/kg$、$7.04\mu g/kg$ 及 $0.07\mu g/kg$。在熏制过程中，熏烟中的 3,4-苯并芘等有害物质会附着在产品的表层，如熏肉制品表层黑色的焦油中就含有大量的 3,4-苯并芘等多环芳烃类化合物。

2. 烧烤温度和时间、肉与火源的距离影响 3,4-苯并芘的含量

脂肪在高温（>200℃）热解时可以产生 3,4-苯并芘，500～900℃ 的高温，尤其是在 700℃ 以上，其他有机物质如蛋白质和碳水化合物也会分解产生。食物在烘烤或烟熏过程中若出现烤焦、烤煳或炭化，食物中 3,4-苯并芘的含量将明显提高。另外动物食品在烤制过程中滴下的油滴经检测，其中 3,4-苯并芘的含量是动物食

品本身的 10～70 倍。Kazerouni 等（2001）研究表明，经过高温和低温处理的样品，3,4-苯并芘的含量分别为 2.6μg/kg 和 0.13μg/kg。烧烤时间过长，或被烤焦的产品其含量显著增加。明火烧烤时烤制时间相同，肉样距离火源越近，其 3,4-苯并芘残留量越高。

3. 原料肉种类和脂肪含量影响 3,4-苯并芘的含量

肉中脂肪含量是影响 3,4-苯并芘形成的另一个重要因素，脂肪含量与 3,4-苯并芘的残留量呈正相关。Doremire（1979）等研究了牛肉脂肪含量对烤牛肉产品中 3,4-苯并芘残留量的影响。结果发现，当脂肪含量从 15% 增加到 40% 时，烤牛肉样品中 3,4-苯并芘的残留量由 16.0μg/kg 增加到 121.0μg/kg。Chen（2001）指出，烤猪肉中多环芳烃相比牛肉和鸡肉含量多，原因可能是与猪肉中的脂肪含量有关，即脂质和脂质分解产物参与 3,4-苯并芘的形成。

二、甲醛

许多生物代谢时可以产生甲醛，而熏肉制品表层的甲醛，则主要是木材或糖类在缺氧状态下不完全燃烧时形成并沉积和渗透在产品中的。甲醛具有一定的抗菌作用，可以一定程度上防止熏肉腐败，同时也给烟熏肉制品带来安全隐患。

（一）甲醛的基本特性

甲醛，又称蚁醛，化学式为 HCHO，具有强烈的刺激性气味，溶于水、乙醇、乙醚，低温下呈透明可流动液体，400℃时分解成 CO 和 H_2。水溶液的浓度最高可达 55%。

（二）食品中甲醛的一般来源

1. 内源甲醛

甲醛是许多生物体的代谢产物。鱼贝类食品、香菇、瓜果、蔬菜中均可检出天然存在的内源甲醛，鳕鱼类中的甲醛含量最高可达 200mg/kg。香菇中甲醛是香菇菌酸的分解产物。鲜香菇中甲醛正常范围为 4～54mg/kg，烘干后甲醛含量显著增加，一般为 21～369mg/kg。

2. 加工过程中产生的甲醛

食品在加工过程中，除一些食物成分受机械、物理因素（光、热、高温、高压）、化学因素（酸、碱、盐、水解及酶解）、生物因素（微生物发酵）等影响，能够自动氧化分解为甲醛等物质外，美拉德反应、Strecker 降解反应、糖类的脱水和热解反应均可能使碳-碳键断裂生成甲醛和其他挥发性物质。

发酵食品中的糖和氨基酸发生美拉德反应或某些成分自动氧化产生甲醛、乙

醛、丙醛、丁醛、酮等多种羰基化合物；乳制品中乳脂肪的酶解反应，糖、氨基酸等水溶性物质发生的美拉德反应，不饱和脂肪酸在空气中氧的作用下发生氧化、裂解、生成甲醛；环境污染造成的水源污染，及用含氯药剂及臭氧消毒处理的饮用水都会含有不同浓度的甲醛。食品原辅料、环境、容器中也会存在不同浓度的甲醛。因此在食品加工过程中会不可避免地引入甲醛。

肉制品中甲醛主要来源于冷冻或熟化过程中脂肪组织的氧化，水溶性低分子化合物加热时发生非酶褐变反应和蛋白质、肽、氨基酸、糖的热分解反应中一次及二次生成物。干香肠、火腿、熏肉用木材熏制，木材在缺氧状态下干馏会生成甲醇，甲醇进一步氧化成甲醛，吸附聚集在产品表面；除烟熏成分中含有甲醛外，一部分物质由于熏制熟化过程中脂质的水解、氧化或脂肪酶的作用，最后也生成羰基物质和甲醛。

糖熏肉制品表面色泽好，有糖熏的独特气味，但糖熏过程中糖的不完全燃烧也会产生甲醛并沉积到鸡皮和鸡肉中。

(三) 甲醛的危害

甲醛是一种高毒性物质，具有致癌、致畸性，还会导致新生儿染色体异常、白血病，以及引起青少年记忆力和智力的下降等严重后果。甲醛的危害主要表现在三大方面：刺激作用、毒性作用、致癌及致突变作用。

1. 刺激作用

相关研究表明，甲醛对人体免疫系统和呼吸道均有较大影响。甲醛通过使细胞中的蛋白质凝固变性，抑制细胞机能，其蒸汽及其溶液对鼻腔、眼睛、呼吸系统黏膜和皮肤有强烈的刺激作用，甲醛溶液滴入眼睛会造成不可逆转的永久损伤，甚至引发失明。甲醛对呼吸系统的刺激会引起鼻敏感、咳嗽、打喷嚏，引发呼吸道炎症及肺功能损害等。由于其高度的水溶性，甲醛极易被鼻、鼻窦以及气管、支气管黏膜中富含水分的黏液吸收，并与其中的蛋白质、多糖物质结合，破坏黏液及纤毛的运输机制，表现出明显的局部刺激症状。

2. 毒性作用

人们通过皮肤或者呼吸道与甲醛接触而受到毒害。甲醛引起的中毒可以分为急性中毒和慢性中毒。其中急性中毒的症状为流泪、咳嗽、恶心、呕吐、头痛、昏厥、肺气肿以及肾损害等。慢性中毒的症状表现为视力下降、免疫力下降、皮肤变硬、手指变色以及智力发育产生障碍等。

甲醛的基因遗传毒性已在人工培养的哺乳动物细胞的体内实验与动物实验被证实。吸入甲醛将导致机体的免疫功能受损，并出现不同症状。甲醛对小鼠的动物实验表明，甲醛对小鼠淋巴组织具有抑制作用。不同剂量的甲醛均能引起小鼠脾脏和胸腺重量的下降，而免疫器官重量的变化是判定机体损伤的一项主要生物指标。低剂量甲醛能引起细胞轻度的脂质过氧化，而不影响其功能；但高剂量的甲醛可引起蛋白质、DNA 等大分子损伤，最终导致细胞坏死。另据报道，工人接触高浓度的甲醛除了抑制细胞免疫，同时会增强体液免疫的异常性。

甲醛通过危害人类的中枢神经系统，引起人的神经行为的改变，导致神经系统紊乱甚至变性坏死。研究显示，甲醛可通过降低细胞能量代谢抑制神经元正常生理活动，进而导致整个神经系统功能的损伤。

3. 致癌及致突变作用

甲醛与人类肿瘤之间的因果关系已经引起了人们的广泛关注。动物实验研究发现，接触甲醛与口腔癌和鼻咽癌的发生相关性最大，另外接触甲醛可以增加白血病、肺癌及脑癌的发病率。甲醛致癌的机理除了与甲醛会导致基因的突变和染色体的损伤有关之外，更为重要的是甲醛可导致淋巴细胞损伤或功能失调，以及引起免疫细胞对肿瘤细胞的杀伤活性明显降低，从而引起机体对突变细胞免疫监视功能的障碍。

（四）甲醛的限量

通常情况下，当空气中甲醛含量为 $0.8 \times 10^{-6} \text{mg/m}^3$ 时，通过气味即可感知到甲醛的存在；环境空气中甲醛含量大于 0.05mg/m^3 即对人体产生危害；当甲醛含量为 $0.05 \sim 0.5 \text{mg/m}^3$ 时，眼睛即会受到刺激。美国环境保护署公布的甲醛每天最大参考剂量（RfD）为 0.2mg/(kg·d)，当人们接触环境中甲醛含量超过 RfD 时，就会对人体健康带来危害。我国规定，车间空气中的甲醛含量必须小于 0.5mg/m^3，地面水中的甲醛含量必须小于 0.5mg/m^3，居民区范围内空气中甲醛含量必须小于 0.05mg/m^3。我国《室内空气质量标准》规定室内空气中甲醛的限值为 0.08mg/m^3；《乘用车内空气质量评价指南》规定车内甲醛的浓度标准不超过 0.10mg/m^3。当人们在甲醛浓度达到 $50 \sim 100 \text{mg/m}^3$ 的环境下暴露 $5 \sim 10 \text{min}$ 时，会造成很严重的伤害。

所以在甲醛的工业生产与消费的过程中，要做好防范工作：降低环境空气中甲醛的浓度，避免甲醛与皮肤的直接接触，避免甲醛蒸汽经由呼吸道进入体内等。

（五）甲醛的测定方法

啤酒、水产品等产品中的甲醛测定方法已有很多研究，但是关于肉制品中甲醛检测方法的研究却很罕见。若将现有的水产品中甲醛含量检测的方法直接运用到肉制品的检测中去，会造成样品提取液浑浊，进而会对方法的回收率、测定的准确性造成不利的影响。因此建立一套稳定可行的肉制品中甲醛含量的测定方法已刻不容缓。

1. 分光光度法

分光光度法测定的原理是通过甲醛与某种化合物反应，进而产生某种带有颜色的物质，然后在特定波长下进行测定。

笔者采用改良的水蒸气蒸馏装置（图 1-13）测定了不同产地、不同种类烟熏腊肉中的甲醛含量。

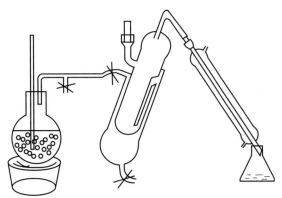

图 1-13　改良的水蒸气蒸馏装置

取 2g 粉碎后的熏肉样品，加蒸馏水定容至 10mL，用分散机在 5000r/min 转速下分散 20s。将分散均匀的肉糊加入到水蒸气蒸馏器中，再加入 3mL 磷酸溶液后立即通水蒸气蒸馏，接收管下口事先插入盛有 10mL 蒸馏水且置冰浴的接收装置中，蒸馏 50min 后将馏出液稀释到 200mL，同法蒸馏空白。

吸取 10mL 馏出液，于 25mL 具塞比色管中加入 2.0mL 乙酰丙酮溶液，摇匀，在沸水中加热 10min，取出冷却，倒入 1cm 比色皿中，在波长 415nm 处，以空白溶液为参比测量吸光度。

不同熏肉制品中甲醛的含量见表 1-2。

表 1-2　不同熏肉制品中甲醛的含量

肉制品	表层/(mg/kg)	内部/(mg/kg)
湖南熏肉（瘦）	24.98936	17.20090
湖南熏肉（五花肉）	21.45271	8.87537
重庆熏肠	28.31592	11.77143
重庆熏肉（瘦）	124.31910	22.51287
重庆熏肉（五花肉）	35.75625	19.00981

所检测的熏肉制品中甲醛含量均较高，最高甚至达到了 124.31910mg/kg。应用改良的水蒸气蒸馏，分光光度法测定，操作简单，测定迅速。此法检出限为 1.0mg/kg，定量限为 3.0mg/kg，回收率 85% 以上，准确率较高。

2. 气质联用色谱法（GC-MS）

气相色谱法（GC）有顶空气相色谱及衍生化气相色谱，顶空法只对甲醛浓度较高的样品适用，而衍生法则可检测低浓度甚至痕量的甲醛。

用气质联用色谱法测定市售 5 个公司的腊肉中的甲醛含量：采用 0.3mL 2,4-二硝基苯肼（醛类物质可在酸性介质中与 2,4-二硝基苯肼反应生成 2,4-二硝基苯腙），衍生化温度 60℃，衍生化时间 30min，用二氯甲烷萃取熏肉表层中的甲醛，萃取 2 次；用 DB-5 弹性石英毛细管柱进行检测。条件如下：柱温 60℃；进样口温度 260℃；程序升温以 10℃/min 升温速度升至 150℃，然后升温至 260℃，恒温 5min；载气 He；柱前压 40kPa；分流比 10∶1；溶剂延迟 5min；进样量 1μL。电子电离源；电子能量 70eV；四极杆温度 150℃；离子源温度 230℃；电子倍增器电压 1.02kV；接口温度 250℃；选择离子检测 m/z 79、210。

2,4-二硝基苯腙质谱图见图 1-14，总离子流和特征离子色谱图见图 1-15。

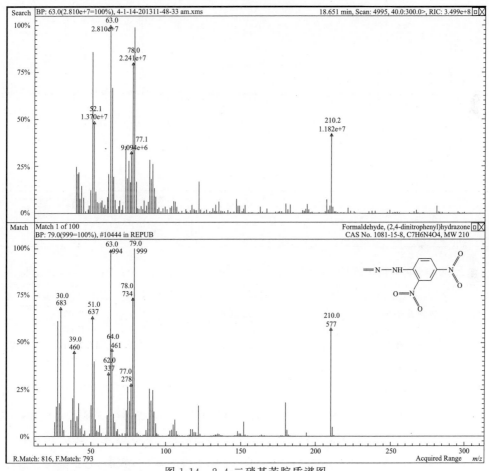

图 1-14　2,4-二硝基苯腙质谱图

不同样品腊肉中甲醛的含量见表 1-3。

第一章　食物主要成分在加工中的化学变化

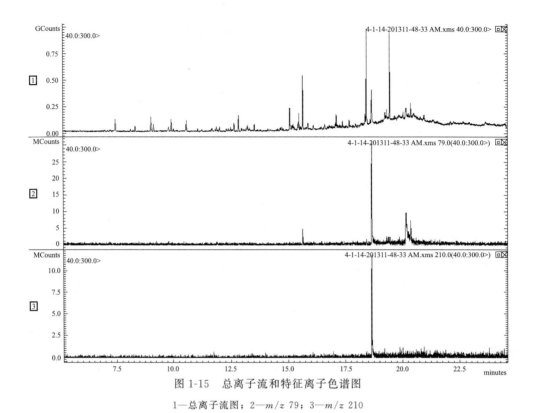

图 1-15　总离子流和特征离子色谱图

1—总离子流图；2—m/z 79；3—m/z 210

表 1-3　不同样品腊肉中甲醛的含量

肉制品	表层/(mg/kg)	内部/(mg/kg)	肉制品	表层/(mg/kg)	内部/(mg/kg)
1	185.19	48.09	4	59.16	29.58
2	143.74	40.17	5	36.00	25.97
3	254.52	86.26			

市售的 5 种腊肉表层与内部均存在着一定量的甲醛，最高甚至达到了 254.52mg/kg。

在不含甲醛的样品本底中添加一定量的甲醛标准进行实验，最低检测质量浓度 0.01mg/L，以取样量 2.0g 计，本法对样品的检出限为 0.50mg/kg。该方法简便快速、结果准确、灵敏度高，可作为测定烟熏肉制品中甲醛的有效方法。

3. 高效液相色谱法（HPLC）

高效液相色谱法直接测定甲醛含量灵敏度低，对于低浓度甲醛的测定多采用甲醛与衍生剂 2,4-二硝基苯肼（DNPH）在一定温度条件下，反应生成 2,4-二硝基苯腙，提取液经液相色谱分离，二极管阵列检测器或紫外检测器检测，外标法定量测定。

有研究者用高效液相色谱（HP1100）带紫外检测器（DAD），Hypersil ODS-C$_{18}$色谱柱，甲醇：水（60：40）为流动相，流速 0.5mL/min，338nm 波长下测定 18 份水产品中的甲醛含量，17 份中甲醛含量为 0.45～192.94mg/kg，1 份样品甲醛含量低于 0.20mg/kg。此法的检出限为 $7.20\mu g/L$，相当于样品中甲醛的检出限为 0.20mg/kg。甲醛高效液相色谱法吸收图谱见图 1-16。

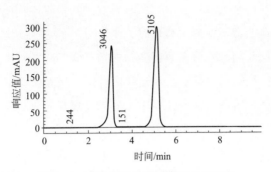

图 1-16 甲醛高效液相色谱法吸收图谱

应用高效液相色谱法测定甲醛含量，重复性好，专一性强，是一种灵敏、准确的甲醛含量测定方法。目前标准 SC/T 3025—2006、GB/T 21126—2007、SN /T 1547—2011 中均采用此方法。

三、杂环胺

杂环胺（heterocyclic amines，HCAs）是在肉品热加工过程中由于蛋白质、氨基酸热解而产生的一类杂环类化合物，这些杂环化合物有些具有芳香性，所以又称杂环芳香胺。至今已经发现有 30 多种杂环胺类化合物，其中有些杂环胺具有致癌、致突变作用。

对于肉中致癌致突变物质的报道最早可追溯到 1939 年，当时瑞典 Lund 大学教授 Widmark 发现用烤马肉的提取物涂布于小鼠的背部可以诱发乳腺肿瘤，但这一重要发现在当时并没有引起人们的重视。20 世纪 70 年代，人们建立了以 Ames 试验为代表的一系列有效方法，用于致癌、致畸、致突变性物质的筛选。1977 年，日本科学家发现，以明火或炭火炙烤的鱼和牛肉的烤焦表面及烟气具有强烈的致突变性；紧接着，Commoner（1978）在小于 200℃ 的正常家庭烹调条件下的牛肉饼和牛肉提取物中也同样检出强烈的致突变性。由此，人们对氨基酸、蛋白质热解产物产生了浓厚的研究兴趣，至今已经发现了 30 多种杂环胺类化合物。

目前许多国家对杂环胺的各个方面展开了广泛研究，如生物毒性的监测、提取鉴定方法的优化、在不同食品中含量的测定、不同加工方式和条件的影响、生物利用效率和代谢方式等，从而为评估其对人类健康的影响提供依据和指导。我国对杂环胺的研究始于 20 世纪 80 年代后期，至今仍比较少。随着人民生活水平的不断提高和对自身健康的广泛关注，食品安全问题已在全球范围内掀起了一股热潮，而加工肉制品中的杂环胺更已成为这股热潮中的焦点。

（一）杂环胺的发现

杂环胺源于日本科学家 Sugimura Takashi 在 20 世纪 70 年代后期一个假日期间的偶然发现。当他的妻子在厨房烤鱼时，烟气引起了这位环境致癌物研究专家的注意。他将烤鱼的烟气与含有许多致突变物的烟草烟气联系起来，提出了烤鱼烟气中是否同样存在致突变物的疑问。带着这样的疑问，他在实验室中用玻璃纤维滤膜收集烤鱼烟气并将其溶解在二甲基亚砜中，结果发现其对鼠伤寒沙门菌 TA98 菌株具有强烈的致突变性。紧接着，烤鱼和烤肉的烧焦部分也被检测出相同的致突变性。通过加热色氨酸、谷氨酸等氨基酸和大豆球蛋白等其他蛋白质，2-氨基-9H-吡啶并 [2,3-b] 吲哚（AαC）、3-氨基-1,4-二甲基-5H-吡啶并 [4,3-b] 吲哚（Trp-P-1）和 2-氨基-6-甲基二吡啶并 [1,2-α：3′,2′-d] 咪唑（Glu-P-1）等杂环胺被从中分离出来并进行结构鉴定。1980 年后，研究者又陆续从炸牛肉、烤沙丁鱼等加工肉制品中分离出了 IQ、MeIQ、IQx、PhIP 等杂环胺。Harman 和 Norharman 最初是从蒺藜科多年生草本植物骆驼蓬分离出来的，在骆驼蓬碱、烟草烟气及加工肉制品中均有分布；其形成与色氨酸的热解密切相关。

（二）杂环胺的结构与特性

杂环胺通常具有平面结构，其结构中含有 2～5 个（通常为 3 个）缩合芳香环，环中包含至少一个氮原子，环外通常有一个氨基和 1～4 个甲基作为取代基团。从化学结构上来看，杂环胺可以进一步分类为氨基咪唑氮杂芳烃（aminoimidazo aza-ren，AIA）和氨基咔啉（amino-carbolin congener）两大类。

1. 氨基咪唑氮杂芳烃

AIA 包括喹啉类（IQ、MeIQ）、喹喔类（IQx、MeIQx、4,8-DiMeIQx、7,8-DiMeIQx）和吡啶类（PhIP）与呋喃吡啶类（IFP）。AIA 一般形成于 100～300℃，由肉中的氨基酸、肌酸、肌酸酐和己糖生成。AIA 均含有咪唑环，其上的 α 位置有一个氨基，在体内可以转化成 N-羟基化合物而具有致癌、致突变活性。由于 AIA 上的氨基均能耐受 2mmol/L 的亚硝酸钠的重氮化处理，与最早发现的 IQ 性质类似，并且其形成温度较低，因此 AIA 又被称为 IQ 型杂环胺。

2. 氨基咔啉

氨基咔啉包括 α-咔啉（AαC、MeAαC）、β-咔啉（Norharman、Harman）、γ-咔啉（Trp-P-1、Trp-P-2）和 ζ-咔啉（Glu-P-1、Glu-P-2），一般是在加热温度高于 300℃，由氨基酸和蛋白质的热解反应产生。由于氨基咔啉类环上的氨基不能耐受 2mmol/L 的亚硝酸钠的重氮化处理，在处理时氨基脱落转变成为 C-羟基，失去致癌、致突变活性，因此称为非 IQ 型杂环胺。常见杂环胺的化学名称、结构式以及性质见表 1-4。

表 1-4 杂环胺结构性质表

物质名称	缩写	结构式	分子量和极性
2-氨基-1,6-二甲基咪唑并[4,5-b]吡啶	DMIP		162.2,极性
2-氨基-1,5,6-三甲基咪唑并[4,5-b]吡啶	1,5,6-TMIP		176.2,极性
2-氨基-3,5,6-三甲基咪唑并[4,5-b]吡啶	3,5,6-TMIP		176.2,极性
2-氨基-1-甲基-6-苯基咪唑并[4,5-b]吡啶	PhIP		224.3,极性
2-氨基-1-甲基-6-(4'-羟苯基)-咪唑并[4,5-b]吡啶	4'-OH-PhIP		240.3,极性
2-氨基-1,6-二甲基呋喃并[4,5-b]吡啶	IFP		202.3,极性
2-氨基-1-甲基咪唑并[4,5-f]喹啉	iso-IQ		198.2,极性
2-氨基-3-甲基咪唑并[4,5-f]喹啉	IQ		198.2,极性
2-氨基-3,4-二甲基咪唑并[4,5-f]喹啉	MeIQ		212.3,极性
2-氨基-3-甲基咪唑并[4,5-f]喹喔啉	IQx		199.3,极性

物质名称	缩写	结构式	分子量和极性
2-氨基-3,4-二甲基咪唑并[4,5-f]喹喔啉	4-MeIQx		213.3，极性
2-氨基-3,8-二甲基咪唑并[4,5-f]喹喔啉	8-MeIQx		213.3，极性
2-氨基-3,7,8-三甲基咪唑并[4,5-f]喹喔啉	7,8-DiMeIQx		227.3，极性
2-氨基-3,4,8-三甲基咪唑并[4,5-f]喹喔啉	4,8-DiMeIQx		227.3，极性
2-氨基-4-羟甲基-3,8-二甲基咪唑并[4,5-f]喹喔啉	4-CH₂OH-8-MeIQx		243.3，极性
2-氨基-3,4,7,8-四甲基咪唑并[4,5-f]喹喔啉	TriMeIQx		241.3，极性
2-氨基-1,7-二甲基咪唑并[4,5-g]喹喔啉	7-MeIgQx		213.3，极性
2-氨基-1,7,9-三甲基咪唑并[4,5-g]喹喔啉	7,9-DiMeIgQx		227.3，极性
2-氨基-5-苯基吡啶	Phe-P-1		170.2，非极性
2-氨基-9H-吡啶并[2,3-b]吲哚	AαC		183.2，非极性

物质名称	缩写	结构式	分子量和极性
2-氨基-3-甲基-9H-吡啶并[2,3-b]吲哚	MeAαC		197.2,非极性
1-甲基-9H-吡啶并[3,4-b]吲哚	Harman		182.3,非极性
9H-吡啶并[3,4-b]吲哚	Nor-harman		168.2,非极性
3-氨基-1-甲基-5H-吡啶并[4,3-b]吲哚	Trp-P-2		197.4,非极性
3-氨基-1,4-二甲基-5H-吡啶并[4,3-b]吲哚	Trp-P-1		211.3,非极性
2-氨基-二吡啶并[1,2-α:3′,2′-d]咪唑	Glu-P-2		184.3,非极性
2-氨基-6-甲基二吡啶并[1,2-α:3′,2′-d]咪唑	Glu-P-1		198.3,非极性
4-氨基-6-甲基-1H-2,5,10,10b-四氮荧蒽	Orn-P-1		237.3,非极性
4-氨基-1,6—二甲基-2-甲基氨基-1H,6H-吡咯并[3,4-f]苯并咪唑-5,7-二酮	Cre-P-1		244.3,非极性
3,4-环戊烯并-吡啶并[3,2-α]咔唑	Lys-P-1		246.3,非极性

(三) 杂环胺的生成机制

如前所述，杂环胺从化学结构上可分为氨基咪唑氮杂芳烃类和氨基咔啉类，这两类化合物的生成方式各不相同。

1. IQ 型杂环胺的生成机制

IQ 型杂环胺的研究较多，形成机理也更为清晰。1983 年，Jägerstad 等在拉斯维加斯举办的第二届世界美拉德大会上就提出了 IQ 型杂环胺的形成假说：三种肌肉中天然存在的前体物质，即肌酸、特定氨基酸和糖，参与了杂环胺的形成过程。肌酸在温度高于 100℃时通过自发的环化和脱水而形成 2-氨基咪唑部分，而喹啉或者喹喔啉部分则通过吡嗪或者吡啶和乙醛缩合而形成。这个假说已经在部分 IQ 型杂环胺的合成和鉴定中得到验证。

关于 IQ 型杂环胺中的 PhIP 形成机制的报道较多，肌酸与亮氨酸、异亮氨酸和酪氨酸加热可以形成 PhIP；肌酐与苯丙氨酸、葡萄糖加热也可以形成 PhIP。有研究者通过同位素标记证明，来自于苯丙氨酸的苯环、3-C 原子和氨基上的 N 原子都参与了 PhIP 的形成。目前多数学者比较认可的 PhIP 形成机制是，苯丙氨酸的 Strecker 降解产物苯乙醛与肌酸酐反应形成羟醛加合物，羟醛加合物通过脱水形成羟醛缩合物，最后羟醛缩合物与一个含有氨基的化合物经过包括环化和裂解在内的一系列反应而形成 PhIP。

2. 氨基咔啉类杂环胺的生成机制

对于氨基咔啉类杂环胺的形成机制目前研究较少，通常认为这类杂环胺是在 300℃以上的高温下由蛋白质或者氨基酸直接热解而来。的确，AαC 和 MeAαC 最初来源于大豆球蛋白的热解，Trp-P-1 和 Trp-P-2 以及 Glu-P-1 和 Glu-P-2 则分别来源于色氨酸和谷氨酸的热解，但 Skog（2000）等发现肉汁模型在 200℃加热 30 min 下就能产生 Harman、Norharman、AαC 和微量的 Trp-P-1、Trp-P-2，同时，许多文献报道在 200℃以下加工条件下诸多肉类可产生含量水平较高的 Norharman 和 Harman。因此 300℃不是形成氨基咔啉类杂环胺所必须达到的温度，氨基咔啉类杂环胺也可能并非由简单的蛋白质或者氨基酸裂解而成。

3. 杂环胺的生物毒性

（1）杂环胺的致突变性　Ames 试验显示杂环胺具有很强的致突变能力。除诱导细菌突变外，它还可在哺乳动物体内经过代谢活化产生致突变性，引起 DNA 损伤。在人体中，杂环胺通过细胞色素氧化酶 P450IA2 激活而形成 N-羟基衍生物，N-羟基衍生物在肝脏以及其他靶器官中经 N-乙酰转移酶 NAT2 作用而形成芳胺基-DNA 加合物，导致 DNA 损伤。

（2）杂环胺对试验动物的致癌性　大多数杂环胺对啮齿动物均有致癌性，可诱发多种部位的肿瘤，但主要靶器官是肝脏。其中，Glu-P-1、Glu-P-2、AαC 和 MeAαC 均能诱导肩胛间及腹腔中褐色脂肪组织的血管内皮肉瘤，而 Glu-P-1、Glu-P-2、MeIQx 和 PhIP 则能诱导大鼠结肠腺癌。Rohrmann 等（2009）发现，如果杂环胺的每天摄入量超过 41.4ng，患直肠癌的风险将大大提高。Archer（2000）通过试验证明，长期摄入杂环胺会诱发直肠癌、胸腺癌和前列腺癌。鉴于众多研究结果，1993 年国际癌症研究中心（IARC）将 IQ 归类为"对人类很可疑致癌物（2A 级）"，将 MeIQ、MeIQx、PhIP、AαC、MeAαC、Trp-P-1、Trp-P-2 和 Glu-P-1 归类为"潜在致癌物（2B 级）"。

（四）杂环胺的测定方法

每克肉制品的杂环胺含量通常在纳克量级，并且由于肉制品基质的复杂性，其提取与检测手段一直是研究的热点与难点。

1. 杂环胺的提取方法

肉制品基质成分复杂，包括蛋白质、脂肪等多种物质，这些物质的存在严重干扰了杂环胺的分离提取。因此，液液萃取、固相萃取、超临界流体萃取等许多分离富集杂环胺的方法被应用于样品的前处理。由 Gross 等于 1992 提出的样品前处理方法已经成为经典，近年来肉制品中杂环胺的提取方法大多是在此方法基础上稍做修改。

经典的样品前处理方法可概括如下。第 1 步，沉淀蛋白，采用氢氧化钠溶液溶解、均质样品，并通过离心或过滤去除蛋白质；第 2 步，液液萃取与使用吸附剂萃取结合使用，通常使用硅藻土作为吸附剂，水相以薄层的形式在化学惰性基质上分散，用二氯甲烷将杂环胺洗脱下来；第 3 步，两个固相萃取过程，使用丙基磺酸柱（PRS）以及反相 C_{18} 柱来实现；第 4 步，通过氮气吹干洗脱液后用甲醇定量。

2. 杂环胺的检测方法

表 1-5 总结了加工肉制品中杂环胺检测的常用方法。其中，高效液相色谱-紫外检测法（HPLC-UV）是定性定量分析杂环胺的最常规的方法。通过比较实际样品与标准样品保留时间可初步对目标物进行定性，而通过比对二极管阵列检测器产生的特征紫外吸收光谱，可对样品中的目标物进行进一步定量。由于荧光检测器与紫外检测器相比具有更高的灵敏度，因此对于具有荧光的非极性杂环胺，通常采用两种检测器串联的方法以排除干扰，提高定性分析的准确性。Y. Yao 等（2013）通过乙酸乙酯提取酱牛肉中的杂环胺，经过固相萃取操作后上样于装配有紫外和荧

光检测器的高效液相色谱仪，结果表明，12 种杂环胺的检出限（LOD）在 0.01～2.97ng/g，加标回收率在 68.69％～101.81％，可以很好地满足酱牛肉中杂环胺检测的要求。

表 1-5　加工肉制品中杂环胺检测和定量杂环胺的方法比较

方　　法	检测器	优　　点	缺　　点
液相色谱	紫外-二极管阵列检测器	能同时检测多种杂环胺，适用范围广	对分离度有一定要求
	荧光检测器	灵敏度高	只有非极性杂环胺具有荧光特性
	电化学检测器	选择性好，灵敏度高	不能进行在线检测
	质谱	灵敏度很高，低流速下分离度好	仪器较为昂贵，不利于大范围推广
毛细管电泳	紫外，电化学，质谱	分离效率高，检测成本低	需要浓缩样品
气相色谱	质谱	分离效率高	衍生化较繁琐
酶联免疫吸附		操作简单	只有部分杂环胺有单克隆抗体

酶联免疫吸附法（ELISA）、气相色谱法（GC）和气相色谱串联质谱法（GC-MS）也可用于杂环胺的检测。但是，由于大部分杂环胺难以挥发，只有少数杂环胺经复杂的衍生化后才能在气相色谱仪中进行检测；对于 ELISA 法只有 PhIP 等少数杂环胺的单克隆抗体被合成，并没有实现商品化，因此这些方法的应用范围较小。

近年来迅速发展的液相色谱串联质谱（LC-MS）技术，很好地结合了色谱良好分离能力和质谱的高灵敏度和高选择性，是目前检测肉制品中杂环胺的最佳方法。GB 5009.243—2016 用氢氧化钠/甲醇提取肉样中杂环胺，经固相萃取柱净化后用液相色谱串联质谱检测 5 种杂环胺，该方法检出限低，5 种杂环胺检出限在 0.1～0.3ng/g，不足之处是 LC-MS 需要繁杂昂贵的仪器，许多实验室达不到要求，因此也在一定程度上限制了其应用范围。

随着超高效液相色谱（UPLC）这种强有力的分离技术的发展，超高效液相色谱串联二级质谱（UPLC-MS-MS）也被应用于杂环胺的检测。UPLC 借助于传统的 HPLC 的理论和方法，通过采用 1～2μm 的细粒径填料和细内径色谱柱而获得很高的柱效。UPLC 不仅缩短了检测时间，而且相比传统的 HPLC-MS，其检测限也降低了 10 倍。Barceló-Barrachina 等（2006）采用超高效液相色谱-电喷雾串联二级质谱（UPLC-ESI-MS-MS）技术分析复杂食品体系中的杂环胺含量，仅在 2min 内就完成了 16 种杂环胺的分离和分析。

四、胆固醇氧化物

胆固醇经过光、热、氧等条件的作用，自身发生一系列氧化反应，最终能形成多种氧化产物，统称为胆固醇氧化物（cholesterol oxidation products，COPs）。目前研究表明，COPs可能有70余种，但大多数由于自身极不稳定，因此并不常见。食品中常见的COPs有7-酮基胆固醇、7α-羟基胆固醇、7β-羟基胆固醇、5α,6α-环氧化胆固醇、5β,6β-环氧化胆固醇、胆甾烷-3β,5α,6β-三醇、20-羟基胆固醇、25-羟基胆固醇等。

（一）胆固醇及其氧化物的结构与性质

1. 胆固醇的结构与性质

胆固醇又称胆甾醇，是一种环戊烷多氢菲的衍生物，由甾体部分和一条长的侧链组成，含有不饱和键（图1-17）。早在18世纪人们已从胆石中发现了胆固醇，1816年化学家本歇尔将这种具脂类性质的物质命名为胆固醇。

一般，脂类物质主要分为两大类。一类叫脂肪（主要是甘油三酯），是人体内含量最多的脂类，是体内的一种主要能量来源；另一

图1-17　胆固醇结构式

类叫类脂，是生物膜的基本成分，约占体重的5％，除包括磷脂、糖脂外，还有很重要的一种叫胆固醇。胆固醇溶解性与脂肪类似，不溶于水，易溶于乙醚、氯仿等溶剂。

胆固醇广泛存在于动物体内，尤以脑及神经组织中最为丰富，在肾、脾、皮肤、肝和胆汁中含量也高。胆固醇是构成细胞膜的重要组成成分，占质膜脂类的20％以上。血浆中的脂蛋白也富含胆固醇，其中大部分与长链脂肪酸构成胆固醇酯，仅有10％不到的胆固醇是以游离态存在的。胆固醇虽然存在于动物性食物之中，但是不同的动物以及动物的不同部位，胆固醇的含量很不一致。

2. 胆固醇氧化物的结构与性质

食品中常见的几种胆固醇氧化物结构如图1-18所示。

在常温下，大多数胆固醇氧化物为白色粉末固体，沸点均超过300℃，在水中的溶解度不是很大，但能够溶于正己烷、丙酮等有机溶剂中，也具有易溶于脂肪的特性。在通常情况下，大多数胆固醇氧化物较为稳定，如果是处于中性和碱性环境中，不太容易分解，然而在有氧、加热等特定条件下也能发生加成等反应，转变为其他胆固醇氧化物。

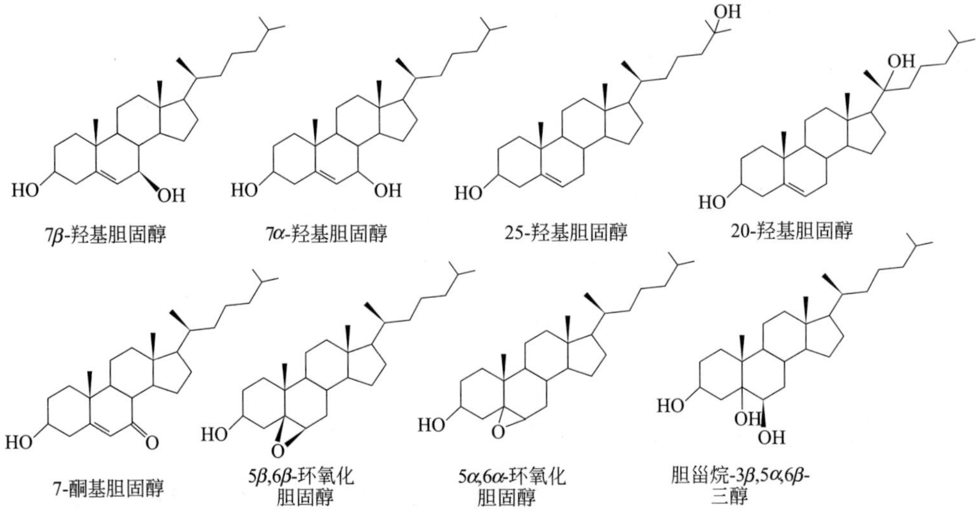

（第一行化学结构图，胆固醇氧化物）

7β-羟基胆固醇　　　7α-羟基胆固醇　　　25-羟基胆固醇　　　20-羟基胆固醇

7-酮基胆固醇　　　5β,6β-环氧化胆固醇　　　5α,6α-环氧化胆固醇　　　胆甾烷-3β,5α,6β-三醇

图 1-18　常见的胆固醇氧化物

（二）胆固醇氧化物形成机理

1. 自由基机制

胆固醇分子含有一个双键，因此容易在氧自由基或其他自由基作用下发生氧化反应。在动物组织细胞中，胆固醇是质膜的重要组成成分，它嵌于磷脂双分子层之间，其分子的取向与邻近的磷脂分子的脂肪酸平行。细胞膜含有丰富的磷脂，因此，在氧化过程中，细胞膜中磷脂的不饱和脂肪酸氧化产生自由基，胆固醇通过自由基机制发生自动氧化。Smith（1981）推测食品或生物系统中胆固醇氧化可分为分子间和分子内两种形式。在分子间氧化过程中，胆固醇分子中的氢是由细胞膜上与之相邻的多不饱和脂肪酸氧化产生的过氧自由基或氧自由基时所提供的。在分子内氧化过程中，氧化的脂肪酰基部分攻击同一胆固醇酯分子中的胆固醇基部分（图 1-19）。

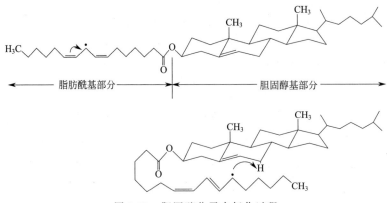

图 1-19　胆固醇分子内氧化过程

胆固醇酯自动氧化中涉及的自由基反应与胆固醇相同,但两者的氧化速率存在显著差异。胆固醇在碱溶液中的氧化速率显著快于胆固醇酯,但在空气中或溶解于油中加热时,胆固醇酯的氧化速率更快。

Osada 等(1993)研究发现,胆固醇在不添加甘油三酯的情况下于 100℃加热24h,几乎不产生胆固醇氧化物,但当它分别与不同饱和度的甘油三酯混合加热时,发生了不同程度的氧化。当胆固醇与不饱和度低的脂肪混合加热时,如硬脂酸甘油酯、牛油等,经过长时间加热才产生胆固醇氧化物;而多不饱和脂肪酸酯存在时,胆固醇的氧化速率明显加快。因此,胆固醇与不饱和度越高的脂肪共存,越容易发生自动氧化反应。其中,检测到的胆固醇氧化物主要是 7-酮基胆固醇、5β-环氧化胆固醇、5α-环氧化胆固醇,而 7α-羟基胆固醇、7β-羟基胆固醇和胆甾烷三醇含量很低。

2. 胆固醇氧化的路径

Smith(1987)提出的食品中胆固醇氧化的路径已被普遍接受(图 1-20)。启动氧化时,其 C7 位上脱去一个氢,再加上氧后形成了差向异构体:3β-羟胆固醇基-5-烯-7α-氢过氧化物和 3β-羟胆固醇基-5-烯-7β-氢过氧化物。脱氢也可能发生在

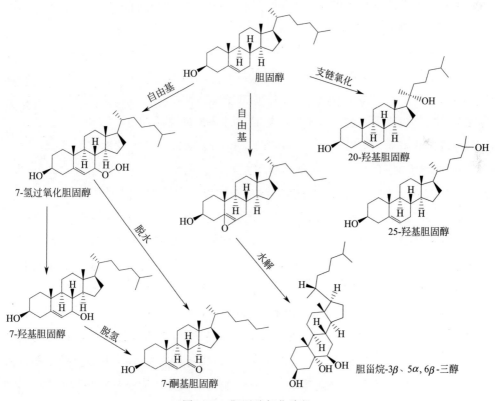

图 1-20 胆固醇氧化路径

C20 和 C25 位置上，导致形成 3β-羟胆固醇基-5-烯-20α-氢过氧化物和 3β-羟胆固醇基-5-烯-25-氢过氧化物。上述变化所形成的氢过氧化物随后转变为一系列不同的化合物，食品中常见的胆固醇氧化物有 8 种，包括 7-酮基胆固醇、7α-羟基胆固醇、7β-羟基胆固醇、5α,6α-环氧化胆固醇、5β,6β-环氧化胆固醇、胆甾烷-3β,5α,6β-三醇、20-羟基胆固醇、25-羟基胆固醇。在分析、处理等过程中，某些胆固醇氧化物之间会相互转化。其中，环氧化胆固醇水解可形成胆甾烷-3β,5α,6β-三醇，7α(β)-羟基胆固醇脱氢形成 7-酮基胆固醇。7-酮基胆固醇似乎是一种相当稳定的产物。

（三）胆固醇氧化物的有害作用

医学研究结果表明，食源性胆固醇氧化物会对健康造成一定损害，血液中胆固醇氧化物浓度的增加是动脉粥状硬化的早期预警，并可能进一步导致血栓的形成和中风。大多数调查报告显示，胆固醇氧化物还是强效的细胞死亡诱导剂，会造成细胞凋亡或胀亡，细胞死亡失衡，将会导致许多疾病，特别是癌症的发生。除此之外，也有研究表明胆固醇氧化物会造成其他疾病的发生，如阿尔茨海默症、帕金森症、多发性硬化症等神经障碍。

1. 致动脉粥样硬化

动脉粥样硬化的发生与胆固醇及其氧化物有直接的关系。1913 年，Anitschkow 首次使用溶解在植物油中纯胆固醇来喂养兔子，发现会导致兔子动脉粥样硬化。1969 年，Kritchevsky 等分别用含结晶胆固醇和无定型胆固醇的饲料喂养家兔，结果发现无定型胆固醇最易导致动脉粥样硬化的发生，后来证实这些无定型胆固醇中含有胆固醇氧化物。1996 年，Brooks 等报道了人动脉粥样斑块内含有胆固醇氧化物。Berliner 等发现胆固醇氧化物能快速地在组织中聚集，尤其是动脉壁中。1999 年，Garcia-Cruset 等发现动脉粥样斑块中 7-酮基胆固醇和 7β-羟基胆固醇含量很高。20 世纪 90 年代以来，对低密度脂蛋白，特别是对氧化型低密度脂蛋白与动脉粥样硬化关系的深入研究，发现氧化型低密度脂蛋白中含有大量的胆固醇氧化物，且其毒性主要来自胆固醇氧化物。此外，大量实验表明，胆固醇氧化物对动脉粥样硬化形成有关因素（炎症、氧化应激、细胞凋亡）具有促进作用。

血管内皮细胞损伤是动脉粥样硬化的启动环节。Peng 等（1985）研究发现，25-羟基胆固醇和胆甾烷-3β,5α,6β-三醇会损害家兔血管内皮细胞。羟基化的胆固醇是胆固醇合成限速酶羟甲基戊二酰辅酶 A 还原酶的抑制剂，因此会抑制胆固醇的生物合成，造成细胞膜功能障碍而导致细胞死亡，细胞死亡使脂质积聚在动脉内膜上，久了容易形成血栓，最终导致动脉粥样硬化。实验证明，胆甾烷三醇可引起

90％的血管内皮细胞损伤，25-羟基胆固醇可引起 67％的血管内皮细胞损伤。

泡沫细胞堆积形成脂质条纹乃至脂质斑块是动脉粥样硬化形成的关键环节。有研究者在小鼠实验中发现，一些胆固醇氧化物（7-酮基胆固醇、7β-羟基胆固醇、5β,6β-环氧化胆固醇）能够激活巨噬细胞 NADPH 氧化酶，促进花生四烯酸释放和超氧阴离子产生，这会导致巨噬细胞介导的低密度脂蛋白氧化增加，从而造成更多泡沫细胞堆积。

2. 细胞毒性

研究表明，7-酮基胆固醇、7β-羟基胆固醇等会诱导不同类型的细胞发生细胞凋亡，而 25-羟基胆固醇的细胞毒性强弱取决于细胞类型。事实上，一些促进细胞凋亡的胆固醇氧化物会改变生物膜特性和参与信号转导的脂筏的组成，其中一些还可引起细胞内钙振荡，从而影响细胞的正常生理功能。当胆固醇浓度过高时，会引起细胞胀亡，这是一种表现为细胞肿胀和核溶解的细胞损伤过程，细胞胀亡在肿瘤发生、发展过程中具有重要作用。

在不同类型的细胞体外试验中发现，7-酮基胆固醇、7β-羟基胆固醇、5α,6α-环氧化胆固醇、5β,6β-环氧化胆固醇、25-羟基胆固醇表现出强烈的氧化作用，有时会引发复杂的细胞凋亡程序。另外，有研究者用含有胆甾烷-3β,5α,6β-三醇的饲料饲喂大鼠，发现其血管平滑肌细胞中的谷胱甘肽过氧化物酶和超氧化物歧化酶活性受到了抑制，并且发生细胞凋亡。

细胞间缝隙连接在细胞间物质交换、信息传递以及在组织内环境的稳定中起着非常重要的作用，它的功能异常被认为是导致肿瘤发生化学物质毒性作用表现的关键一环。研究发现 7-羟基胆固醇、22-羟基胆固醇以及 25-羟基胆固醇显著地抑制细胞间的信息传递，其中以后者的作用最为明显。研究表明纯化后的胆固醇氧化物在 80μg/mL 浓度下对大鼠肝细胞表现出显著毒性作用。

3. 神经毒性

阿尔茨海默症是一种起病隐匿的进行性发展的神经系统退行性疾病，特点是大脑中淀粉样蛋白沉积和神经元广泛丢失导致的突触数量减少。目前，关于胆固醇氧化物在阿尔茨海默症发生过程中的作用是有争议的。其中，25-羟基胆固醇、27-羟基胆固醇可能与该疾病的发生有关。

帕金森病是一种以多巴胺能神经元丧失和细胞内路易小体存在为特征的渐进性神经系统疾病，一些因素如线粒体功能障碍、细胞凋亡可能是诱发本病的主要原因。研究表明，胆固醇氧化物与 α-突触核蛋白（在路易小体聚集的主要蛋白）之间有一定联系，Bosco（2006）发现具有路易小体的患者大脑皮层中的胆固醇氧化物代谢产物比同年龄的对照组更高。

多发性硬化症的特点是脱髓鞘和轴突的损失，这是一种中性神经系统免疫性疾病，可能与胆固醇氧化物有密不可分的联系。

（四）胆固醇氧化物的测定方法

1. 脂质提取

在食品中，胆固醇氧化物溶解在脂类物质中，故提取胆固醇氧化物须先提取与之相溶的脂溶性物质。脂质在生物基质中主要以两种形式存在：一是以液滴形式存在于储藏组织；二是细胞膜的组成部分。但任何一种形式下，胆固醇与脂质不仅彼此密切结合，还与非脂质（如蛋白质等）通过疏水作用、范德华力、氢键和静电作用力结合在一起。因此，需要采用合适的方法将组织中的脂溶性化合物提取出来，其中提取溶剂的选择尤为重要，需要既能够溶解脂类物质，又能够破坏脂质与其他组织基质之间的相互作用力。所以单一的非极性有机溶剂（如正己烷）的使用是不合适的，为了满足这一要求，必须采用适当极性的溶剂或混合物。

在一些研究报道中，使用最频繁的方法是以 2 种或者 3 种溶剂以不同的比例混合来提取脂质，这样可以充分提取不同脂类物质，同时将其他非脂类物质去除，避免了提取液基质的复杂性。其中，甲醇-氯仿体系经常被用于胆固醇氧化物的提取。

2. 净化

胆固醇氧化物在提取物中是痕量级别，所提取脂类物质中含有甘油三酯、酯化游离甾醇、游离脂肪酸等，所以需要对提取的脂类物质进行净化操作。一个有效的净化方法应该能够去除大部分非待测物质，并且不引入新的杂质，使胆固醇氧化物得到富集。皂化和固相萃取法是常用的净化方法。

皂化在胆固醇氧化物分析测定中起着两个重要的作用。首先，它能通过水解反应将甘油酯转化为水溶性脂肪酸盐和游离甘油，从而去除脂质提取物中占主导地位的甘油酯。其次，它能够水解胆固醇酯。在皂化过程中，一般将脂质提取物加入 KOH 或 NaOH 的甲醇或乙醇溶液中反应一段时间，然后通过液-液萃取法将未被皂化部分提取出来。皂化温度和碱溶液浓度是两个关键参数，选择不当会造成某些胆固醇氧化物的分解。目前多采用冷皂化，即在室温或略高于室温下进行皂化，皂化反应多在 15h 以上。

目前，许多研究者为了避免胆固醇氧化物的分解和转化，采用固相萃取法取代皂化步骤，使胆固醇氧化物得到分离和富集。相比于皂化法，固相萃取法具有更快速、温和的优势。硅胶柱和氨基柱常被用于胆固醇氧化物的净化，这两款都为正相柱。脂质提取物中，胆固醇酯和甘油三酯极性最弱，磷脂极性最强，而胆固醇及其氧化产物极性处于两者之间。因此，根据待测物质与杂质极性的差异，通常逐步增强洗脱溶剂的极性以达到分离效果。较常用的方法是将脂质提取物加入固相萃取柱中，首先选用非极性溶剂洗脱胆固醇酯和甘油三酯，然后再用少量中极性溶剂洗脱胆固醇氧化物，而磷脂由于极性最强被保留在柱上。

有研究表明，在固相萃取之前采用皂化步骤，可避免造成测得胆固醇氧化物含量与实际值相比偏少的情况。已知胆固醇酯的氧化速率比胆固醇更快，可能有部分氧化产物以胆固醇酯的形式存在，因此需要进行皂化反应，将这部分氧化产物分离出来，若直接进行固相萃取，这部分物质将被去除。

3. 衍生化

胆固醇氧化物具有高沸点、双性基团、化学不稳定性的特点，故色谱分析前通常需要进行衍生化反应，改变其物理性状，有利于色谱分析时分离度的改善和检测灵敏度的提高。常用衍生试剂有 BSTFA［N，O-双（三甲基硅烷）三氟乙酰胺］、BTZ［N，O-双（三甲基硅烷）乙酰胺：三甲基氯硅烷：N-三甲基硅烷咪唑为 3：2：3］、Sylon BFT［N，O-双（三甲基硅烷）三氟乙酰胺：三甲基氯硅烷为 99：1］等。此外，在衍生化过程中需将水分去除干净，水分会与胆固醇氧化物竞争衍生化试剂，导致衍生化反应不完全，将会使一种胆固醇氧化物出现几个色谱峰。

4. 色谱分析

胆固醇氧化物的测定方法有多种，包括气相色谱法、高效液相色谱法、气相色谱-质谱联用法（简称气质联用法）、核磁共振和酶法等。常用的是气相色谱法、高效液相色谱法和气相色谱-质谱联用法。

气相色谱法特别是毛细管气相色谱法是胆固醇氧化物的主要分析方法之一，这主要是因为胆固醇形成的氧化物结构十分类似，必须用高分辨率的毛细管柱才能分开。所用柱型大多是非极性的聚甲基硅氧烷和弱极性的 5％苯基甲基聚硅氧烷，如DB-5、DB-1、HP-5、Rtx-1、SPB-1 等。采用这类非极性和弱极性柱的主要原因是胆固醇氧化物具有较强极性、低蒸汽压、高沸点，所需柱温较高，而这类柱子高温稳定性好是其主要优势。柱温操作方式均为程序升温，且大多为多阶程序升温。氢火焰离子化检测器（FID）在胆固醇氧化物的气相色谱分析中仍占绝对优势。

高效液相色谱法分离效率高，一般在室温下分析即可，不需高柱温，因此不会造成待测物质高温分解的情况，但在检测胆固醇氧化物方面存在一些缺陷。首先，液相色谱仪所使用的色谱柱的容量和分离效果达不到所需要求；其次，液相色谱仪的紫外或者荧光检测器不能用于大多数胆固醇氧化物的检测，因为它们无紫外吸收，更无荧光。

气质联用法是将气相色谱和质谱结合起来的一种用于确定测试样品中不同物质的定性定量分析方法。气相色谱-质谱联用技术兼顾了气相色谱和质谱两者各自的优点，其具有气相色谱的高分辨率和质谱的高灵敏度，是分离和检测复杂化合物的最有力工具之一。此类方法中，色谱柱的选择、柱温升温程序设置同气相色谱法相近。质谱部分采用标准的电子轰击离子源（70eV），质谱扫描范围多在 $m/z\,100\sim650$ 之间。胆固醇氧化物定量一般根据质谱特征离子峰计算。

五、反式脂肪酸

反式脂肪酸是包含反式双键的一类脂肪酸。反式双键指非共轭双键上两个相邻的氢原子处于不同侧面。反式脂肪酸已引起各国的关注，其中美国要求食品营养标签上必须标注反式脂肪酸含量，一些欧盟和亚洲国家也制订其最低限量标准。

（一）物理化学特性

反式脂肪酸按碳原子数目可分为 16 碳、18 碳和 20 碳三种，加工食品中以 18 碳的反式脂肪酸含量较多。反式脂肪酸按照双键数目分为反式单烯酸和反式双烯酸。按照反式脂肪酸的异构位置分类，18 碳的单烯酸可以进一步分为反式 9-十八碳烯酸、反式 11-十八碳烯酸。

反式脂肪酸的空间结构为直线型，此结构使得其较顺式脂肪酸熔点高且具有更好的热力学稳定性，其性质与饱和脂肪酸接近。反式脂肪酸表现出的一些特性是介于饱和脂肪酸和顺式脂肪酸之间的。一般反式脂肪酸的熔点高于顺式脂肪酸，如油酸的熔点是 13.5℃，室温下呈液态油状，而反式油酸的熔点为 46.5℃，室温下呈固态脂状。

（二）反式脂肪酸形成机制

反式脂肪酸进入食品主要有两种不同的渠道：一是植物油脂经高温处理；二是一些动物脂肪中自然存在。但不管哪种渠道，反式脂肪酸都是由不饱和脂肪酸异构化反应而来。

在日常生活中，许多人习惯在烹饪时将油加热到冒烟，由于油的温度较高，油脂异构化产生的反式脂肪酸较多，而且一些经过反复煎炸的油，油温更是远远高于发烟点的温度，会积累较多的反式脂肪酸，而且还会产生其他具有挥发性的醛、酮、醇等化合物，严重影响油脂的品质。在高温条件下发生的不饱和脂肪酸异构化，主要由高于活化能的热能作用使顺式结构发生异构化。

植物油传统压榨法或浸出法制取的毛油中含有游离脂肪酸、胶质、色素等杂质，需经精炼过程去除。油脂的脱臭过程在真空、高温条件下进行，顺式脂肪酸在高温、金属离子等因素影响经过异构化作用而生成不同类型的反式脂肪酸。在高温条件下，不饱和脂肪酸中的双键容易被破坏，发生异构化生成反式脂肪酸的同时有一部分发生不饱和键断裂生成短碳链的挥发性化合物。不同的脱臭温度和时间会引起亚油酸和亚麻酸的异构化。

传统油脂生产过程中通过将油脂部分氢化来改善油脂的品质。在此过程中油脂分子中一部分双键被饱和，另一部分双键发生位置异构或转变为反式构型，产生反式脂肪酸，主要是 n-9 反式油酸。

亚油酸和亚麻酸在瘤胃微生物的酶促氢化作用下会产生反式和共轭脂肪酸。在反刍动物进食区域里发现一种异构化酶，它导致了不饱和脂肪酸的顺反异构化。通过还原酶的氢化作用反式脂肪酸在反刍动物的瘤胃中产生，并传递到乳脂以及自身脂肪当中。

（三）有害作用

1. 流行病学调查

（1）对心血管疾病的影响　有确凿的证据显示反式脂肪酸与心血管疾病有相关性。反式脂肪酸能引起血清总胆固醇和低密度脂蛋白（LDL）含量的升高，一定程度降低了高密度脂蛋白（HDL）含量，从而促进动脉硬化。

反式脂肪酸能使血液黏稠度和凝聚力增加。当反式脂肪酸的摄入量达到总能量的 6％时，人体的全血凝集程度比反式脂肪酸摄入量为 2％的人高，更易产生血栓。而血浆总胆固醇和甘油三酯水平升高、载脂蛋白 B 水平的降低、血液黏稠度的升高都是动脉硬化、冠心病和血栓形成的重要因素。也有一些研究认为，反式脂肪酸与细胞膜磷脂结合，改变了膜脂分布，直接改变膜的流动性和通透性，进而影响膜蛋白结构和离子通道，改变心肌信号传导的阈值，从而成为导致心肌梗死等疾病发病率增高的重要原因。

（2）对Ⅱ型糖尿病的影响　部分研究结果证实，反式脂肪酸摄入过多会增加妇女患Ⅱ型糖尿病的概率。脂肪总量、饱和脂肪酸或单不饱和脂肪酸的摄入均与糖尿病发病率无关，但摄入的反式脂肪酸能显著增加患糖尿病的概率。有实验结果表明，反式脂肪酸能使脂肪细胞对胰岛素的敏感性降低，从而增加机体对胰岛素的需求量，增大胰腺的负荷，容易诱发Ⅱ型糖尿病。这可能也与反式脂肪酸进入内皮细胞，导致内皮细胞功能障碍，影响与炎症反应相关的信号传导有关。反式脂肪酸与Ⅱ型糖尿病的关系需进一步研究。

（3）对婴儿发育的影响　孕妇和哺乳期妇女摄入的反式脂肪酸可以通过胎盘和

乳汁进入婴幼儿体内，对婴幼儿生长发育产生不可低估的影响。反式脂肪酸通过影响 $\Delta 6$-脂肪酸脱氢酶活性，从而使体内多不饱和脂肪酸的生成受到抑制，直接影响婴儿的正常生长。体内的反式脂肪酸还会干扰正常脂质代谢。反式脂肪酸在合成组织时优先占据细胞膜磷脂的 sn-1 位，取代饱和脂肪酸；少数的反式脂肪酸会结合在 sn-2 位与多不饱和脂肪酸形成竞争。反式脂肪酸通过抑制 $\Delta 6$-脱氢酶和 $\Delta 9$-脱氢酶的活性抑制体内花生四烯酸和其他多不饱和脂肪酸的合成。

反式脂肪酸对婴幼儿生长的影响有以下三个方面。

① 由于婴幼儿的生理调节能力较差，反式脂肪酸对多不饱和脂肪酸代谢的干扰会导致胎儿和新生儿体内必需脂肪酸的缺乏，影响生长发育。

② 反式脂肪酸还可结合机体组织脂质，特别是结合于脑中脂质，抑制长链多不饱和脂肪酸的形成，从而对婴幼儿的中枢神经系统的发育产生严重的影响。

③ 反式脂肪酸抑制前列腺素的合成，母体中的前列腺素可通过母乳作用于婴儿，通过调节婴儿胃酸分泌、平滑肌收缩和血液循环等功能而发挥作用，因此反式脂肪酸可通过对母乳中前列腺素含量的影响而干扰婴儿的生长发育。

（4）对癌症发病率的影响　反式脂肪酸与乳腺癌、结肠癌和前列腺癌的发病率有关。流行病学调查结果显示，增加反式脂肪酸摄入量与患乳腺癌的风险呈显著正相关。

2. 相关法律法规

世界卫生组织和联合国粮农组织于 2003 年发表的"膳食、营养与慢性病预防专家委员会报告"指出，为增进心血管健康，应尽量控制饮食中的反式脂肪酸，最大摄取量不超过总能量的 1%。许多国家已经颁布反式脂肪酸相关的法律、法规以及建议。美国 1999 年强制在营养标签中标示反式脂肪的含量。2003 年发布新的增补法规，强制要求在传统食品及膳食补充剂的营养标签中标示反式脂肪酸的含量，并最终于 2006 年实施。丹麦营养委员会多次公布"反式脂肪酸对健康不良影响的报告"，丹麦政府于 2003 年立法，要求丹麦市场上销售的食品中反式脂肪酸含量不得高于脂肪含量的 2%，这一举措有效控制了丹麦食品中反式脂肪酸含量。荷兰及瑞典等国制定食品中人造脂肪的限量标准，其中反式脂肪酸含量控制在 5% 以下。

我国卫生部 2007 年发布的《中国居民膳食指南》建议，"远离反式脂肪酸，尽可能少吃富含氢化油脂的食物"。2013 年实施的《预包装食品营养标签通则》规定，如食品配料含有或生产过程中使用了氢化和（或）部分氢化油脂，必须在食品标签的营养成分表中标示反式脂肪酸含量。标准指出，每天摄入反式脂肪酸不应超过 2.2g，反式脂肪酸摄入量应少于每日总能量的 1%。

根据流行病学研究结果，欧美在反式脂肪酸摄入量上逐渐减少，而发展中国家的反式脂肪酸摄入量则有增加的趋势。因此，对食品中反式脂肪酸含量实施限量管理势在必行。

（四）测定方法

国标 GB 5009.027—2016《食品安全国家标准食品中反式脂肪酸的测定》中规定检出限为 0.012%（以脂肪计），定量限为 0.024%（以脂肪计）。反式脂肪酸的分析方法还包括 Ag^+ 技术、红外吸收光谱法（IR）、毛细管电泳法（CE）、气相色谱法（GC）、气相色谱质谱联用法（GC-MS）以及结合使用的方法。

六、亚硝胺

N-亚硝胺是一类很强的化学致癌性物质，包括亚硝胺和亚硝酰胺两大类物质，通常泛称为亚硝胺，是四大食品污染物之一。亚硝胺可以在人体中合成，是一种很难完全避开的致癌物质。

（一）亚硝胺的种类

N-亚硝胺是世界公认的三大致癌物质之一，其中低分子量的 N-亚硝胺在常温下为黄色油状液体，高分子量的 N-亚硝胺多为固体。二甲基亚硝胺可溶于水及有机溶剂，其他则不能溶于水，只能溶于有机溶剂。在通常情况下，N-亚硝胺不易水解，在中性和碱性环境中较稳定，但在特定条件下也发生水解、加成、还原、氧化等反应。N-亚硝胺是一类化学结构和性质极为多样化的化合物，依照化学结构可以分为对称性二烷基亚硝胺、不对称二烷基亚硝胺、具有功能团的亚硝胺、环状亚硝胺和烷基（芳基）亚硝酰胺。按照物理性质又有挥发性和非挥发性亚硝胺之分。

（二）亚硝胺的形成机理

亚硝酸盐是亚硝胺类化合物的前体物质。在自然界，亚硝酸盐极易和胺类物质化合，生成亚硝胺。在人体胃的酸性环境里，亚硝酸盐也可以转化为亚硝胺。亚硝胺的形成是一个复杂的过程，依赖于胺类物质、酰胺类物质、蛋白质、肽类物质和氨基酸的存在。此外，微生物也参与了亚硝胺的形成，把硝酸盐还原为亚硝酸盐，还能把蛋白降解为胺类物质和氨基酸。

（三）亚硝胺的致癌作用

300 多种 N-亚硝胺在动物身上显示出致癌作用。这类强致癌物质在实验动物身上诱导的肿瘤在形态学特点上和与具有血型特异性抗原进行的表达在生化特点上都与相应的人的器官上发现的肿瘤相似，并且更多的试验和一些流行病学数据表明，人类是 N-亚硝胺引起癌症的易感群体。

亚硝胺是一类重要致癌物质，在体内细胞色素 P450 的作用下经代谢活化生成活泼亲电物质。在细胞色素 P450 的催化氧化作用下，N-亚硝胺首先发生 α 羟基化反应，即与 N 原子紧密相连的碳原子首先发生羟基化，形成 α-羟基二烷基亚硝胺，随后在体内生理环境下分解，变成醛和羟基偶氮化合物，羟基偶氮化合物进一步离解后形成羟基重氮化合物，羟基重氮化合物具有很高的亲电性，可以与水反应生成醇，而与 DNA 结合后，可以使 DNA 的碱基发生烷化作用形成 DNA 加合物，最终导致肿瘤的产生。所以在癌症的初始阶段，DNA 的烷基化被认为是致癌物质的关键性细胞靶向活动。

（四）亚硝胺的测定方法

随着近代分析化学的发展和新仪器的应用，N-亚硝胺的测定方法已经相当多样和完善，选择性和灵敏度也在不断提高。根据分析方法的原理可以分为紫外和可见光光度法、薄层色谱法、气相色谱法、液相色谱法、气相色谱-质谱联用法、极谱法和胶束电动毛细管色谱法（MEKC）。紫外分光光度法可以直接测定 N-亚硝胺的含量，N-亚硝胺特征的紫外光谱有两个吸收峰，在 340nm 有一个较弱的吸收峰，在 230nm 处有一个较强的吸收峰。MEKC 结合了高效液相色谱和毛细管电泳的优点，具有高柱效、高选择性、分析速度快、自动化程度较高的特点，在 N-亚硝胺分析中的应用也取得了良好的效果。

七、PM2.5

食品在油炸、烧烤等加工过程中挥发的油脂、有机质及热氧化和热裂解产生的混合物形成了食品加工油烟。这些油烟在形态组成上包括颗粒物及气态污染物两类，其中直径小于 $2.5\mu m$ 的颗粒物质即为 PM2.5。PM2.5 粒径小比表面积大、重量轻、吸附能力强，能吸附各种有害物质且能长时间悬浮于空气中，被人们吸入直接进入肺部，对人体健康产生较大危害。近年来，PM2.5 已成为政府和社会各界关注的热点问题。

（一）PM2.5 来源

PM2.5 成分复杂，来源广泛。如火山喷发、风吹起的尘土、森林大火、工业中的燃料源、汽车尾气、生物质燃烧、垃圾焚烧、建筑施工扬尘、食品医药工业等都会排放 PM2.5。本章主要介绍食品加工业及家庭厨房排放的 PM2.5。

1. 厨房油烟中的 PM2.5

日常烹调油的化学结构是三酰甘油，在油炸过程中，食物在约 180℃下接触热油，油脂挥发凝聚，产生颗粒物，在空气中呈飘浮状态而长期存在，属于典型的PM2.5；同时食物和油脂也部分暴露于氧气当中，发生氧化反应，形成的氢过氧化物在高温作用下快速分解，产生挥发性物质，包括饱和与不饱和醛酮类、烃类、醇类、内酯、酸和酯类。其中很多挥发性物质都有毒，如丙烯醛已被确认是油烟中提高肺癌风险的因素之一。油烟中还含有大量的3,4-苯并芘、杂环胺等致癌物质，吸附到PM2.5上，比普通的灰尘更具危害性，被人体吸入后容易引发肺癌、胃癌等疾病。炒菜油炸温度越高，时间越长，产生的有害物质越多。据统计，在一个800万人口的城市，全年的厨房油烟颗粒物排放量将近12600t，对PM2.5的贡献率超过10％。

2. 食品工业中的PM2.5

一个规模化的食品加工企业油炸食品一年用油150～250t，按吸油烟机的油脂去除率90％计算，一年排出颗粒物达15～25t。一个省级城市具规模化的油炸食品企业按100家计算，一年排放颗粒物就达1500～2500t。普通的油条摊点每天用油约5～10kg，一年排出颗粒物约为180～360kg，一个省级城市油条摊点按5000家计算，一年排放颗粒物就达900～1800t，而油炸油烟中的颗粒物主要为PM2.5。此外，烧烤、烟熏等加工方式均会产生大量的PM2.5。

（1）烧烤产生的PM2.5　烧烤污染物质其实包括两类，一类是煤炭燃气燃烧排出的，另一类便是被烧烤物质在烤制过程中排出的。

烧烤主要用的是木炭或焦炭，烧烤过程中处于一个木炭的不完全燃烧的过程，木炭燃烧产物中尚残存有一氧化碳、二氧化硫、硫氧化物、氢、甲烷等可燃物质，这些气体在环境中经化学反应或物理过程转化成液态及固态的颗粒物；烧烤同时会产生烷类、芳烃类、烯类、酯类、醛类等挥发性有机物，而挥发性有机物恰恰是导致PM2.5生成的重要条件。烧烤排出的颗粒物中大部分组成了PM2.5中的物质。

烧烤温度往往超过200℃，在此高温下，蛋白质受热产生杂环胺类物质，而且如果肉被烤焦，局部温度接近300℃时，食物脂肪焦化产生的物质与肉里的蛋白质发生热聚合反应，同样会产生大量3,4-苯并芘等致癌物。3,4-苯并芘不仅能通过烤肉的烟雾进入呼吸道，还能通过食用烤肉进入消化道。烧烤燃烧产生的颗粒物比其他PM2.5要细得多，PM2.5中的粒子越细，表面积就越大，它吸附空气中的有害物就越多。这种集中、低空排放的高浓度有害气体，对接触的人们危害极大。

笔者测定了传统烤鸭加工过程中生成的烟气中PM2.5排放情况：燃气烤鸭炉烤制烤鸭，每批次加工20只，烤鸭炉200℃预热15min，将腌制后的原料鸭悬挂在烤鸭炉内，在250～270℃条件下烘烤1h左右，用智能中流量大气总悬浮颗粒物采样器（配 PM2.5 采样切割头）在 100L/min 流速条件下收集 250℃烤制阶段产生的烟气。按照国标 HJ 618—2011 环境空气 PM10 和 PM2.5 的测定重量法，得到燃气加工方式烟气中 PM2.5 质量浓度为（2020.00±198.04）$\mu g/m^3$，超过我国环境空气质量标准二级限值 75$\mu g/m^3$ 的 25.9 倍左右。

（2）油炸产生的 PM2.5　油炸过程经历复杂的物理和化学变化，如油的吸收、氧化、水解和热分解，产生许多有害成分，影响油炸食品感官，危害身体健康。烧鸡是我国的传统食品，深受消费者喜爱，全国每年产量可达数亿只，烧鸡加工期间油炸烟气中的有害物质对环境和人体造成的伤害不可小觑。

为评估烧鸡油炸烟气的安全性和对环境的污染状况，笔者在南京某肉制品加工企业烧鸡生产线油炸工序排烟口外 1m 处设置采样点，使用智能中流量大气总悬浮颗粒物采样器（配 PM2.5 采样切割头），在 100L/min 流速条件下收集 1h 烧鸡油炸工序排放的烟气。

烧鸡油炸多使用棕榈油，加工温度在 180℃以上，每 100kg 油可加工 1000～1400 只鸡，加工过程中油会多次循环使用，直至油色变黑、油哈味明显或烟气有呛感时更换新油。在采集烟气的过程中，将使用 12～25h 的油定义为中期油，将使用 30h 以上的油定义为后期油。中期油炸烟气中 PM2.5 最高超过我国环境空气质量标准二级限值 75$\mu g/m^3$ 的 23.4 倍；继续使用 30h 以上烟气中 PM2.5 最高超过国标的 31.5 倍。

（3）烟熏产生的 PM2.5　熏制用的熏烟是直接燃烧整块木头、小块木头或者锯木碎屑，将待熏制的产品直接悬挂，或者置于金属网上面进行直接烟熏。熏制时需阴烧不见明火，以最大限度地产生烟。用在食品加工中的熏烟主要是通过燃烧木材所发烟产生的，主要使用的是硬木，如山毛榉、山核桃木、橡树。

熏烟是水蒸气、空气、CO_2、CO，还有数百种的有机物质以不同浓度的气溶胶、蒸汽相、极小的分子颗粒形式存在的混合物，熏烟是在不完全燃烧的情况下产生的。木材的不完全燃烧产生的颗粒物不但是 PM2.5 的重要组成成分，而且使产品中含有多环芳烃类等对人类健康有害的物质。

（二）PM2.5 的危害

1. PM2.5 成分

PM2.5 的化学成分主要包括无机成分、有机成分、微量重金属元素等。无机成分主要包含硫酸盐、硝酸盐等；有机成分主要包括多环芳烃；微量重金属元素包括铬、铜、锌、铅、镍等。

肉制品绿色制造技术——理论与应用

2. PM2.5 对环境的影响

首先，PM2.5 对空气质量和能见度等有重要的影响。与较粗的大气颗粒物相比，粒径小的细颗粒物富含大量的有毒、有害物质，且在大气中的停留时间长、输送距离远，从而对人体健康和大气环境质量的影响更大。细颗粒物能飘到较远的地方，影响范围较大。其次，PM2.5 会影响全球的气候。PM2.5 能影响成云和降雨过程，间接影响着气候变化。PM2.5 对太阳的辐射有一定的吸收和反射的作用，从而进一步改变当地的温度、湿度等气候条件，形成局部的水循环并导致部分地区的极端天气，严重影响人们的正常生活。

3. PM2.5 对人类健康的危害

PM2.5 比表面积较大，易成为其他污染物的载体和反应体，可吸附大量的有毒、有害物质，通过呼吸系统直接进入人的肺部并沉积下来，导致人体呼吸系统和心血管系统等罹患各种急性和慢性疾病。

参 考 文 献

[1] 刘彪，彭增起，张雅玮等. 油炸对鸡肉中反式脂肪酸含量及棕榈油品质的影响 [J]. 食品工业科技，2015，36（16）：147-150.

[2] 王园，惠腾. 传统熏鱼中反式脂肪酸形成机理及控制措施 [J]，肉类研究，2013，27（5）：40-44.

[3] Turesky R J. Formation and biochemistry of carcinogenic heterocyclic aromatic amines in cooked meats [J]. Toxicology Letters，2007，168（3）：219-227.

[4] Sanders E B, Goldsmith A I, Seeman J I. A model that distinguishes the pyrolysis of d-glucose, d-fructose, and sucrose from that of cellulose. Application to the understanding of cigarette smoke formation [J]. Journal of Analytical & Applied Pyrolysis, 2003, 66（1）：29-50.

[5] Lin G, Weigel S, Tang B, et al. The occurrence of polycyclic aromatic hydrocarbons in Peking duck: Relevance to food safety assessment [J]. Food Chemistry, 2011, 129（2）：524-527.

[6] Li G, Wu S, Wang L, et al. Concentration, dietary exposure and health risk estimation of polycyclic aromatic hydrocarbons (PAHs) in youtiao, a Chinese traditional fried food [J]. Food Control, 2016, 59：328-336.

[7] Hur S, Park G B, Joo S T, et al. Formation of cholesterol oxidation products (COPs) in animal products [J]. Food Control, 2007, 18（8）：939-947.

[8] Willett W C. Trans fatty acids and cardiovascular disease-epidemiological data [J]. Atherosclerosis Supplements, 2006, 7（2）：5-8.

[9] Wang Y, Hui T, Zhang Y W, et al. Effects of frying conditions on the formation of heterocyclic amines and trans fatty acids in grass carp (Ctenopharyngodon idellus) [J]. Food chemistry, 2015, 167：251-257.

[10]　Raters M, Matissek R. Quantitation of polycyclic aromatic hydrocarbons (PAH4) in cocoa and chocolate samples by an HPLC-FD method [J]. Journal of Agricultural and Food Chemistry, 2014, 62 (44): 10666-10671.

[11]　Yin Y, Wada O, Manabe S, et al. Exposure level monitor of a carcinogenic glutamic acid pyrolysis product in rabbits. [J]. Mutation Research, 1989, 215 (1): 107-113.

[12]　Smith LL. Cholesterol autoxidation 1981-1986. [J]. Chemistry & Physics of Lipids, 1987, 44 (2-4): 87-125.

[13]　Kosmider B, Loader J E, Murphy R C, et al. Apoptosis induced by ozone and oxysterols in human alveolar epithelial cells. [J]. Free Radical Biology & Medicine, 2010, 48 (11): 1513-1524.

[14]　Vejux A, Lizard G. Cytotoxic effects of oxysterols associated with human diseases: Induction of cell death (apoptosis and/or oncosis), oxidative and inflammatory activities, and phospholipidosis [J]. Molecular Aspects of Medicine, 2009, 30 (3): 153-170.

[15]　Paniangvait P, King A J, Jones A D, et al. Cholesterol oxides in foods of animal origin [J]. Journal of Food Science, 2010, 60 (6): 1159-1174.

[16]　Alaejos M S, Ayala J H, González V, et al. Analytical methods applied to the determination of heterocyclic aromatic amines in foods [J]. Journal of Chromatography B Analytical Technologies in the Biomedical & Life Sciences, 2008, 862 (1 - 2): 15-42.

[17]　Gross G A, Grüter A. Quantitation of mutagegnic/carcinogenic heterocyclic aromatic amines in food products [J]. Journal of Chromatography A, 1992, 592 (1 - 2): 271-278.

[18]　Yao Y, Peng Z Q, Wan K H, et al. Determination of heterocyclic amines in braised sauce beef [J]. Food Chemistry, 2013, 141 (3): 1847-1853.

第二章　腌制过程中有害物质的形成

第一节　色泽形成及相关成分

腌制是指以腌制剂（硝酸盐或亚硝酸盐）、食盐或香辛料等处理肉类的过程。在腌制过程中，肉制品中的蛋白质等成分会与腌制剂发生反应形成粉红色的腌肉色泽。有些肉制品表面会形成彩虹色斑，但该色斑不同于腌肉色泽，也不同于由腐败引起的绿色和荧光色。

一、彩虹色斑与安全性

（一）彩虹色的光学特征以及产生原因

自然界中的彩虹色一般由光的散射、衍射现象和干涉作用产生的。

1. 光的散射产生彩虹色

光作用到物体后发生散射，如日出和日落时的太阳是呈红色的，这些都是大气对阳光散射的结果。散射产生颜色的现象非常普遍，而且不同大小颗粒的物质散射产生的颜色是不同的，这种颜色属于结构色。自然界生物通过散射产生颜色的例子很多。它们都是由生物体表面存在某些细小颗粒组织引起的。随颗粒大小和形状不同，有的散射主要产生蓝色，有的散射主要产生白色。一些鸟类的羽毛有美丽的彩色，就是由于其羽毛羽支上的小倒刺表面组织对光发生散射，产生蓝色或绿色。

2. 光的干涉产生彩虹色

波长相同、传播方向相近的两束光会互相作用产生相长增强或相消删除的作用。当相长增强时，则会发生干涉，出现一系列色彩。影响干涉颜色的主要是薄膜厚度、折射率和观察的角度。自然界干涉生色例子很多，如水面上的油膜、洗衣服产生的肥皂泡等。鸟类的羽毛也存在干涉作用而产生颜色绚丽色彩，如孔雀的羽毛。

3. 光的衍射产生彩虹色

光可以偏离直线传播，即可以发生衍射。衍射产生的颜色不像干涉那样决定于薄膜厚度，而是像衍射光栅中那样，决定于相邻两层间隔距离。随着观察角度的变化，颜色也会变化。在自然界，天然蛋白石具有衍射光栅作用，是一种天然衍射光栅，能在白背景或黑背景上显示各种颜色。一些蛇表皮具有衍射光栅结构，可以产生闪光的颜色，也都属结构色。自然界物体由散射、干涉、衍射引起的选择性反射产生结构色的现象是普遍存在的。这种结构色和由色素选择吸收可见光产生颜色有明显不同，它不吸收可见光，光强度不降低，相反还由于干涉、衍射等作用，局部还得到明显的增强，所以一些彩虹色特别明亮，色调特别纯粹。干涉和衍射光的波长随观察角度而变化，由此产生结构色往往是连续某波段的彩虹色，颜色具有明亮、纯粹、金属光泽和透明的特点。若是由散射产生的结构色，则是非彩虹的。

（二）肉品中的彩虹色斑

1. 肉品中彩虹色斑的特征

彩虹色斑主要是牛肉及其制品中出现的一种颜色，在猪肉、羊肉等肉品中也有发现（图 2-1）。对于具有彩虹色斑点的鲜肉和熟肉制品，绿色是彩虹色中的主要颜色；其次是橘红色。肉品中彩虹色斑的产生不是肌肉色素引起的，也不是化学因素引起的。从物理上看，光源角度、观察角度、样品旋转角度都影响彩虹色的强度，其中光源与样品表面的夹角为 70°时产生的彩虹色强度最大，样品观察角度在 35°时产生的彩虹色强度最大。彩虹色只有在具有完整的肉片的肉制品中发现，火腿肠、肉糜等制品中却没有发现。彩虹色斑发生在肌原纤维中。脱水或冷冻会使彩

酱牛肉中的彩虹色斑点　　　　　烤牛肉中的彩虹色斑点

图 2-1　肉及肉制品中的彩虹色斑现象

虹色斑点消失，而复水和解冻后则彩虹色斑点又出现。横切样品时出现彩虹色，纵向切片或切割方向与肌纤维的方向小于 40°时，没有彩虹色出现。这些特征和腐败变质的肉以及带有荧光细菌的肉完全不同。

2. 肉中彩虹色斑产生的原因

彩虹色的外观表现以绿色为主，这就很容易使人联想到肉的腐败变绿。腐败变绿肉的特点和具有彩虹色斑点的肉有很多不同之处。由微生物腐败引起色变的熟肉在透射光下或当肉样在旋转时不消失，而彩虹色斑却会消失。从目前的研究来看，彩虹色斑的产生基本排除了是微生物的作用。许多研究证明，骨骼肌具有光学衍射现象，肌原纤维微结构具有光学衍射作用。粗肌丝、细肌丝和横纹都会产生不同的衍射图样。动物的年龄、肉的部位、肉的色泽和极限pH 值、加热速度等与彩虹色斑点的产生有关，如与牛的西冷、眼肉、牛柳和大黄瓜条相比，小黄瓜条表面彩虹色斑的出现率和彩虹色斑的明显程度要高许多。酱牛肉等制品切面的粗糙程度、加工工艺和添加物影响肌肉的组织结构，影响彩虹色斑的形成。

肉制品中彩虹色斑点的产生原因决定于肉切面微观结构的复杂性。从电镜图（图 2-2）中可以明显看出，在肉的切面上，纤维排列无序，杂乱无章，交错结构明显。彩虹色斑的形成和变化与肉的切面结构有密切联系。

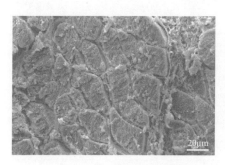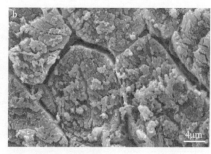

图 2-2　煮制后牛半腱肌横切面扫描电镜图

（三）彩虹色斑与腐败变绿肉、荧光色肉的区别

肉品的腐败变质出现的绿色一般是由腐败微生物的作用引起的蛋白质分解为主的过程。此时，肉品外表发黏，切面呈褐红色、灰色或淡绿色。脂肪的败坏是由微生物生长繁殖引起外观色泽变绿或污灰，有一种不愉快的酸败味，严重者，脂肪呈污浊的淡绿色。此外，某些细菌、霉菌所分泌的水溶性或脂溶性的黄、红、紫、绿、蓝、褐、黑等色素也能引起肉色的异常变化。

肉品表面的荧光色主要是由于磷光发光杆菌形成的，磷光发光杆菌属于革兰阴性杆菌，多存在于猪肉的瘦肉部分，当有较多的磷光发光杆菌存在时，就会使肉发出荧光。研究人员发现：发光的猪肉色泽正常，无异味。1个月之后，肉面的荧光现象逐渐减弱以至完全消失。此时检查，肉的表面稍有发黏，并有轻度异味，肉开始变质。这表明磷光发光杆菌虽使猪肉发光但对人体无害。从以上的几种肉的主要特征来看，有彩虹色斑点的肉品与腐败变绿肉、荧光色肉是有本质区别的（表2-1）。

表 2-1　彩虹色斑的肉与腐败变绿肉、荧光色肉的区别

特征	腐败变绿肉	彩虹色斑肉	荧光色肉
分布部位	肉品表面	成块肉的横切面	肉品表面
气味	臭味、酸败味	正常味道	正常味道
组织结构	发黏、无弹性	正常、有弹性	正常、有弹性
光学特征	与光源角度和观察角度无关	与光源角度和观察角度有关	仅在黑暗中可见
产生原因	微生物	未知	微生物

（四）影响彩虹色斑的因素

1. 滚揉与煮制

滚揉和煮制是肉品加工中最常用的工艺，两种工艺都影响肉制品中的彩虹色斑点，滚揉减少了彩虹色斑点，而煮制则相反（表2-2和表2-3）。

表 2-2　滚揉时间对半腱肌中彩虹色斑的影响

滚揉时间/h	彩虹色强度值	彩虹色斑面积/%	蒸煮损失/%
对照	2.98 ± 0.16^a	33.1 ± 2.3^a	33.2 ± 1.3^a
4	2.42 ± 0.13^b	19.4 ± 3.0^b	36.7 ± 1.1^b
8	2.07 ± 0.12^c	10.3 ± 3.1^c	31.3 ± 1.2^c
12	1.90 ± 0.13^{cd}	14.2 ± 1.2^c	34.2 ± 2.5^{abc}
16	1.97 ± 0.20^{cd}	13.3 ± 2.8^c	34.9 ± 3.2^{abc}

注：同列中具有不同字母角标者表示差异显著（$P<0.05$）。

表 2-3　煮制温度对半腱肌中彩虹色斑的影响

最终中心温度/℃	彩虹色强度值	彩虹色斑面积/%	蒸煮损失/%
70	2.75 ± 0.16^a	25.4 ± 2.4^a	33.2 ± 1.0^a
80	3.81 ± 0.20^b	40.3 ± 3.2^b	37.1 ± 1.2^b
90	4.47 ± 0.22^c	55.5 ± 2.5^c	39.3 ± 1.2^c

注：同列中具有不同字母角标者表示差异显著（$P<0.05$）。样本含量为8。

从表2-2可以看出，滚揉时间对半腱肌中彩虹色斑的强度值和面积影响较显著。真空滚揉16h，彩虹色斑的强度值与对照组相比由2.98下降到1.97，同时彩虹色斑面积也由33.1%下降到13.3%，差异显著（$P<0.05$）。滚揉8h的处理组与对照组相比彩虹色斑点的面积和强度差异显著（$P<0.05$），而与滚揉12h、16h

相比差异不显著（$P>0.05$），并且其蒸煮损失最少。

工业中应用滚揉的目的是使细胞膜破裂，部分蛋白溶出，从而增加制品的出品率。滚揉过程破坏了肌肉结构，这就可能引起肌原纤维排列秩序的改变，进而引起彩虹色斑点减少。

从表2-3可以看出，不同蒸煮温度对彩虹色斑的强度值和面积影响较为显著（$P<0.05$）。样品的中心温度由70℃增加到90℃时，彩虹色斑的强度值由2.75增加到4.47，面积也由25.4％增加到55.5％。同时，蒸煮损失也逐渐增大。

煮制时，温度不断升高，肌肉的结构也不断发生着变化：70℃时，肌原纤维Z带开始断裂，肌内膜完全皱缩；80℃时，更多的细丝裂解，肌束膜中胶原蛋白开始成胶；90℃时，肌原纤维变为无定形结构，但肌节的主要特征还能分辨。组织结构随温度变化的结果也许更能满足产生彩虹色斑点的条件，使得彩虹色斑点随温度的升高而更显著。

2. 水、NaCl、亚硝酸钠

从表2-4可以看出，与对照组相比，添加10％的水对彩虹色斑的强度值、面积影响不显著（$P>0.05$）。添加2％的NaCl对半腱肌中彩虹色斑的强度值和面积以及蒸煮损失的影响与对照组相比差异显著（$P<0.05$），强度值由对照值的3.02增大到4.78，几乎达到强度的极限值5；面积也由对照组的30.4％增大到86.6％，几乎布满整个横切面，蒸煮损失由33.5％降低到16.4％。与对照组相比，亚硝酸盐对彩虹色斑强度值和面积的影响也较为显著（$P<0.05$），经亚硝酸盐处理后彩虹色斑的强度值与面积值都减小。

表2-4　水、NaCl、亚硝酸钠对半腱肌中彩虹色斑的影响

添加物	彩虹色强度值	彩虹色斑面积/％	蒸煮损失/％
对照	3.02±0.17[a]	30.4±2.2[a]	33.5±1.2[a]
水	3.18±0.16[a]	31.3±1.8[a]	36.6±0.8[b]
NaCl	4.78±0.05[b]	86.6±2.5[b]	16.4±1.4[c]
亚硝酸钠	1.97±0.25[c]	15.2±2.4[c]	36.6±0.9[b]

注：同列中具有不同字母角标者表示差异显著（$P<0.05$）。样本含量为8。

食盐不仅能增加制品的风味，还能够使肌原纤维蛋白溶出，进而促使肌肉中微粒之间黏结，增强脂肪乳化，提高其保水性。研究表明经食盐腌制后肌原纤维膨胀，距离增大。可见食盐对肌肉结构影响较大。因此，NaCl很可能是通过腌制过程改变了肌原纤维结构，进而影响到制品中彩虹色斑的产生。对于亚硝酸钠，工业中的应用主要是利用它的呈色作用，使用亚硝酸钠以后的制品都具有诱人的紫红

色。在试验中，发现添加了亚硝酸盐的样品表面由于呈色作用都出现紫红色，这可能影响了对样品的主观评定和客观测量。因此，亚硝酸钠对彩虹色斑点的影响还需要进一步深入探讨。

3. 磷酸盐

常用的 3 种多聚磷酸盐对彩虹色斑的强度和面积以及加热损失的影响与对照组相比差异均显著（表 2-5）。其中焦磷酸钠和六偏磷酸钠处理组，彩虹色斑的强度值和面积值都增加，而三聚磷酸钠处理组与对照组相比彩虹色斑的面积显著减少（$P <$ 0.05）。经复合磷酸盐处理后彩虹色斑的强度值和面积都显著增加（$P < 0.05$）。

表 2-5 几种磷酸盐对半腱肌彩虹色斑的影响

添加物	彩虹色强度值	彩虹色斑面积/%	蒸煮损失/%
对照	3.01 ± 0.15^a	32.1 ± 1.4^a	33.5 ± 1.1^a
焦磷酸钠	3.66 ± 0.19^b	46.5 ± 2.1^b	37.6 ± 0.7^{bc}
六偏磷酸钠	3.82 ± 0.17^b	57.7 ± 1.9^c	39.5 ± 1.4^b
三聚磷酸钠	2.50 ± 0.12^c	23.5 ± 2.4^d	36.5 ± 0.7^{cd}
复合磷酸盐	3.55 ± 0.23^b	65.7 ± 2.3^e	28.1 ± 0.7^e

注：同列中具有不同字母角标者表示差异显著（$P < 0.05$）。样本含量为 8。

磷酸盐因其保水性较好而在肉品加工中被广泛应用。磷酸盐一般是具有缓冲作用的碱性物质，加入到肉中后，可使肉的 pH 值向碱性方向偏移，肌肉中的肌球蛋白和肌动蛋白偏离等电点而发生溶解，同时肌原纤维膨胀变粗。可见加入磷酸盐同样影响肌肉的组织结构，进而使肌肉中彩虹色斑点更明显。

总之，肉制品中彩虹色斑的产生和变化与肉制品切面的结构状况有很大关系，改变切面的组织结构能够改变肉制品切面彩虹色斑的存在情况。彩虹色斑的出现不是肉制品的腐败变质，也不是某些添加剂的过量使用。

二、亚硝基肌红蛋白的形成

为使得肉制品呈现鲜红色，在生产过程中通常加入硝酸盐或者亚硝酸盐，这是因为亚硝酸盐可以与肉制品中的还原型肌红蛋白发生反应，生成亚硝基肌红蛋白，赋予肉制品诱人的鲜红色。其中硝酸盐在肉中微生物的作用下被还原成亚硝酸盐，而亚硝酸盐在肉中乳酸所形成的酸性环境下，生成亚硝酸。亚硝酸进一步与肌红蛋白或血红蛋白反应，形成鲜红色的亚硝基肌红蛋白或亚硝基血红蛋白。

遇热后释放出巯基（—SH）以及亚硝基血色原，亚硝基血色原呈现出稳定、鲜红的色泽。亚硝基肌红蛋白是构成腌肉颜色的主要成分。

硝酸盐在酸性条件以及还原性细菌作用下形成亚硝酸盐。其反应为：

$$NaNO_3 \xrightarrow[+2H]{\text{细菌还原作用}} NaNO_2 + 2H_2O$$

在微酸性条件下，亚硝酸盐形成亚硝酸：

$$NaNO_2 + CH_3CHOHCOOH \longrightarrow HNO_2 + CH_3CHOHCOONa$$

亚硝酸性质不稳定，可与还原性物质反应生成 NO，NO 的形成速度与介质的酸度、温度以及还原性物质的存在有关。其反应为：

$$3HNO_2 \xrightarrow{\text{还原物质}} H^+ + NO_3^- + H_2O + 2NO$$

生成的 NO 与还原状态的肌红蛋白（Mb）结合形成亚硝基肌红蛋白（NO-Mb），其反应为：

$$NO + Mb \longrightarrow NO\text{-}Mb$$

亚硝基肌红蛋白（NO-Mb）在遇热条件下释放出巯基（—SH），从而生成稳定、色泽鲜艳的亚硝基血色原。

$$NO\text{-}Mb \xrightarrow{\text{热}} NO\text{-}血色原（稳定的血色素）+—SH$$

在使用硝酸盐或者亚硝酸盐的同时，加入抗坏血酸钠或异抗坏血酸钠等还原性物质可防止肌红蛋白的氧化，且可将褐色的氧化型高铁肌红蛋白还原为红色的还原型肌红蛋白，帮助发色。

三、卟啉锌的形成

在没有添加亚硝酸盐等发色物质的肉制品中，也会呈现一种稳定、鲜红的色泽，这种稳定的红色素就是卟啉锌。卟啉锌最早是在意大利 Parma 火腿中被发现的，经高效液相色谱和电喷雾离子化高分辨率质谱测定，确定火腿中稳定的红色素是卟啉锌。

关于卟啉锌的合成假说，人们最初是通过研究生物体内的合成机制来判断的。在生物体内，亚铁螯合酶是血红素合成最后一步的关键物质，亚铁螯合酶可以催化铁离子、锌离子以及镍锰离子与卟啉环的结合，牛肝脏中的亚铁螯合酶更容易催化锌离子与卟啉环的结合而生成卟啉锌。此外，在没有催化剂的作用时，锌离子是继铜离子后面最容易与卟啉环结合的。有学者对 Parma 火腿中卟啉锌的形成做了跟踪研究，结果表明 Parma 火腿在腌制产色过程中，卟啉锌主要在瘦肉部分合成然后转移到脂肪组织中，进而判断瘦肉中存在的某些特有成分促进了卟啉锌的合成。

卟啉锌合成机制的研究结果基本表明了一种锌离子螯合酶参与了卟啉锌的合成，而且这种酶是必不可少的成分，同时发现线粒体内膜上有大量的锌离子螯合酶，而含有丰富线粒体的器官包括肝脏及心脏。

第二节　多聚磷酸盐的水解与残留

成年人体内的磷含量大约在 $600 \sim 700g$。人体生长、能量代谢、遗传转录、细胞信号传递等生命活动都离不开磷的参与。磷的摄入量过低或过高都会对健康产生不利影响。

一、肌肉中的多聚磷酸酶

(一) 焦磷酸酶

目前已从不同肌肉组织中分离得到焦磷酸酶。这些同工酶的酶学特性有所差异。焦磷酸酶的酶学性质决定了焦磷酸盐在肉中水解速率和作用效果。1969 年日本学者 Nakamura 等首次从兔骨骼肌中提取焦磷酸酶粗酶液，发现有酸性焦磷酸酶和中性焦磷酸酶之分，经差速离心后，酸性焦磷酸酶存在于沉淀中，而中性焦磷酸酶是水溶性的，二者的最适 pH 值分别为 5.2 和 7.4，并且发现 Mg^{2+} 可以激活和稳定中性焦磷酸酶的活性，但对酸性焦磷酸酶没有作用，然而 Nakamura 等没有将焦磷酸酶进行分离纯化。

靳红果纯化了猪背最长肌焦磷酸酶，并得出其分子量约为 72kU，分别将焦磷酸钠 (TSPP)、三聚磷酸钠 (STPP)、六偏磷酸钠 (SHMP) 作为酶活反应体系中的底物，然后测定酶活性。以 TSPP 水解量最大，STPP 仅有少量发生分解，SHMP 没有水解，可见该焦磷酸酶的底物专一性很强，对添加到体系中的 TSPP 有很强的水解作用。该酶的最适温度为 50℃，最适 pH 值为 7.5。Mg^{2+} 对酶有激活作用，Na^+ 和 K^+ 均能抑制酶活性，且前者的抑制作用更强烈。

近年来，国内关于焦磷酸酶的纯化及酶学特性研究较多。姚蕊等 (2007) 通过 NaCl 溶液提取、硫酸铵分级分离、DEAE-纤维素离子交换柱层析步骤纯化了鸡胸大肌焦磷酸酶，并进行酶学特性研究，发现该酶最适 pH 值和最适温度分别为 7.4 和 40℃，对焦磷酸钠有较强的底物专一性，低浓度的 Mg^{2+} 是该酶的激活剂，Ca^{2+}、$EDTA-Na_2$ 和高浓度的 Mg^{2+} 均抑制该酶活性。孙珍珍等 (2010) 纯化了牛肉半腱肌中的焦磷酸酶，研究发现该酶的分子量为 72kU，反应初速度时间范围为 $0 \sim 25min$，最适 pH 值和最适温度分别为 6.8 和 47℃，Mg^{2+} 对酶有激活作用，Ca^{2+}、$EDTA-Na_2$ 和 $EDTA-Na_4$ 对酶有抑制作用。由此可见，不同的物种之间的肌肉焦磷酸酶的生化特性存在一定差异，这将直接导致焦磷酸钠在不同物种的肌肉中水解情况不同。

(二) 三聚磷酸酶

三聚磷酸酶可以将三聚磷酸钠水解成焦磷酸盐和正磷酸盐，之后焦磷酸盐进一步水解。过去很长一段时间的研究都集中在只是推测或者测定肌肉组织中三聚磷酸酶的活性，目前刚刚证实三聚磷酸酶就是肌球蛋白。早期关于三聚磷酸酶的研究多集中于活性测定及其存在的部位方面。Sutton（1973）发现三聚磷酸钠在牛肉和鳕鱼肉中发生酶促水解，推测该酶可能是肌球蛋白 ATP（三磷酸腺苷）酶（myosin-ATPase）。Neraal 和 Hamm（1977）测定了牛肉匀浆物中三聚磷酸酶的活性，并发现 TPPase 主要存在于肌原纤维蛋白中，最适 pH 值为 5.6，Mg^{2+} 和低浓度的 EDTA 可以使牛肉匀浆物中三聚磷酸酶的活性增加，酶活性在 2% NaCl 存在的条件下会随着底物浓度的增加而升高，然而焦磷酸盐和 Ca^{2+} 对酶活性有抑制作用。Yamazaki 等（2010）研究发现牛肉快慢肌肌球蛋白 S1 亚基有水解三聚磷酸钠的酶活性以及 ATPase 活性，且焦磷酸钠会抑制肌球蛋白 S1 亚基的三聚磷酸酶的活性。

靳红果等（2011）从兔腰大肌中分离纯化出 TPPase，并且首次验明，肌球蛋白就是肌肉三聚磷酸酶，进而对其酶学特性进行研究。从图 2-3 看出，以 STPP 作为底物时，酶活力最强。TSPP 和 DSPP（焦磷酸二氢二钠）仅有少量水解。该酶对 ATP 的水解活性略高于 TSPP 和 DSPP。这主要是肌球蛋白头部本身具有 ATPase 活性。兔腰大肌三聚磷酸酶的最适 pH 值为 6.0 左右。最适温度为 35℃。Mg^{2+} 和 Ca^{2+} 是三聚磷酸酶的激活剂，在 Mg^{2+} 浓度为 3mmol/L 左右有最佳激活效果，Ca^{2+} 浓度在 0~6mmol/L 范围内时，三聚磷酸酶活性随 Ca^{2+} 浓度的增加而增加（图 2-4）。EDTA-Na_4 和 KIO_3 对三聚磷酸酶具有抑制作用（图 2-5）。

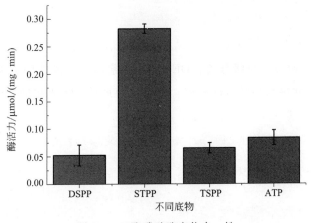

图 2-3　三聚磷酸酶底物专一性

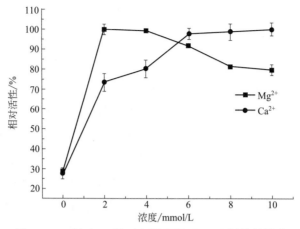

图 2-4　Mg²⁺ 和 Ca²⁺ 对兔腰大肌 TPPase 活性的影响

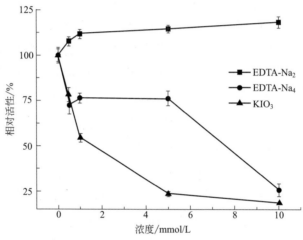

图 2-5　EDTA-Na₄ 等对兔腰大肌 TPPase 活性的影响

目前，国内已有报道分别从不同物种肌肉中分离纯化了三聚磷酸酶，并研究其酶学特性。孙珍珍纯化了牛肉半腱肌 TPPase，分子量为 225kU，初级反应时间 0～25min，最适 pH5.8，最适温度为 28℃，低浓度的 Mg²⁺ 对酶有较强的激活作用，高浓度的 Mg²⁺ 对 TPPase 活性有维持作用。Ca²⁺ 浓度在 0～1mmol/L 时，酶活性随着 Ca²⁺ 浓度的升高活性下降迅速，当 Ca²⁺ 浓度高于 8mmol/L 时，活性几乎不受影响。EDTA-Na₂ 和 EDTA-Na₄ 对酶活性均有抑制作用。

二、多聚磷酸钠的水解

（一）多聚磷酸钠在肌肉中的水解

自 20 世纪 70 年代起，有很多研究报道了多聚磷酸钠在不同物种肌肉中的水解变化。1973 年，Sutton 采用化学方法比较了三聚磷酸钠在鳕鱼肉和牛肉中的水解差异，发现在鳕鱼肉中三聚磷酸钠的一级和二级水解水解速率近似相等（$k_1 \approx k_2$），而在牛肉中一级水解速率大于二级水解速率（$k_1 > k_2$）。1990 年，Matsunaga 等采用一种高效液相色谱法检测水产品中的多聚磷酸钠，研究发现三聚磷酸钠在含有 NaCl 的鱼糜中被水解成焦磷酸盐和正磷酸盐，而焦磷酸盐无法在漂洗后的鱼糜中被水解。2001 年 Li 等利用 ^{31}P 核磁共振（NMR）技术探讨了焦磷酸二氢二钠（DSPP）、焦磷酸钠（TSPP）、焦磷酸钾（TKPP）、三聚磷酸钠（STPP）和六偏磷酸钠（SHMP）等在滚揉腌制的整块鸡胸肉中的水解变化情况。结果表明，TSPP 和 TKPP 在 1.25h 内水解完成，STPP 水解完成需要 3.25h，DSPP 在 6h 内水解完成，SHMP 由于缺少水解酶的作用，水解得非常缓慢。

1. 焦磷酸钠在肌肉中的水解

徐萌等采用离子色谱法同时检测焦磷酸钠、三聚磷酸钠和混合磷酸盐（TSPP：STPP：SHMP＝3：4：3）在牛背最长肌中的水解情况，讨论其水解的差异，实现了用离子色谱法监测多聚磷酸盐的动态变化（表 2-6、图 2-6）。

表 2-6　TSPP 在牛背最长肌中的水解过程中各组分的含量

时间/h	Pi/(g/L)	TSPP/(g/L)
0.1	0.0692 ± 0.0033^c	0.1482 ± 0.0045^a
0.8	0.1035 ± 0.0062^b	0.1264 ± 0.0128^b
3.5	0.1159 ± 0.0088^{ab}	0.1145 ± 0.0097^b
8	0.1259 ± 0.0085^a	0.1111 ± 0.0075^b

注：同列不同字母表示差异显著（$P < 0.05$）。

从表 2-6 中可以看出，在牛背最长肌＋TSPP 处理组中，在 0.1 h 时 TSPP 的浓度为 0.1482 g/L，Pi（磷酸盐）浓度为 0.0692g/L。在 0.1～3.5h 内，TSPP 不断水解，其浓度不断降低，而 Pi 的浓度持续增加。0.1～0.8h 内，TSPP 的水解速率为 0.0311g/(L·h)，而 0.8～3.5h 内，TSPP 的水解速率为 0.0044g/(L·h)，表明 TSPP 的水解速率随着时间的增加不断降低。在接下来的 4.5h 内，TSPP 的浓度只减少了 0.0034g/L，表明 TSPP 已经酶促水解结束，少量的 TSPP 可能是发生了非酶促水解。

在图 2-6 的离子色谱图中，不仅有 Pi 和 TSPP 峰，还出现了其余的杂峰，分析原因可能是牛背最长肌中还存在别的磷酸根离子，如二磷酸腺苷（ADP）、三磷酸腺苷（ATP）、单磷酸腺苷（AMP）、6-磷酸葡萄糖（G-6-P）及 6-磷酸果糖（F-6-P）等，然而这些杂峰因为在肉中的含量较少，且保留时间与 Pi、TSPP 和 STPP

不一致，因此，这些杂峰的影响忽略不计。

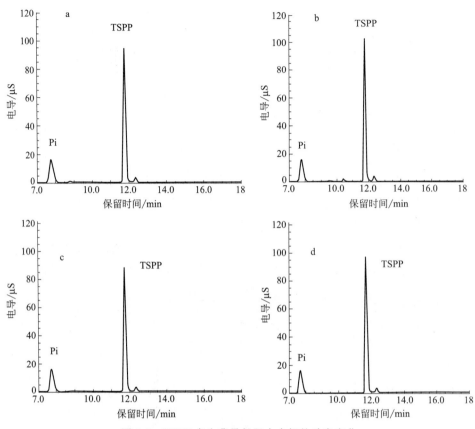

图 2-6　TSPP 在牛背最长肌中水解的动态变化

注：a、b、c 和 d 分别代表 0.1h、0.8h、3.5h 和 8 h。

　　此外，还有关于焦磷酸钠在猪背最长肌、鱼背侧肌等肌肉中的水解情况。在猪背最长肌中，TSPP 的质量浓度在 2h 内随着时间的延长呈下降趋势，在 0.8h 内的水解速率为 0.0133g/(L·h)，在 2h 时，TSPP 仍有 0.0826g/L 的剩余，而在 10h 时 TSPP 的质量浓度低于检测限（TSPP 的含量低于 0.05g/L），Pi 的质量浓度随着时间的延长持续增加。在鱼背侧肌中，TSPP 的质量浓度随着时间的延长不断降低，在 0.8h 内的水解速率为 0.022 9g/(L·h)。PP（焦磷酸盐）与 Pi 的质量浓度在 2~10h 内几乎没有变化，表明 TSPP 在 2h 时已经水解结束。在鸡胸大肌中，0.1h 内 TSPP 的水解速率最快，在 0.1~0.4h 期间水解速率有所下降，在 0.4h 内的水解速率为 0.0925g/(L·h)，在 0.4~0.8h 期间，TSPP 的水解速率继续下降，在 0.8h 内的水解速率为 0.0512g/(L·h)。Pi 的质量浓度随着时间延长不断增加。由上述可知，TSPP 在肌肉中的水解情况存在差异。TSPP 在鸡胸大肌中水解最快，在鱼背侧肌和猪背最长肌中水解较慢。

2. 三聚磷酸钠在肌肉中的水解

STPP 在 0.1 h 的浓度为 0.1436 g/L，此时，TSPP 的浓度未检出，Pi 的浓度为 0.0717g/L。在 0.1～8h 内，STPP 峰面积不断降低，表明 STPP 不断水解，在 0.1～3.5h 内，STPP 的水解速率为 0.0183g/(L·h)。在 3.5～8h 内，STPP 的水解速率为 0.0074g/(L·h)，表明 STPP 的水解速率随着时间的延长不断降低。TSPP 的浓度在 3.5～8h 内增加了 0.0237g/L，Pi 的浓度增加了 0.0768g/L。在 24h 时 STPP 未检出，离子色谱图中 STPP 峰面积很小，表明 STPP 几乎被完全水解。而此时，Pi 的浓度增加至 0.2163g/L（表 2-7、图 2-7）。

表 2-7　STPP 在牛背最长肌中的水解过程中各组分的含量

时间/h	Pi/(g/L)	TSPP/(g/L)	STPP/(g/L)
0.1	0.0717±0.0034[d]	n. a.	0.1436±0.0033[a]
3.5	0.1093±0.0081[c]	0.0556±0.0052[c]	0.0814±0.0049[b]
8	0.1861±0.0040[b]	0.0793±0.0039[b]	0.0481±0.0040[c]
24	0.2163±0.0135[a]	0.1099±0.0058[a]	n. a.

注：同列不同字母表示差异显著（$P<0.05$）；n. a. 表示浓度低于 0.01g/L。

此外，还有关于三聚磷酸钠在猪背最长肌、鱼背侧肌等肌肉中的水解情况研究。STPP 在猪背最长肌中水解很快，在 3.5h 时已经低于检测限，而在 3.5h 内，随着反应时间的延长，STPP 的含量降低，PP 和 Pi 的含量均增加，表明 STPP 可以转化为 TSPP 和 Pi；STPP 在猪背最长肌中 8h 内就能被水解完全。在鱼背侧肌中，STPP 的质量浓度随着时间延长不断降低，而 Pi 的质量浓度不断增高。PP 的质量浓度在 0、3.5h 及 8h 时均低于检测限，在 24h 时，PP 的含量高于 0.05g/L，这是由于 STPP 继续水解生成的 PP 不能再发生酶促水解，因此，STPP 在 8h 内没有反应完全，其水解速率为 0.0059g/(L·h)。在鸡胸大肌中 STPP 的质量浓度随着时间延长不断降低，在 8h 内的水解速率为 0.0085g/(L·h)，而在 24h 时低于检测限。PP 的质量浓度一直低于检测限，Pi 的质量浓度随着时间延长不断增加，在 24h 时达到 0.2142g/L，与 STPP 猪背最长肌中水解完毕时生成的 Pi 质量浓度一致（0.2140g/L），表明 STPP 在 24h 内反应完毕。综上可知，STPP 在猪背最长肌中的水解速率最快，8h 内水解完毕，STPP 在鸡胸大肌中 24h 才水解完成。

3. 混合磷酸盐在肌肉中的水解

从表 2-8 可以看出，STPP 在 0.1 h 时的浓度为 0.0805g/L，在接下来的 3.4h 内水解了 0.0335g/L，在 8h 和 24h 均未检出，表明 STPP 在 8h 内已经完全水解。TSPP

的浓度在 3.5h 与 0.1h 时相比，略有下降，而在 8h 时增加至 0.1023g/L，在 24h 时 TSPP 的浓度略有下降，表明 TSPP 的酶促水解在 3.5～8h 内基本水解完毕，在 8～24h 时 TSPP 浓度再次降低，可能是由于 TSPP 的自身水解。Pi 的浓度在 0.1～8h 内，增加了 0.1511g/L，而 8～24h 内，Pi 的浓度仅增加了 0.0020g/L（表 2-8、图 2-8）。

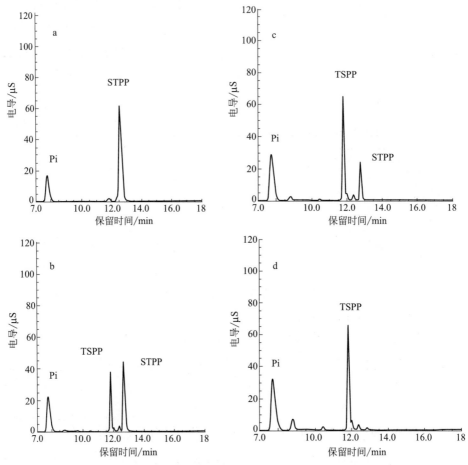

图 2-7　STPP 在牛背最长肌中水解的动态变化

注：a、b、c 和 d 分别代表 0.1h、3.5h、8h 和 24h。

表 2-8　磷酸盐混合物在牛背最长肌中的水解过程中各组分的含量

时间/h	Pi/(g/L)	TSPP/(g/L)	STPP/(g/L)
0.1	0.0752±0.0041[c]	0.0754±0.0047[b]	0.0805±0.0021[a]
3.5	0.1867±0.1295[b]	0.0736±0.0036[b]	0.0470±0.0050[b]
8	0.2263±0.0049[a]	0.1023±0.0043[a]	n. a.
24	0.2283±0.0037[a]	0.1007±0.0035[a]	n. a.

注：同列不同字母表示差异显著（$P < 0.05$）；n. a. 表示浓度低于 0.01g/L。

肉制品绿色制造技术——理论与应用

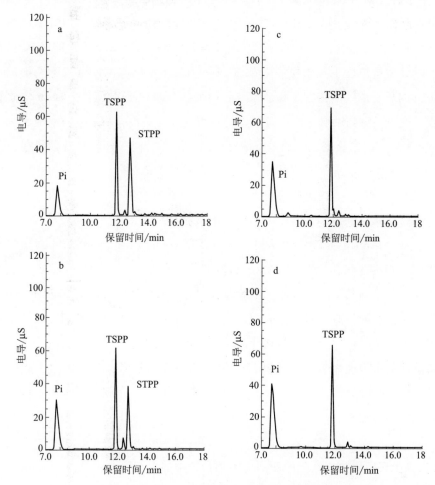

图 2-8　磷酸盐混合物在牛背最长肌中水解的动态变化

注：a、b、c 和 d 分别代表 0.1h、3.5h、8 h 和 24h。

　　此外，还有关于焦磷酸钠在猪背最长肌、鱼背侧肌等肌肉中的水解的研究。混合磷酸盐在猪背最长肌中水解较快，在 8h 和 24h 时 PP 和 STPP 的含量均低于检测限，Pi 的质量浓度也基本保持一致，这说明混合磷酸盐在 8h 时已经水解完毕，这与单一的 STPP 在猪背最长肌中的水解情况相同。在鱼背侧肌＋混合磷酸盐处理组中，STPP 在 3.5h 时的质量浓度为 0.0552g/L，在 8h 和 24h 均低于检测限。PP 的质量浓度在 0～3.5h 时从 0.0648g/L 降至 0.0624g/L，表明 PP 的生成速率慢于其水解速率。而与 3.5h 相比，8h 时 PP 的质量浓度升高（0.0635g/L），表明 PP 不再发生酶促水解进而被累积。在 24h 时，PP 的质量浓度再次下降至 0.0549g/L，这可能是由于 PP 发生了非酶促水解。另外，在鱼背侧肌＋混合磷酸盐处理组，

STPP 的水解速率为 0.0035g/(L·h)，慢于单一添加 STPP〔0.0059g/(L·h)〕，这是由于混合磷酸盐中的 TSPP 抑制了 STPP 的水解。在鸡胸大肌中，STPP 的质量浓度在 3.5、8h 和 24h 时均低于检测限，PP 的质量浓度随时间的延长不断减少，在 24h 时其质量浓度也低于检测限；而 Pi 的质量浓度随时间的延长不断增加，在 24h 时 Pi 的质量浓度与猪背最长肌＋混合磷酸盐处理组中反应完全时 Pi 的质量浓度一致，说明了鸡胸大肌＋混合磷酸盐处理组中混合磷酸盐在 24h 时反应完全，这与鸡胸大肌＋STPP 处理组中的水解情况相同。由混合磷酸盐在猪背最长肌、鱼背侧肌和鸡胸大肌中水解实验结果可知，混合磷酸盐在猪背最长肌中 8h 内水解完毕，水解速率最快。混合磷酸盐在鸡胸大肌中 24h 内水解完毕，其中 STPP 在 3.5h 内反应速率高于 0.0043g/(L·h)（以 8h 时 STPP 的质量浓度为 0.05g/L 计算）。而在鱼背侧肌＋混合磷酸盐中处理组中，STPP 在 3.5h 内反应速率为 0.0034g/(L·h)，PP 在 24h 内反应的量也最少（24h 时 PP 的质量浓度为 0.0549g/L），表明混合磷酸盐在鱼背侧肌中水解最慢。因此，在白鲢鱼背侧肌中 TSPP 或 STPP 的添加量要少于在猪背最长肌和鸡胸大肌中，以免 TSPP 或 STPP 大量残留。在猪背最长肌和鸡胸大肌中，可以通过抑制猪背最长肌和鸡胸大肌中多聚磷酸盐的酶活性，使混合磷酸盐的水解速率变慢，提高多聚磷酸盐的作用效果。此外，由于鸡胸大肌 PPase 活性高于猪背最长肌 PPase，TPPase 活性低于猪背最长肌 TPPase，因此，在鸡胸大肌中添加相同质量的混合磷酸盐时，其中的 TSPP/STPP 应该小于猪背最长肌。

（二）多聚磷酸盐在纯化的肌肉内源酶系统中的水解

^{31}P NMR 技术能同时检测正磷酸盐、焦磷酸盐、三聚磷酸盐的分子形态变化，除了用于检测肉及肉制品中的磷酸盐之外，还应用于观测磷酸盐在肌肉中的水解情况。采用 ^{31}P NMR 技术可以研究焦磷酸钠、三聚磷酸钠、六偏磷酸钠及其混合物在纯化白鲢鱼背侧肌焦磷酸酶或/和三聚磷酸酶作用下的水解变化和分子形式的变化。

1. TSPP 在 PPase 作用下的水解

由表 2-9 和图 2-9 可知，在 PPase＋TSPP 反应体系中，PP 可以较快地被 PPase 水解生成 Pi。反应 0.1h 时，在核磁共振图谱上观测到了一个较小的 Pi 峰，Pi 的相对含量仅为 1.16%，这说明已有部分的 PP 被水解成 Pi。当反应时间从 0.1h 延长到 4h 时，Pi 的含量增加了 85.19%，反应 8h 后，PP 峰没有检出，图谱上仅能观测到 Pi 峰。整个反应过程中，PP 的水解速率为 12.51%/h。

表 2-9 PPase＋TSPP 水解体系中 Pi 和 PP 的相对含量

水解时间/h	相对含量/%	
	Pi	PP
0.1	1.16	98.84
4	86.35	13.65
8	100.00	—

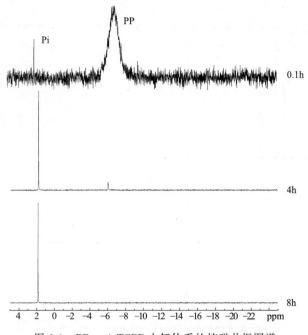

图 2-9 PPase＋TSPP 水解体系的核磁共振图谱

2. STPP 在 TPPase 作用下的水解

TPP（三聚磷酸盐）的相对含量用 TPP$_端$ 和 TPP$_中$（分别表示两端的磷核和中间的磷核）相对含量的总和表示。如表 2-10 和图 2-10 所示，STPP 在只有 TPPase 存在的条件下水解较为缓慢。反应 0.1h 时，核磁图谱中未检出 Pi 峰。在 0.1h 到 48h 的反应时间内，TPP 被水解了 74.41％，在反应 48h 后，TPP 的相对含量仍剩余 24.44％。整个水解过程中，TPP 的含量不断减少，而 Pi 和 PP 的含量不断增加，PP 的累积是由于体系中没有水解 PP 的 PPase。

3. STPP 在 PPase 和 TPPase 共同作用下的水解

STPP 的整体水解过程可以分为两级反应，一级反应为 TPP 被 TPPase 水解为 PP 和 Pi，二级反应为生成的 PP 在 PPase 的作用下水解为 Pi。在 PPase＋TPPase＋STPP 水解反应体系中（表 2-11），TPP 的水解速度快于 TPPase＋STPP 体系。从图 2-11 中可以看出，反应 0.1 h 即观测到水解产物 Pi 峰，此时生成的 Pi 含量为 0.89％。在 0.1 h 到 48 h 的反应时间内，TPP 的含量减少了 98.80％，在反应 48h 后，TPP 仅剩余 1.14％，此时核磁图谱中已经观测不到 TPP$_{端}$峰。相比于 TPPase＋STPP 体系而言，PPase＋TPPase＋STPP 体系中由于 PPase 的存在，TPP 的一级水解反应产物 PP 会被 PPase 继续水解，这会使 PP 对 TPPase 的抑制作用减弱，从而促进 TPP 继续发生水解。

表 2-10　TPPase＋STPP 水解体系中 Pi、PP、TPP 的相对含量

水解时间/h	相对含量/％		
	Pi	PP	TPP
0.1	—	4.48	95.52
4	5.65	14.16	80.19
8	6.90	17.06	76.04
24	16.43	28.30	55.27
48	29.49	46.07	24.44

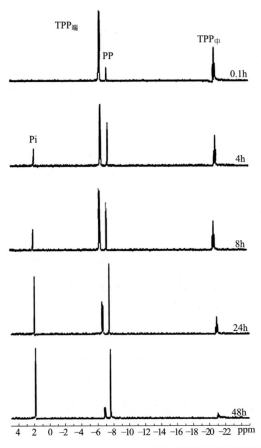

图 2-10　TPPase＋STPP 水解体系的核磁共振图谱

表 2-11　PPase＋TPPase＋STPP 水解体系中 Pi、PP、TPP 的相对含量

水解时间/h	相对含量/%		
	Pi	PP	TPP
0.1	0.89	4.49	94.62
4	11.42	25.48	63.10
8	17.76	40.43	41.81
24	31.39	53.14	15.47
48	42.95	55.91	1.14

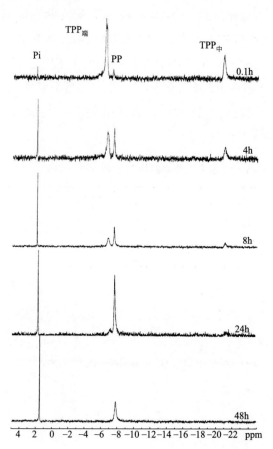

图 2-11　PPase＋TPPase＋STPP 水解体系的核磁共振图谱

此外，在反应过程中，中间产物 PP 的含量从 4.49% 不断累积到 55.91%，表明该水解体系的一级反应速率（k_1）快于二级反应速率（k_2）。Sutton 研究发现，三聚磷酸钠在牛排肉中的水解也是一级水解速率远大于二级水解速率，而在鳕鱼肉中，一级反应速率与二级反应速率几乎相等。靳红果研究发现，在猪肉纯化酶体系中，TPP 的二级水解速率（k_2）远远快于一级水解速率（k_1），反应过程中，PP 一旦生成就立即被 PPase 水解。这可能是在不同物种肌肉中两种多聚磷酸酶的活性差异造成的。

4. 磷酸盐混合物在 PPase 作用下的水解

磷酸盐混合物中，HMP 的相对含量用 HMP$_{端}$和 HMP$_{内}$（分别表示短链或支链一端的磷核和环状聚合链内部的磷核）相对含量的总和表示。从表 2-12 和图 2-12中可以看出，在 PPase 的作用下，磷酸盐混合物中只有 TSPP 被大量水解，而 STPP 和 SHMP 的含量变化不大。在 0.1～8h 的反应时间内，PP 的水解速率为 2.18%/h，与反应生成物 Pi 的生成速率 2.94%/h 接近。反应 8h 时，PP 含量减少了 77.77%，HMP 含量减少了 20.84%，而 TPP 只减少了 5.95%。HMP 的降解可能是由于其中的短链磷酸盐在酶的作用下发生水解，而 HMP 的聚合链则没有相应的水解酶。此外，STPP 和 HMP 的部分降解也可能是由于非酶促降解。与 PPase＋TSPP 水解体系中 PP 被完全水解相比，8h 后磷酸盐混合物体系中仍残留 22.24% 的 PP。这可能是由于 HMP 的 pH 值偏酸性，对 PPase 活性有一定的抑制作用，进而减缓了 PP 的水解。

表 2-12　PPase＋磷酸盐混合物水解体系中 Pi、PP、TPP、HMP 的相对含量

水解时间/h	相对含量/%			
	Pi	PP	TPP	HMP
0.1	0.56	22.17	67.77	9.50
4	16.93	8.64	66.17	8.26
8	23.81	4.93	63.74	7.52

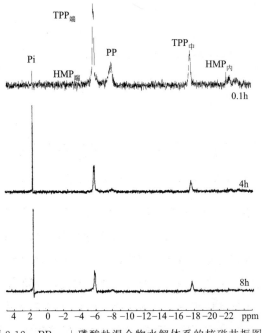

图 2-12　PPase＋磷酸盐混合物水解体系的核磁共振图谱

5. 磷酸盐混合物在 TPPase 作用下的水解

在 TPPase＋磷酸盐混合物体系中（表 2-13 和图 2-13），磷酸盐水解缓慢，0.1h 时没有检测到 Pi 峰。在 0.1～48h 的水解时间范围内，Pi 和 PP 的生成速率分别为 0.53％/h 和 0.59％/h，TPP 的减少速率为 1.06％/h，而 HMP 的含量变化不大。在 TPPase＋STPP 体系中，从 0.1～48h，TPP 含量减少了 74.41％，而在 TPPase＋磷酸盐混合物体系中 TPP 的含量减少了 66.46％，这是由于后者体系中添加的和水解生成的 PP 共同对 TPPase 酶活产生抑制作用，使得 TPP 水解变慢。

表 2-13　TPPase＋磷酸盐混合物水解体系中 Pi、PP、TPP、HMP 的相对含量

水解时间/h	相对含量/%			
	Pi	PP	TPP	HMP
0.1	0.12	12.34	76.62	10.92
4	4.17	19.02	65.54	11.27
8	7.10	22.81	61.00	9.09
24	12.14	29.87	49.21	8.78
48	25.66	40.63	25.70	8.01

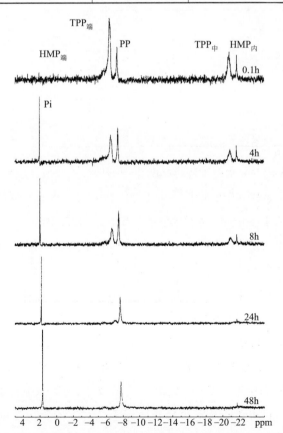

图 2-13　TPPase＋磷酸盐混合物水解体系的核磁共振图谱

6. 磷酸盐混合物在 PPase 和 TPPase 共同作用下的水解

如表 2-14 和图 2-14 所示，在 PPase＋TPPase＋磷酸盐混合物体系中，48h 后 TPP 仅剩余 2.95％，TPP 的水解快于 TPPase＋STPP 体系。然而，与 PPase＋TPPase＋STPP 体系比较发现，混和磷酸盐比单一 STPP 的水解要慢。在 0.1～48h 的反应时间内，PPase＋TPPase＋磷酸盐混合物体系中 TPP 的相对含量减少了 95.82％，PPase＋TPPase＋STPP 体系中，TPP 的相对含量减少了 98.80％。由于 Pi 是 PP 和 TPP 水解的终产物，因此，Pi 的生成速率能够反映整个水解进程。在磷酸盐混合物体系中，Pi 的生成速率为 0.76％/h，而在 STPP 体系中，Pi 的生成速率为 0.88％/h。这一结果进一步说明磷酸盐混合物中的 TSPP 和 STPP 的水解要慢于单一的 TSPP 和 STPP。其原因是由于混和磷酸盐中添加和派生的 PP 抑制 TPPase 的活性，体系中稍低的 pH 值环境抑制了 PPase 的活性。

表 2-14　PPase＋TPPase＋磷酸盐混合物水解体系中 Pi、PP、TPP、HMP 的相对含量

水解时间/h	相对含量/％			
	Pi	PP	TPP	HMP
0.1	0.30	12.46	70.52	16.72
4	7.63	20.22	54.38	17.77
8	10.68	31.04	43.73	14.55
24	24.95	47.46	16.15	11.44
48	36.50	52.75	2.95	7.80

白鲢鱼背侧肌 PPase 水解 PP 的速度快于 TPPase 水解 TPP 的速度。当反应体系中同时存在 PPase 和 TPPase 时，由于 PP 被 PPase 水解，减弱了对 TPPase 活性的抑制作用，TPP 的水解速度快于 TPPase＋STPP 反应体系。在 PPase＋TPPase＋STPP 体系中 PP 不断累积，说明 TPP 水解的一级反应速率大于二级反应速率。在 PPase 或（和）TPPase 的作用下，混合磷酸盐中 PP 和 TPP 的水解要慢于单一磷酸盐，这是由于混合磷酸盐中 PP 对 TPPase 活性的抑制作用以及 HMP 使体系 pH 值降低对 PPase 的抑制作用。

此外，在牛背最长肌多聚磷酸酶系统中，当 TSPP 加入到 STPP＋TPPase 处理组中时，STPP 的反应速率变慢，TSPP 能够抑制 TPPase 活性。TPPase 加入到 TSPP＋PPase 处理中时，TSPP 的反应速率减慢，TPPase 对 PPase 活性有抑制作用。TSPP、STPP 和磷酸盐混合物在多聚磷酸酶中的反应速率均比在牛背最长肌中慢。孙珍珍（2010）利用 [31]P 核磁共振技术研究了牛肉半腱肌纯化酶体系中

TSPP、STPP、HMP 及复合物在不同时间下的存在形式及含量的变化，发现在焦磷酸酶和三聚磷酸酶浓度相同时 STPP 水解的一级反应速率快于二级水解速率。TSPP 和 HMP 的添加会抑制 STPP 的水解，使得磷酸盐混合物的水解慢于单一磷酸钠的水解。靳红果（2011）研究了几种多聚磷酸钠在纯化猪背最长肌多聚磷酸酶中的水解过程，结果发现，TSPP 的水解速度快于 STPP，多聚磷酸钠以混合物形式添加时其各组分的总体水解速率比单一添加的磷酸钠的水解速率慢。

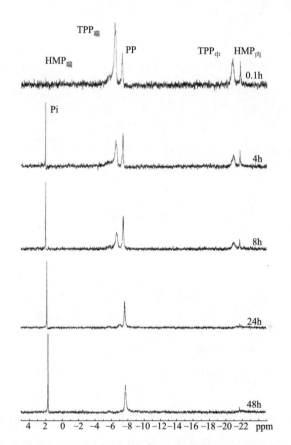

图 2-14　PPase＋TPPase＋磷酸盐混合物水解体系的核磁共振图谱

三、多聚磷酸钠水解机制

多聚磷酸钠水解机制见图 2-15。在肉中，焦磷酸钠、三聚磷酸钠在肌肉中均发生水解；肌球蛋白三聚磷酸酶把添加的三聚磷酸钠水解为焦磷酸盐和正磷酸盐。派生的和添加的焦磷酸盐将肌动球蛋白解离为肌球蛋白和肌动蛋白，同时被焦磷酸酶水解为正磷酸盐。不断生成的和添加的焦磷酸盐反馈抑制肌球蛋白三聚磷酸酶的水解活性，而肌球蛋白三聚磷酸酶则又抑制焦磷酸酶的水解活性。六偏磷酸钠在肉中是比较稳定的，没有产生焦磷酸盐，其部分降解可能发生于其中的短链磷酸盐，而对其聚合链，则没有相应的水解酶的活性。以混合物的形式添加时，多聚磷酸盐的总体水解速率会变慢。对多聚磷酸盐在肉中水解机制的正确理解，不仅能阐明多聚磷酸盐混合物比单一磷酸盐使用效果好的原因，而且也有助于开发高性能的多聚磷酸盐混合物。一般地，高性能的多聚磷酸盐混合物的添加量在不超过0.3%的情况下即可使肉制品获得良好的工艺特性。

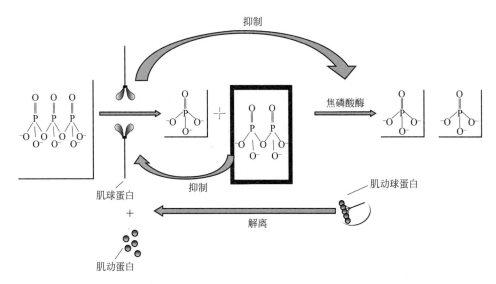

图 2-15　多聚磷酸钠水解机制

四、磷酸盐残留与健康

磷酸盐作为食品添加剂使用的安全性是人们非常关心的问题。联合国粮农组织和世界卫生组织（FAO/WHO，1970）推荐，成年人每天允许摄入量为 $1.4\sim1.5\mathrm{g}$ P_2O_5，美国则推荐成年人每天的磷摄入量不低于 $1.8\mathrm{g}$。

（一）我国肉及肉制品中的磷含量

肌肉中的磷和钾比较丰富。一般原料肉中磷含量为 $1.2\sim3.1\mathrm{g/kg}$，内脏磷含量大多为 $2.3\sim3.7\mathrm{g/kg}$。调查研究显示，我国市场上，有些原料肉的磷含量高达 $3\sim8\mathrm{g/kg}$，熟火腿、西式灌肠、酱卤肉制品、腌腊肉制品和酱卤副产品等磷含量分别为 $3.6\sim10.4\mathrm{g/kg}$、$3.2\sim8.4\mathrm{g/kg}$、$3.1\sim7.2\mathrm{g/kg}$、$3.6\sim10.4\mathrm{g/kg}$ 和 $5.9\sim$

16.1g/kg。欧盟规定，肉制品中多聚磷酸盐最大使用量 5g/kg。我国规定（GB2760—2014），焦磷酸钠、三聚磷酸钠和六偏磷酸钠最大使用量为 5g/kg，可单独使用或混合使用，最大使用量以磷酸根（PO_4^{3-}）计。到目前为止，世界各国未规定原料肉和加工肉制品中的磷残留限量。

（二）高磷饮食对健康的风险

高磷饮食会对肾脏的过滤作用产生应激，血清磷水平提高，会结合血清中的钙，导致血清中钙水平的降低，从而触发甲状旁腺激素分泌，进一步促进骨骼系统的钙动员。长此以往的持续性骨吸收会导致骨质疏松症。与此同时，循环系统中过多的钙和磷可能会沉积在软组织里，引起异常钙化，骨骼和血管的这些病理变化与慢性肾病患者的死亡率有关。持续高磷饮食引起的这些非传染性疾病包括肾功能损失、横纹肌溶解症、肿瘤溶解综合征、骨质疏松症、血管钙化、过早老化、心血管病等（Razzaque，2016）。Jin 等（2009）研究显示，磷脂酰肌醇 3-激酶（PI3K）/AKT 通路是高磷饮食诱导的试验型肺癌的生物化学机制之一。综上所述，磷酸盐的残留量问题关乎公众健康问题，应当引起人们的高度重视。

第三节　腌制过程中有害物质的形成与减控

一、亚硝酸盐的残留与减控

硝酸盐与亚硝酸盐在肉制品生产中是必不可少的食品添加剂之一。亚硝酸盐在肉制品中主要作为发色剂、抗氧化剂以及抑菌剂使用。但是当过量使用亚硝酸盐时，会造成亚硝酸盐在肉制品中大量残留，从而形成对人体健康的潜在危害。

（一）亚硝酸钠残留

亚硝酸盐的残留量指的是肉制品中游离的亚硝酸根离子（NO_2^-）的含量。在整个肉制品加工过程中，添加的亚硝酸盐少部分被氧化成硝酸盐，一部分与肌红蛋白发生反应，还有大部分亚硝酸盐与巯基、脂质、蛋白质发生反应，有 1%～5% 的亚硝酸盐生成气体。亚硝酸钠的残留量与环境的温度、pH 值以及还原剂的存在有关。环境温度越高，pH 值越低，再加上还原剂（如抗坏血酸钠）的使用，会大大降低亚硝酸钠残留水平。

我国对于硝酸盐以及亚硝酸盐在肉制品中的使用量有着严格的规定。《GB

2760—2014食品安全国家标准 食品添加剂使用标准》中规定：亚硝酸盐在肉制品中最大的添加限量为150mg/kg，硝酸盐在肉制品中最大添加限量为500mg/kg，且标准中明确规定除西式火腿以及肉罐头类以外的肉制品中以亚硝酸钠计，残留量不得超过30mg/kg。

（二）亚硝酸盐的减控

目前对于亚硝酸盐的替代物研究方向非常广泛。主要是从亚硝酸盐的发色作用、抗氧化作用以及抑菌作用等方面入手。但到目前为止，尚未发现任何一种能够完全替代亚硝酸盐作用的替代物。所以从自然界中寻找天然植物来源的硝酸盐以及亚硝酸盐，成为亚硝酸盐减控研究的又一个重要方向。

1. 蔬菜提取物对亚硝酸盐的减控

（1）储藏温度对蔬菜中硝酸盐、亚硝酸盐和硝酸盐还原酶的影响

① 储藏温度对蔬菜中硝酸盐含量的影响　图 2-16 与图 2-17 反应的是不同储藏温度下，芹菜与菠菜中硝酸盐的含量随时间变化的趋势。

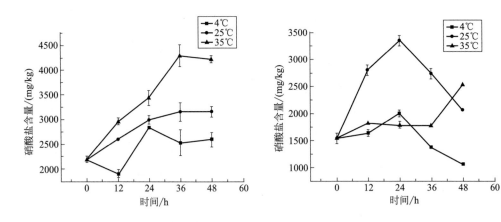

图 2-16　储藏温度对芹菜中硝酸盐含量的影响　图 2-17　储藏温度对菠菜中硝酸盐含量的影响

由图 2-16 可知，芹菜的硝酸盐含量在三种温度下均随时间增加而增加。4℃条件下，芹菜在储藏 24h 后硝酸盐含量达到 2841.9mg/kg 的峰值，与其余时间段相比硝酸盐含量差异显著（$P<0.05$）。25℃条件下，芹菜硝酸盐含量在 0～36h 内随时间增加而增加，36h 达到峰值为 3159.21mg/kg，芹菜硝酸盐含量在 35℃条件下储藏 36h 后达到 4294.74mg/kg，显著高于其余处理组（$P<0.05$）。

图 2-17 显示了菠菜在不同温度下硝酸盐含量随储藏时间的变化。4℃条件下，菠菜在 24h 时出现了硝酸盐的峰值，达到 2002.28mg/kg，24h 后呈现下

降趋势。25℃储藏条件下，菠菜中硝酸盐含量也在 24h 达到最高值 3351.70mg/kg，与同时间其余温度下的菠菜硝酸盐含量差异显著（$P <$ 0.05）。35℃条件下储藏的菠菜，硝酸盐含量在前 12h 内呈缓慢增长的状态，在 12～36h 内呈稳定状态。在储藏达到 36h 后，可以发现菠菜的硝酸盐含量显著上升。

综上所述，芹菜与菠菜在不同温度下储藏，硝酸盐含量峰值出现的时间不同。在 25℃条件下，芹菜出现硝酸盐峰值的时间在 36h 左右，而菠菜出现硝酸盐峰值在 24h 左右。

② 储藏温度对蔬菜中亚硝酸盐含量的影响 图 2-18 与图 2-19 分别显示了芹菜与菠菜在不同储藏温度下的亚硝酸盐含量随时间的变化。

由图 2-18 可知，芹菜中亚硝酸盐含量在不同储藏温度下都有不同程度的增长。可以看出储藏 24h 时，25℃条件下芹菜中亚硝酸盐含量达到峰值 0.62mg/kg，而 4℃与 35℃条件下亚硝酸盐含量分别为 0.21mg/kg、0.38mg/kg。4℃、35℃条件下与 25℃条件下亚硝酸盐含量差异显著（$P < 0.05$）。由图 2-19 可知在前 24h 内，菠菜的亚硝酸盐含量呈现上升趋势，在 24h 时达到峰值，约为 0.26mg/kg，与硝酸盐出现峰值的时间一致。三种温度下的菠菜亚硝酸盐含量在 24h 时无显著差异（$P > 0.05$），与初始亚硝酸盐含量相比显著增加（$P < 0.05$）。在 24～48h 内，三种温度下均出现了亚硝酸盐含量下降的趋势。

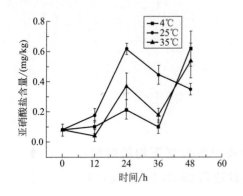

图 2-18　储藏温度对芹菜中
亚硝酸盐含量的影响

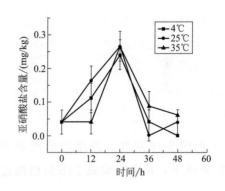

图 2-19　储藏温度对菠菜中
亚硝酸盐含量的影响

综上可知，芹菜与菠菜在完整状态下亚硝酸盐含量增加缓慢，均不超过 1mg/kg。与两种蔬菜中硝酸盐含量相比，其亚硝酸盐含量极低，因此可以不考虑在硝酸盐峰值时的亚硝酸盐的含量。

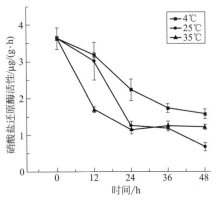

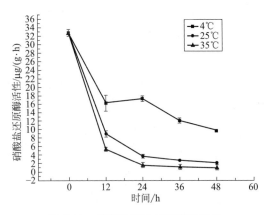

图 2-20　储藏温度对芹菜中硝酸盐
还原酶活性的影响

图 2-21　储藏温度对菠菜中硝酸盐
还原酶活性的影响

图 2-20 与图 2-21 所示为储藏温度对芹菜与菠菜中硝酸盐还原酶活性的影响。由两图中可知，芹菜与菠菜的硝酸盐还原酶活性在三种储藏温度下均随着储藏时间的增加而下降。

由图 2-20 可知，三种储藏温度下芹菜的硝酸盐还原酶活性处于下降趋势，4℃条件下芹菜硝酸盐还原酶活性从初始的 $3.64\mu g/(g \cdot h)$ 下降到 48h 的 $1.57\mu g/(g \cdot h)$，差异显著（$P<0.05$）。25℃下芹菜硝酸盐还原酶活性在 48h 时下降到 $0.68\mu g/(g \cdot h)$，35℃条件下储藏的芹菜硝酸盐还原酶活性从初始的 $3.64\mu g/(g \cdot h)$ 下降到 24h 时的 $1.14\mu g/(g \cdot h)$，硝酸盐还原酶活性显著降低（$P<0.05$）。在整个过程中 4℃储藏的芹菜的硝酸盐还原酶活性一直比其他两组高。

由图 2-21 可知，三种储藏温度下的菠菜硝酸盐还原酶活性随着储藏时间的增加呈现下降的趋势。在储藏的前 12h 内，三个温度组的硝酸盐还原酶活性急速下降。4℃条件下硝酸盐还原酶活性在 0~48h 时间内，从 $32.76\mu g/(g \cdot h)$ 下降到 $9.63\mu g/(g \cdot h)$，差异显著（$P<0.05$）。25℃条件下硝酸盐还原酶活性在前 24h 内显著下降（$P<0.05$），从初始的 $32.76\mu g/(g \cdot h)$ 下降到 $3.71\mu g/(g \cdot h)$。而 35℃条件下硝酸盐还原酶活性下降幅度最大，48h 内下降了 $31.85\mu g/(g \cdot h)$。在储藏过程中 4℃条件下的硝酸盐还原酶活性显著高于其余两组的活性（$P<0.05$）。

综合上述指标，在整个储藏过程中，芹菜与菠菜的硝酸盐峰值出现的时间不同。芹菜与菠菜在 25℃条件下出现硝酸盐含量高峰时间分别为 36h 和 24h。而亚硝酸盐含量高峰同时出现在第 24h，但含量均不超过 1mg/kg，与硝酸盐含量相比可以忽略其影响。在储藏过程中，两种蔬菜的硝酸盐还原酶的活性均急速下降，使得对硝酸盐的还原作用减弱，利于硝酸盐含量高峰的出现。

（2）芹菜提取物对酱牛肉品质的影响

① 芹菜提取物对酱牛肉亚硝酸盐残留量的影响　由表 2-15 可知，第 1 天时，化学组的酱牛肉亚硝酸盐残留量为 0.60mg/kg，显著高于其余处理组（$P<0.05$）。而芹菜处理组的残留量没有差异。当储藏时间达到 14 天时，化学组的亚硝酸盐残留量达到了 2.09mg/kg 的最高值。芹菜提取物处理的酱牛肉中亚硝酸盐残留依旧很低。芹菜 1 组的亚硝酸盐残留量最低，只有 0.66mg/kg。而芹菜 2 组的亚硝酸盐残留量达到 1.31mg/kg，芹菜 3 组的亚硝酸盐残留量与空白组的亚硝酸盐残留量无显著差异（$P>0.05$）。

表 2-15　储藏 30 天内不同处理组酱牛肉亚硝酸盐残留量

组别	1 天	7 天	14 天	30 天
空白组	0.14 ± 0.01^{Aa}	0.21 ± 0.06^{Aa}	0.85 ± 0.20^{Bab}	0.73 ± 0.07^{Ba}
化学组	0.60 ± 0.01^{Ac}	0.64 ± 0.04^{Ac}	2.09 ± 0.22^{Cd}	1.21 ± 0.06^{Bc}
芹菜 1（300mg/kg）	0.39 ± 0.12^{Ab}	0.33 ± 0.04^{Ab}	0.66 ± 0.12^{Ba}	1.00 ± 0.07^{Cb}
芹菜 2（400mg/kg）	0.33 ± 0.04^{Ab}	0.35 ± 0.13^{Ab}	1.31 ± 0.10^{Cc}	0.92 ± 0.07^{Bb}
芹菜 3（500mg/kg）	0.39 ± 0.07^{Ab}	0.39 ± 0.04^{Ab}	0.98 ± 0.27^{Bb}	0.92 ± 0.12^{Bb}

注：同列小写字母不同者差异显著（$P<0.05$），同行大写字母不同者差异显著（$P<0.05$）。

在储藏 30 天时，所有处理组酱牛肉的亚硝酸盐残留量都处于较低水平。其中化学组的亚硝酸盐残留量下降最为明显，下降到 1.21mg/kg。空白组酱牛肉的亚硝酸盐残留量缓慢下降，而三组芹菜提取物处理组的亚硝酸盐残留量则没有差异，且与化学组亚硝酸盐残留量相比，三个芹菜处理组的亚硝酸盐残留量分别降低了 17.3%、24% 以及 24%。

② 芹菜提取物添加量以及储藏时间对酱牛肉亮度值的影响　见图 2-22。对于化学组来说，在储藏的前 7 天时间内其 L^* 值（亮度值）保持在一个水平，无显著变化（$P>0.05$）。随着储藏时间的增加，由于受到肉品氧化等影响，肉品的亮度值开始降低，在第 30 天时，化学组的亮度值持续下降。对于三个芹菜提取物处理组来说，芹菜 1 组的亮度值在前 14 天内呈下降趋势，但亮度值依旧高于其他处理组。芹菜 2 组的亮度值在前 14 天内几乎保持不变，且前 7 天内其变化趋势与化学组保持一致。芹菜 1 组与芹菜 3 组在第 7 天后保持相同的变化趋势，呈先下降后平缓上升的趋势。在第 30 天时，化学组与芹菜 2 组的亮度值无显著差异。芹菜提取物处理组对于酱牛肉的亮度值影响与化学组相似甚至优于化学组。

芹菜提取物能够对酱牛肉的色泽起到很好的发色效果。芹菜提取物添加组的发色效果与化学组无显著差异（$P>0.05$），在色泽保持程度上与化学组相似。储藏30天内不同处理组酱牛肉 a^* 值（红度值）变化见图2-23。

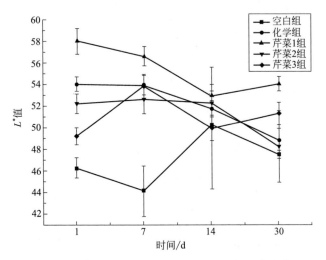

图2-22 储藏30天内不同处理组酱牛肉 L^* 值变化

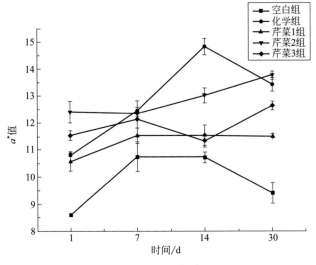

图2-23 储藏30天内不同处理组酱牛肉 a^* 值变化

　　在储藏期内，芹菜1组的 b^* 值（黄度值）一直处于上升的趋势，在储藏达到30天时与化学组无显著差异（$P>0.05$）。芹菜2组与芹菜3组的黄度值则先上升后下降。在储藏到第7天后，所有处理组酱牛肉的 b^* 值无差异（$P>0.05$），这一情况保持到储藏期结束。说明芹菜提取物中本身存在的色素在进行制作酱牛肉过程中已经被破坏，对于酱牛肉中的黄度值没有影响，见图2-24。

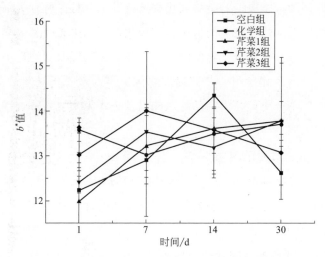

图 2-24　储藏 30 天内不同处理组酱牛肉 b^* 值变化

③ 芹菜提取物添加量以及储藏时间对酱牛肉硫代巴比妥酸反应产物的影响

表 2-16 显示了酱牛肉在储藏期内的硫代巴比妥酸反应产物值（TBARS）。各个组别的酱牛肉 TBARS 值初始时处于最低值。空白组的 TBARS 值为 0.33mg 丙二醛（MDA）/100g，芹菜 1 组与空白组的 TBARS 值没有差异（$P>0.05$），而其余处理组脂肪氧化值则显著低于空白组脂肪氧化值（$P<0.05$）。当储藏 1 周后，空白组 TBARS 值增长到 0.45mg MDA/100g，显著高于化学组及芹菜处理组。芹菜 1 组以及芹菜 2 组的 TBARS 值与化学组没有差异（$P>0.05$），芹菜 3 组的脂肪氧化值在所有组别中最低。在第 7 天至第 14 天之间，空白组的 TBARS 值增加的幅度最大，而化学组与芹菜提取物处理组的 TBARS 值变化并不显著（$P>0.05$）。芹菜 2 组与芹菜 3 组的 TBARS 值与化学组无显著差异（$P>0.05$）。当储藏时间达到 30 天时，空白组的 TBARS 值与储藏 14 天时相比几乎没有变化，但仍显著高于其余处理组（$P<0.05$）。化学组在第 30 天时 TBARS 值较空白组下降了 24.07%，而三个芹菜处理组则较空白组分别下降了 31.48%，25.93%，16.67%。

表 2-16　储藏 30 天内不同处理组酱牛肉 TBARS 值

组别	1 天	7 天	14 天	30 天
空白组	0.33 ± 0.02^{Ca}	0.45 ± 0.03^{Cb}	0.56 ± 0.01^{Cc}	0.54 ± 0.01^{Dc}
化学组	0.20 ± 0.02^{Aa}	0.38 ± 0.03^{Bb}	0.40 ± 0.01^{Bb}	0.41 ± 0.02^{BCb}
芹菜 1(300mg/kg)	0.31 ± 0.01^{Ca}	0.35 ± 0.04^{Bab}	0.34 ± 0.03^{Aab}	0.37 ± 0.02^{Ab}
芹菜 2(400mg/kg)	0.25 ± 0.03^{Ba}	0.36 ± 0.01^{Bb}	0.39 ± 0.02^{Bb}	0.40 ± 0.03^{ABb}
芹菜 3(500mg/kg)	0.20 ± 0.02^{Aa}	0.30 ± 0.03^{Ab}	0.38 ± 0.01^{Bc}	0.45 ± 0.01^{Cd}

注：同列大写字母不同者差异显著（$P<0.05$），同行小写字母不同者差异显著（$P<0.05$）。

在整个储藏期间，空白组的脂肪氧化程度持续上升且在所有组别中最高。三个芹菜处理组在储藏期间均有显著的抑制脂肪氧化作用。由于芹菜提取物中可能含有的黄酮以及芹菜素等其他抗氧化物质的存在，使得芹菜提取物处理组中的脂肪氧化速率要低于空白组以及化学组。芹菜提取物因其本身较低的色素含量与温和的味道，与肉类反应后不会对最终肉制品的风味以及色泽带来显著影响，所以成为天然硝酸盐最理想的来源。

2. 蔓越莓提取物对亚硝酸盐的减控

蔓越莓中含有多种酚类，同时蔓越莓提取物的 pH 值较低，会降低腌制系统的 pH 值，可以加速在亚硝酸盐腌制的反应速度，促进更多的亚硝酸根参与腌制反应，减少亚硝酸盐的残留量。

3. 樱桃粉末对亚硝酸盐的减控

樱桃粉末中富含抗坏血酸，在与亚硝酸盐共同存在时，可提高腌制反应中亚硝酸盐的转化率，减少亚硝酸盐残留浓度，是亚硝酸盐腌制反应的天然还原剂。

对于天然植物来源的硝酸盐来说，因植物自身含有酚类物质、抗坏血酸、萜类物质以及其他还原性物质，会加速亚硝酸盐的转化，增加发色、抗氧化以及抑菌效果，减少了亚硝酸盐残留，可以起到很好的替代化学硝酸盐以及亚硝酸盐的作用。

二、亚硝胺的形成与减控

(一) 亚硝胺的形成

当人体摄入硝酸盐或者亚硝酸盐后，硝酸盐在口腔中被细菌快速转化为亚硝酸盐。N-亚硝基化合物主要包括亚硝胺和亚硝酰胺，当人体摄入有高硝酸盐含量的橙汁以及具有高脯氨酸含量的食物之后，在尿液中可以检测出亚硝基化脯氨酸的形成，这也证实了 N-亚硝基化合物可以在人体内合成。

N-亚硝基化合物的形成是由于唾液中的亚硝酸盐在进入胃部过程中被酸化，并且随之发生亚硝基化合反应。在胃部这样的酸性条件下，亚硝酸盐可进一步被转化为一系列活跃的亚硝基化剂，可继续与次级胺产生亚硝基化反应从而生成致癌物质亚硝胺。

在体外的亚硝基化反应动力学研究指出，亚硝化反应的进行程度是和环境的 pH 值以及反应物的浓度是有关系的。在胃酸缺乏的人群中，胃部的 pH 值会上升，硝酸盐还原菌开始生长，并在胃中将大量硝酸盐转化为亚硝酸盐，更易形成致癌性的 N-亚硝基化合物。

（二）亚硝胺的减控

目前对于亚硝胺的危害已经有非常清楚的认识，针对抑制亚硝胺的形成已经有众多研究，从自然界中寻找天然植物来源的抑制剂已经成为研究的热点。下面将介绍几种有效抑制亚硝胺形成的物质。

1. 抗坏血酸

抗坏血酸是良好的 N-亚硝基化合物阻断剂，其阻断机理就是通过还原亚硝化试剂如亚硝酸生成无害的产物 N_2 和 NO，或者清除亚硝基阳离子（NO^+）来实现对 N-亚硝基化合物的生成阻断，而且 NO 不是直接的亚硝化试剂。抗坏血酸在水相中作用效果好，而在油相中阻断效果不是很理想。当抗坏血酸分子浓度 2 倍于亚硝酸盐时，可完全阻断亚硝胺的生成。

2. 茶多酚

茶叶中茶多酚能有效抑制 N-亚硝基化合物的合成反应，茶多酚含量越高，清除作用越好。茶多酚具有多个酚羟基，可以解离出 H^+ 与亚硝酸反应，消耗亚硝酸根而减少亚硝胺的生成。

3. 硫化物

大蒜中含有的硫化物和二羟基苯甲酸是大蒜产生阻断作用的主要活性成分，这些物质能与亚硝酸盐结合生成硫代亚硝酸酯，从而抑制亚硝基化反应的发生。

4. 黄酮类化合物

黄酮类化合物则可能与其通过提高机体超氧化物歧化酶水平，清除自由基的作用来阻断 N-亚硝基化合物在体内的合成。

研究已证明大蒜、大葱、苦瓜、中华猕猴桃汁、马齿苋等天然果蔬都具有阻断亚硝胺合成的作用，这些天然果蔬之所以能够抑制 N-亚硝基化合物的合成，主要是含有抗坏血酸、黄酮类、多酚类以及硫化物等原因。

三、腌制期间脂质过氧化物的形成与减控

由于肉制品含有较高的脂肪和蛋白质，在腌制过程中易发生氧化，从而影响产品品质。脂肪氧化是一个比较复杂的过程，不饱和脂肪酸含量较高的肉制品因高温、光照、酶等因素影响，极易发生自动氧化生成氢过氧化物，再分解成醛、酮及低级脂肪酸等从而导致风味、质地、颜色和营养的恶化。

（一）脂质过氧化物的形成

脂肪氧化可分为自动氧化和酶促氧化两种情况。自动氧化主要是在光、氧气等作用下发生的氧化，酶促氧化则是在脂肪氧化酶作用下发生的氧化。脂肪的自动氧

化是脂肪在光、氧和热作用下，产生了自由基，自由基作用于脂肪酸，尤其是不饱和脂肪酸，使其发生链式反应。

链式反应包括链的起始、链的传递和链的终止。易氧化的不饱和脂肪酸被氧化剂攻击形成自由基（R·），自由基与氧结合形成过氧化自由基（ROO·），ROO·再和其他不饱和脂肪酸反应，继续产生新的自由基与氢过氧化物，氢过氧化物再裂解形成醛、酮、酸、醇等小分子。反应的终止是自由基分子之间结合或与抗氧化剂结合。反应可表示为：

链的起始 $RH + O_2 \longrightarrow R \cdot + \cdot OOH$

链的传递 $R \cdot + O_2 \longrightarrow ROO \cdot$

$$RH + ROO \cdot \longrightarrow ROOH + R \cdot$$

$$ROOH \longrightarrow RO \cdot + HO \cdot$$

$$2ROOH \longrightarrow RO \cdot + ROO \cdot + H_2O$$

链的终止 $R \cdot + RO \cdot \longrightarrow ROR$

$$R \cdot + ROO \cdot \longrightarrow ROOR$$

$$ROO \cdot + ROO \cdot \longrightarrow ROOR + O_2$$

酶促氧化是脂肪氧化酶催化不饱和脂肪酸发生的氧化反应。花生四烯酸是大多数脂肪酸的反应底物。脂肪氧化酶还可以裂解过氧化氢基邻位上的 C—C 键，生成醛、烷等。

（二）脂质过氧化物的减控

1. 加工工艺条件的控制

在肉制品加工中内源酶起到了非常重要的作用。内源酶的活性受到了温度、湿度、盐分、pH 值等的重要影响。在保证原料肉不发生腐败的情况下通过控制最适温度、湿度、盐分、pH 值等条件尽可能地提高内源酶活性，从而找到最适工艺参数，最终达到既促进脂质氧化形成风味物质又缩短生产周期的目的。

2. 天然抗氧化剂的应用

化学合成抗氧化剂，例如丁基羟基茴香醚（BHA）、二丁基羟基甲苯（BHT）、叔丁基对苯二酚（TBHQ）和没食子酸丙酯（PG），已被广泛用作肉制品的抗氧化剂。然而，因为具有潜在的毒性作用，合成抗氧化剂的安全性受到了密切关注，所以对于天然抗氧化剂的研究越来越多。

（1）油菜蜂花粉   油菜蜂花粉中含有丰富的营养物质，包括蛋白质、脂类、维生素、糖类和黄酮类化合物，被称为"微型营养库"。

利用 HPLC/MS 方法在油菜蜂花粉类黄酮提取物中发现了 8 种黄酮类化合物，

分别为山柰酚、槲皮素、芦丁、柚皮素、槲皮苷、槲皮素-3-O-葡萄糖苷、山柰酚-3-O-葡萄糖苷以及异鼠李素。将油菜蜂花粉类黄酮提取物添加到色拉米中，显著抑制了色拉米的脂质氧化。

（2）花椒叶醇提取物 花椒叶中含有多酚类化合物，主要包含奎宁酸、绿原酸、5-阿魏酰奎宁酸、芦丁、金丝桃苷、槲皮素-3-阿拉伯糖苷、槲皮素以及牡荆素。

将花椒叶醇提取物添加到白鲢咸鱼中去，可显著降低白鲢咸鱼背侧肌和腹侧肌共轭二烯值、过氧化值（POV）、TBARS值以及己醛含量，且随着花椒叶醇提取物添加量的增多，脂质氧化的下降程度增大。花椒叶醇提取物表现出较好的总抗氧化能力和1,1-二苯基-2-三硝基苯肼（DPPH）自由基清除能力，还可提高内源抗氧化酶活性，抑制脂质氧化，是一种有潜在应用价值的天然抗氧化剂。

（3）葡萄籽提取物 葡萄籽提取物的抗氧化活性分别是维生素E的20倍、维生素C的50倍。大量研究证明，葡萄籽提取物在生猪肉和熟制猪肉中能发挥有效的抗氧化作用。

（4）蔓越莓提取物 蔓越莓含有很高含量的酚类化合物，每克干重的总酚含量为$158.8\mu mol$，可以有效抑制脂质氧化，花青素是蔓越莓酚类化合物的主要成分，能在红色果实成熟过程中逐渐积累。

目前对于蔓越莓压块和蔓越莓果汁粉作为肉制品抗氧化剂已有研究，发现蔓越莓果汁粉提取物的抗氧化效果优于蔓越莓压块提取物。

（5）迷迭香提取物 在肉制品中得以应用是天然抗氧化剂中，迷迭香和迷迭香提取物得到最多研究，迷迭香产品作为抗氧化剂，已在火鸡肉、生牛肉和生猪肉饼、熟制猪肉饼和熟制牛肉饼中得以成功应用。迷迭香提取物的添加量与TBARS值呈现良好的线性关系，说明多酚提取物的添加量越多，抗氧化活性越大，TBARS值越低。

四、腌制期间蛋白质过氧化物的形成

蛋白质氧化被认为是一种和脂肪氧化类似的自由基链式反应，但过程更为复杂且有更多的氧化产物。活性氧夺取1个氢原子，产生1个以蛋白质碳为中心的自由基（P·），蛋白质自由基在有氧条件下可以连续转化成过氧化氢自由基（POO·），然后从另一个分子中夺取氢原子形成烷基过氧化物（POOH）。再进一步与HO_2反应生成1个烷氧自由基（PO·）和它的羟基衍生物（POH）。在一些特定氨基酸中，过渡金属离子的参与通常会导致羰基类衍生物的生成，并可能会导致肌原纤维蛋白中交联的形成。

（一）羰基衍生物的形成

羰基的形成（醛基和酮基）是蛋白质氧化中的一个显著变化。蛋白质的羰基物质能够通过以下 4 种途径产生：氨基酸侧链的直接氧化；肽骨架的断裂；和还原糖反应；结合非蛋白羰基化合物。氨基酸氧化会在侧链上形成羰基化合物，金属离子催化肌原纤维蛋白的氧化结果最为显著。

（二）硫醇基的损失

肉制品在储藏过程中硫醇基的流失变化很大，硫醇基的氧化导致了一系列复杂的反应，从而形成了各种氧化产物，比如次磺酸（RSOH）、亚磺酸（RSOOH）和二硫交联物（RSSR）。

（三）蛋白质交联的形成

活性氧自由基（ROS）调节的蛋白质-蛋白质的交联衍生物的形成通常遵循以下机制。

① 通过半胱氨酸的巯基氧化形成二硫键连接。

② 通过 2 个氧化的酪氨酸残基的络合作用。

③ 通过一个蛋白质的醛基和另一个蛋白质赖氨酸残基的 ε-NH$_2$ 相互作用。

④ 通过二醛（一种双功能试剂，例如丙二醛和脱氢抗坏血酸）的形成，在 2 个蛋白质中 2 个 ε-NH$_2$（赖氨酸残基的）交联的产生。

⑤ 通过蛋白质自由基的浓缩形成蛋白交联。

许多功能性质都依赖个体蛋白之间的相互联系，肌肉蛋白的聚合和聚集通过氧化过程所促进，这在肉制品加工中具有很重要的意义。

由于脂质氧化与蛋白质氧化是相互影响的，故在抑制蛋白质氧化方面与抑制脂质氧化采取的方式是相同的。

参 考 文 献

［1］彭增起，周光宏，徐幸莲等．用 ^{31}P 核磁共振研究鸡腿肉中 4 种多聚磷酸钠的水解 ［J］．南京农业大学学报，2005，28（4）：130-134.

［2］吉艳峰，万红丽，彭增起，等．常用加工工艺及添加物对牛肉中彩虹色斑点的影响 ［J］．食品与发酵工业，2007，33（6）：16-19.

［3］辛营营，彭增起，周长旭，等．牛肝锌离子螯合酶粗酶液的特性 ［J］．食品科学，2012，33（23）：219-222.

［4］李君珂，吴定晶，刘森轩，等．蔬菜提取物对猪肉脯品质的影响 ［J］．食品科学，2015，36（9）：28-32.

［5］ Meng Xu，Wei Liu，Zengqi Peng，et al. Dynamic hydrolysis of polyphosphates in purified polyphosphatases and longissimus thoracis from beef ［J］． Journal of Food Processing and Preservation，2017，41：12915-12922.

［6］ Wei Liu，Meng Xu，Yawei Zhang，Fulong Wang，Teng Hui，Baowei Cui，Xiuyun Guo，Zengqi Peng. Mechanism of polyphosphates hydrolysis by purified polyphosphatases from the dorsal muscle of silver carp (*Hypophthalmichthys Molitrix*) as detected by ^{31}P NMR ［J］． Journal of Food Science，2015，80 (11)：2413-2419.

［7］ Hongguo Jin，Youling Xiong，Zengqi Peng，Yan He，Rongrong Wang，Guanghong Zhou. Purification and characterization of myosin-tripolyphosphatase from rabbit *Psoas major* muscle：Research note ［J］. Meat Science，2011，89：372-376.

［8］ Y Xi，G A Sullivan，A L Jackson，G H Zhou，J G Sebranek. Use of natural antimicrobials to improve the control of *Listeria monocytogenes* in a cured cooked meat model system ［J］． Meat Science，2011，88：503-511.

［9］ Jin H，Xu CX，Lim HT，et al. High dietary inorganic phosphate increases lung tumorigenesis and alters Akt signaling ［J］． Am J Respir Crit Care Med，2009. 179：59-68.

［10］ Razzaque MS（2016）. Phosphate toxicity：a stealth biochemical stress factor? ［J］． Med Mol Morphol. 2016. 49：1-4.

第三章　乳化与常见乳化剂的健康风险

　　肉的乳化通常是将肌肉组织（瘦肉）、脂肪组织（肥膘）或植物油、食盐和水等多种成分混合剪切的过程。在剪切斩拌条件下，瘦肉组织中一些盐溶性蛋白质（如肌球蛋白）被高浓度盐溶液萃取出来，形成一种黏性物质，通过疏水作用包围在脂肪球周围，从而使肉糜得以相对稳定存在。吐温 80、甘油酯和卵磷脂等一些亲水亲油平衡值（HLB）在 2.5～15 范围内的常见乳化剂加热时都不能形成凝胶，破坏了由脂肪滴周围的肉蛋白质所正常形成的凝胶网络，从而使肉糜不稳定，而且存在安全隐患。

第一节　乳化及乳化剂

一、肉乳状液的形成机制

　　从物理化学角度来看，生肉糜（或肉糜、肉糊）是由肌球蛋白、肌动蛋白、肌动肌球蛋白等肌原纤维蛋白，以及大小不同的肌原纤维细丝和肌细胞碎片、结缔组织纤维蛋白等肌肉蛋白包裹的脂肪颗粒和游离脂肪滴等复杂体系构成的。在这一系统中，可溶性蛋白质作为乳化剂包裹着的脂肪球分散在基质中。从这种意义上说，肉乳状液也属于水包油型乳状液。根据经典乳状液概念可知，经典乳状液要求分散相的直径大小在 $0.1～50\mu m$ 之间。但是，实际生产中许多商业肉糜中的脂肪微粒直径大小往往超过 $50\mu m$，有的甚至达到 $200\mu m$ 以上。从严格意义上说，大多数肉糜并不是真正意义上的乳状液。

1985 年美国 Ockerman 建立了用电导率法测定肌肉蛋白与植物油间乳化效果的方法，并在此基础上提出了水包油型乳化学说和蛋白基质物理镶嵌固定学说。但这两种学说都是基于添加植物油作为分散相研究提出的，并不适合解释肌肉蛋白和背脂剪切乳化机理。

（一）水包油型乳化学说

乳状液的经典定义：两种互不相溶的相形成的稳定混合物，其中一种是分散相，另一种是连续相，分散相以微滴状或小球形式分散在连续相中。它通常包括"水包油型"和"油包水型"乳状液。这里的乳化作用通常通过高速剪切作用（如混合、均质、斩拌和研磨等）完成。在乳状液制备过程中，乳状液的一相通常是水，另一相是极性小的有机液体，习惯上统称为"油"。但这里所指的水和油相不一定是单一组分，每一相都可以包含有多种组分。

水包油型乳化学说认为，肌肉蛋白"乳状液"属于水包油型乳状液，在脂肪球周围表面包裹着一层比较厚的蛋白膜，称之为界面蛋白膜（interfacial protein film，IPF），能够有效地防止脂肪球发生凝聚。该学说认为，分散相是由大小不一的脂肪滴与形状和大小不同的固态脂肪颗粒构成，连续相是由盐和溶解的、悬浮的蛋白质水溶液构成的。

Schut（1971）研究发现，在不含复配胶的肉糜中，盐溶性蛋白优先吸附在脂肪-水界面上，受热时包围脂肪球的蛋白膜容易破裂，出现大量孔和裂口，脂肪容易游离出来，而在低脂肉制品中添加复配胶时，优先吸附在脂肪-水界面的也是盐溶性蛋白的部分片段。Borejdo（1983）研究认为肌球蛋白分子有亲水基团和疏水基团部分，且重酶解蛋白为疏水性。在肉糜模型系统中，Jones（1984）研究发现，在油-水界面形成蛋白膜早期，游离肌球蛋白分子以相对完整的单体形式先在油水界面上形成单分子层，重链朝向油相，轻链朝向水相，而其他蛋白质分子主要通过疏水力作用、共价键和氢键等形式实现蛋白质-蛋白质相互作用，随着其他肌原纤维蛋白沉积逐渐变厚，最终形成一个半刚性的膜；后来他进一步对商业肉糜产品中 IPF 含量和水相中的蛋白质种类电泳试验，研究发现肌球蛋白是构成肉糜中 IPF 的主要蛋白质，如果肉糜中没有提取出足够多肌球蛋白就会出现脂肪分离现象。Galluzzo 和 Regenstein（1978）的研究也表明，悬浮在盐溶液中的肌球蛋白有更强表面活性，比肌动蛋白和肌动球蛋白更好地在界面上形成蛋白膜。

Hansen（1960）用电镜观察发现肉糜中脂肪球表面包裹着一层蛋白膜；Borchert 等（1967）研究发现熟肉糜中也存在 IPF，有的 IPF 表面上存在小洞或孔隙；Jones 和 Mandigo（1982）也观察到熟肉糜中 IPF 表面上也存在小洞，而且小洞附近有大的脂肪颗粒和一些小脂肪滴。这里小洞或孔隙可能是脂肪滴从 IPF 表面的裂缝流失而留下的痕迹。当肉糜流失太多脂肪时，IPF 表面会出现较大裂缝或洞；当无脂肪流失时，则可以观察到完整的脂肪球。因而，IPF 在糜类肉制品中具有稳定脂肪作用。

(二) 物理镶嵌固定学说

物理镶嵌固定学说认为，肉在斩拌过程中，肌肉组织（特别是瘦肉组织）经剪切萃取出的蛋白质、纤维碎片、肌原纤维及胶原纤丝间发生相互作用，形成一种高度黏稠的体系，而破碎的脂肪颗粒或脂肪滴被这些蛋白基质物理镶嵌包埋固定，得到相对稳定的乳状液。在加热煮制过程中，位于脂肪球界面上的蛋白质及黏性的基质蛋白质会结合成为一种半刚性的凝胶网状结构，大大限制了脂肪球的移动。众多研究表明生肉馅中存在有序的蛋白结构。Barbut 等（1995）观察完全粉碎肉馅微观结构，研究发现生肉糜中存在海绵体状基质和蛋白质丝状相连构成的有序三维空间结构，而且部分可以流动。Hermansson 等（1986）研究发现煮制前肉糜可以形成一个有序结构。此外，肉糜在煮制过程中，肌原纤维蛋白聚集形成凝胶，能够物理镶嵌固定脂肪。Gordon 和 Barbut（1990、1991）研究发现煮制后的肉糜中脂肪球通过与蛋白质相连被物理固定。Theno 和 Schmidt（1978）指出法兰克福香肠中也存在脂肪球与蛋白质基质物理性结合固定现象。

二、肉糜乳化学说的发展

(一) 界面蛋白膜 IPF 的研究进展

界面蛋白膜 IPF 的性质一直是肉糜研究的重点。Galluzzo 和 Regenstein（1978）在研究鸡胸肉蛋白质在肉乳状液形成过程中的作用时，发现肌动蛋白和肌球蛋白具有非常不同的乳液形成特性：当从溶液中迅速除去肌球蛋白后，可形成细腻浓稠的乳状液；肌动蛋白不太容易从溶液中除去，并会形成稀薄粗糙的乳状液。Jones（1984）提出肌球蛋白是参与 IPF 形成的主要蛋白质，并提出 IPF 形成的理论假说，即肌球蛋白重链（HMM）S1 片段具有相对较高的疏水性，肌球蛋白分子在脂肪球表面以肌球蛋白重链（HMM）头部的朝向疏水相，肌球蛋白轻链（LMM）尾部突出到水相中，形成肌球蛋白单分子层，其他蛋白质可能通过各种蛋白质-蛋白质互作相互结合使得 IPF 薄膜增厚或加强。Gordon 和 Barbut（1992）发现肌球蛋白是 IPF 中的主要蛋白质，且脂肪分离发生在肌球蛋白提取量过少的地方，并认为在制备肉糜的斩拌过程中，提取至肉糜水相中的蛋白质的数量和类型通过影响 IPF 形成，进而影响肉糜的乳化稳定性。Zhang（2013）的十二烷基硫酸钠聚丙烯酰胺凝胶电泳（SDS-PAGE）分析表明，界面蛋白质膜中的肌肉蛋白质由肌球蛋白重链（210kU）、肌球蛋白轻链-1（22kU）、肌球蛋白轻链-2（18kU）、肌球蛋白轻链-3（16kU）、C-蛋白（130kU）、α-肌动蛋白（95kU）、肌动蛋白（42kU）、肌钙蛋白 T（35kU）和原肌球蛋白（70kU）组成。

（二）混合分布学说/复合乳化学说

肉糜通常是由肌肉组织（瘦肉）、脂肪组织（肥膘）、食盐和水等多种成分斩拌剪切而成，几乎不添加植物油。然而，关于肌肉蛋白与脂肪剪切乳化机理的研究一直未能突破，过去大多数研究主要集中在通过添加植物油为分散相研究肌肉蛋白乳化性能和作用机制。1985 年，美国 Ockerman 利用添加植物油为分散相的肌肉蛋白乳状液模型，建立电导率法来研究肌肉蛋白的乳化方法。后来，不少学者在此基础上提出了水包油型乳化学说和蛋白基质物理镶嵌固定学说。水包油型乳化学说认为完全粉碎的肉糜中存在水包油体系，在脂肪球周围表面包裹着一层蛋白膜。该学说忽视或降低了其他不溶性蛋白在肉糜中的所起作用，且理想化认为乳化肉糜中脂肪微粒直径大小在 $0.1 \sim 50\mu m$；而蛋白基质物理镶嵌固定乳化学说强调蛋白质基质对肉糜中脂肪球物理镶嵌固定作用，该学说没有考虑脂肪球表面性质，忽视或片面降低了蛋白膜存在及其作用，即认为包围在脂肪球周围的 IPF 作用很小，且要求脂肪细胞完整。但是，在肉糜剪切斩拌过程中，脂肪的物理特性、粉碎方式、粉碎程度、最终斩拌温度和加热时间等因素使得脂肪发生了许多物理化学性质变化：在形式上，脂肪剪切破碎为固态脂肪颗粒和液态脂肪滴；在形状上，有比较规则的球形、椭球形和不规则的脂肪颗粒或脂肪滴；在粒径大小上，脂肪微粒大小也不均一，有的脂肪颗粒直径超过 $50\mu m$，属于"多分散"的。然而，植物油剪切后大多数为大小基本相同的液态脂肪球。因此，用添加植物油为分散相建立起来的肌肉蛋白水包油型乳化学说或蛋白基质物理镶嵌固定学说来解释实际生产中肉糜乳化稳定是不确切的、不科学的。

Hermansson 等（1986）认为 IPF 可能是整个蛋白网络结构的一部分，物理性连接可能是 IPF 与基质蛋白之间的相互作用。Gordon 和 Barbut（1992）研究认为脂肪稳定性可能是由脂肪周围表面 IPF 和黏性蛋白基质的物理约束和结合共同作用的结果，提出在未来的研究中不应仅关注水包油型乳化学说和物理镶嵌固定学说，还应该研究在制备肉糜过程中两种学说的共同作用。Zhang（2013）以猪背最长肌和背脂为原料肉，制成生肉糜及凝胶乳化物，研究肉糜及凝胶中脂肪分布和存在形式（形态、形状和大小），提出肌肉蛋白和脂肪剪切乳化机理：充分剪切的肉糜中脂肪被剪切成大小不一的液态脂肪球和大小、形状不规则的脂肪球、脂肪颗粒和脂肪簇，它们周围表面都被光滑的蛋白质膜包围，并分散在刚性蛋白质基质中。在热诱导过程中，蛋白膜变性，绝大多数粒径大小适当的脂肪颗粒或脂肪滴仍然包裹在蛋白膜中，它们独立地、或交联起来、或以簇状形式分布于蛋白凝胶基质中；有的脂肪颗粒或脂肪滴也受蛋白凝胶基质物理固定作用，这些作用共同实现了糜类肉制品中肌肉蛋白质对脂肪的乳化作用。当然，少数粒径大的脂肪颗粒或脂肪滴因受热体积过分膨胀，为释放内部热压力，蛋白膜破裂，游离出脂肪，遗留下不完整的部分蛋白膜或小坑。

第二节　常见乳化剂的健康风险

一、乳化剂的安全性问题

乳化剂是含有亲水和亲脂性部分（通常以头-尾构型）的复合分子，它能保持脂肪分子在疏水环境中的液体悬浮液或水溶性组分中的分散，延长了这些混合物的稳定性并降低了相分离的速率。在食品和饮料中，这些性质有利于保持多相加工食品和饮料的质地、水合性、可塑性、流动性、稠度、黏度、体积、结构完整性、颜色、耐热性、口感和味道等，并且倾向于被认为是无害的。乳化剂在几乎所有加工的食品和饮料中已经成为普遍存在的成分。膳食乳化剂如羧甲基纤维素钠（CMC）和聚山梨醇酯-80（吐温 80）在各种食品中的添加量可高达 2%。

膳食乳化剂有助于许多加工食品和饮料的理想特性，然而其难以消化、不可吸收和不可发酵，对人类消化道并无益处。Chassaing 等（2015）的研究表明，过去半个世纪以来，膳食乳化剂消费的增长可能是导致炎症性肠病（IBD）和代谢综合征的发病率升高的原因。乳化剂羧甲基纤维素钠和吐温 80 可导致肠道改变和肠屏障功能障碍，引起代谢的负面改变，从而导致体重增加、脂肪增长，引起低度炎症和代谢紊乱（即葡萄糖不耐受）。该研究还显示，这两种食品添加剂都参与类似于炎症性肠炎的炎症发展，而且在正常小鼠中，摄取低剂量乳化剂可促进慢性肠道炎症的微小体征，包括上皮损伤，这种作用与肠道微生物群组成的变化和黏液的微生物群侵袭的增加有关。膳食乳化剂（如羧甲基纤维素钠）可能与涂覆肠道腔表面的多层内源性黏液分泌物相互作用，减弱肠上皮的黏液屏障，并且可能损害人类黏液防止微生物与肠上皮细胞接触的能力，并促进细菌进入肠组织中。据报道，膳食乳化剂增加致病微生物穿过肠上皮屏障的移位，同时促使肠道炎症的发生和持续。

符合相关标准的食品本身是安全的，但食品中存在的乳化剂可能会促进消化系统对肠道中原本存在的细菌、毒素以及外源性化学物质的吸收，且此作用具有长期性和连续性，极有可能由此造成原本"安全"的食品中污染物实际暴露剂量的累积性提高，引发毒理效应。因此，由乳化剂引起的食品安全问题不容忽视，但令人遗憾的是，迄今相关的研究尚是空白。

近来由于与啮齿动物研究相关的潜在安全性问题，使用乳化剂已经受到相当大的关注。但也有研究表明，在目前美国七种乳化剂饮食暴露评估中，即使使用最保守的估计，似乎每种乳化剂的摄入量都在其安全水平之下。

二、常见两种乳化剂的健康风险

(一) 吐温

人群队列研究显示，每日摄入大量的奶酪和人造黄油的人群患克罗恩病和溃疡性结肠炎的风险较大，而奶酪和黄油的生产加工需要添加一种或多种食品乳化剂，如吐温、单脂肪酸甘油酯、双脂肪酸甘油酯等。

诸多研究已证实，应用于食品中的乳化剂可提高肠细胞的通透性，甚至造成肠屏障功能损伤。Ilback等认为，脂肪中存在着天然的乳化剂，长期高水平高脂膳食有诱导肠道上皮细胞损伤，提高肠细胞通透性的风险。单次给予SD大鼠灌胃5mL 1%和10%（w/w）的食品乳化剂吐温80可促进大鼠胃肠道对膳食脂肪（甘油三酯）的吸收，而10%的吐温80对大鼠肠道有一定的毒性作用。

离体实验也证实了乳化剂能够增加细胞膜的通透性。吐温系列乳化剂（吐温20、吐温60、吐温85）能够增加Caco-2细胞的细胞膜通透性。如0.5%（v/v）吐温80能够显著提高Caco-2细胞膜的通透性，其与1%（v/v）丙二醇脂肪酸酯的混合物可将Caco-2细胞的通透性提高10倍，同时也导致细胞损伤；0.01%（v/v）吐温80能够使 *E. coli* 穿过Caco-2细胞膜的能力提升59倍，而0.1%（v/v）吐温80还能够提高 *E. coli* 穿过人微皱褶细胞（M-细胞）和派尔集合淋巴结（Peyer's patch）的能力。

P-gp是一种ATP依赖性的跨膜蛋白，由多药耐药基因MDR1编码，可阻碍肠道中大分子药物、细菌、毒素等进入细胞，同时也能够将细胞内的有毒有害物质排出体外。聚氧乙烯蓖麻油和吐温80也是P-gp的抑制剂，在体内外实验中已经得到了证实。当P-gp活性受到抑制，肠道中的外源性化学物质、细菌等进入机体，诱发自身免疫性疾病。研究表明，吐温80可损伤线粒体的结构与功能，导致线粒体的供能作用不足，从而影响P-gp调节的外排系统的功能，致使塑化剂邻苯二甲酸二(2-乙基己基)酯（DEHP）的生物利用率提高。已有研究证实，吐温80可将

SD 大鼠对塑化剂 DEHP 及其代谢产物邻苯二甲酸单(2-乙基己基)酯（MEHP）的相对生物利用率分别提高 1.9 倍和 2.2 倍，从而增加其毒理作用。

（二）羧甲基纤维素钠

添加到食物中的洗涤剂和乳化剂可能会破坏黏液屏障，这通常会将细菌从肠壁中分离出来，并导致易感人群的慢性肠道炎症。有研究探究 2％羧甲基纤维素钠（CMC）对 IL-10 基因缺陷小鼠肠道微生物群落生物结构的影响，发现 CMC 治疗的 IL-10 基因缺陷小鼠表现出巨大的细菌过度生长，细菌迁移到 Lieberkuhn 隐窝的底部。7 只 CMC 小鼠中的 4 只白细胞移入肠腔。这些变化与人类克罗恩病中观察到的变化相似，而在对照动物中不存在。从而得出 CMC 在易感动物中诱导细菌过度生长和小肠炎症的结论。

第三节　新型果蔬来源乳化剂

一、新型果蔬来源乳化剂的研究背景

茄子作为一种全球广受欢迎的蔬菜，在亚洲、中东地区、北美及欧洲广泛种植。目前，对茄子的研究主要集中在存储保鲜和功能性结构成分方面。茄子中具有高比例的不溶性膳食纤维和极低的可溶性碳水化合物，美国糖尿病教育计划组织推荐经常吃茄子来预防Ⅱ-型糖尿病。然而茄子易"吸油"的特性，使做出来的菜肴油脂含量高，这与现代健康饮食理念不符。新鲜茄子含水量通常在 90％以上，这说明茄子中干物质成分具有极高的持水能力。茄子这种亲油持水特性归结于茄子中丰富的不溶性纤维。一般来说，不溶性纤维主要由纤维素、半纤维素、果胶等组成，这些成分含有丰富的功能基团如羟基、醛基、羧基、羰基等，而这些功能基团具有强烈的吸水、吸油能力。富含不溶性纤维的农业材料如玉米秸秆、木屑、棉纤维等经过处理后被证明有较好的亲水吸油能力，有些已被广泛地用作海上石油泄露的吸附剂、食品乳化剂等，而这些天然材料往往不具备一定的亲水吸油能力，无法吸附或者无法长期有效地稳定乳状液，这种差异可能是纤维的来源或处理方法不同导致。

山竹通常被认为是最受欢迎的水果之一，山竹果皮，占整个果实重量的三分之二，通常作为农业废弃物处理。这些废物富含纤维素，已被用于生产微纤化纤维素（MFC），并作为膳食纤维、增稠剂、食品中的乳化剂或添加剂进行应用。

目前，一些商业化的食品乳化剂被证明容易引起一些慢性疾病，随着健康饮食观念的增强，人们越来越追求更加绿色安全的食品乳化稳定剂。

二、新型果蔬来源乳化剂的研究现状

（一）茄肉匀浆物的乳化研究

笔者以茄子果肉为原料制成茄子肉匀浆物（EFP），研究 EFP 稳定乳状液的乳化能力，探究维持乳状液稳定的有效成分，揭示茄子吸油持水特性的原因，为开发应用以茄子为原料的更加绿色安全的食品乳化剂提供理论依据。

研究发现，EFP、水与大豆油可形成稳定的白色乳状液。EFP 稳定的 O/W 乳状液受 EFP 浓度、油体积分数及离心外力的影响；乳状液的分层程度、平均粒径随 EFP 浓度的增加而降低，分层程度随油体积分数的增加而降低。与离心前相比，离心对低 EFP 浓度（<0.95g/mL）和高油体积分数（>0.3）的乳状液破坏显著，均出现了出水或出油现象；而对油体积分数为 0.3EFP 浓度为 1.43g/mL 的乳状液脂肪球平均粒径、粒径分布均无显著影响（图 3-1 和图 3-2）。荧光显微镜染色和扫描电镜观察表明脂肪球表面包裹着一层由不溶性纤维多糖构成的球膜，它可有效阻止脂肪球间碰撞融合（图 3-3）。

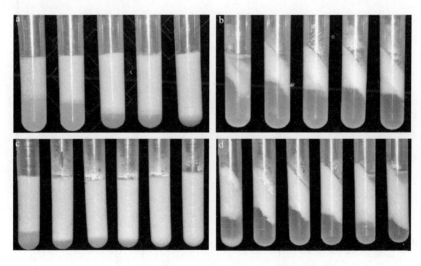

图 3-1　茄肉匀浆物制备乳状液离心前后对比图

注：a、b 为不同浓度乳状液离心前后图，EFP 浓度从左到右依次为 0.48g/mL、0.72g/mL、0.95g/mL、1.19g/mL、1.43g/mL，油体积分数均为 0.3；c、d 为不同油体积分数乳状液离心前后图，体积分数从左到右依次为 0.1、0.2、0.3、0.4、0.5、0.6，EFP 浓度均为 1.43g/mL

此外，不同品种茄子的茄肉匀浆物稳定乳状液能力也存在一定差异。以市场常见的快圆茄、大龙茄和杭茄为例，杭茄的粗蛋白含量（干基）和粗纤维含量（干基）

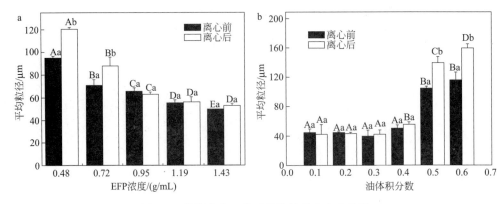

图 3-2 乳状液离心前后平均粒径大小变化图

注：a 图为不同 EFP 浓度乳状液离心粒径变化；b 图为不同油体积分数乳状液离心粒径变化。
不同的大写字母（A～E）表示在相同处理条件下，不同 EFP 浓度和不同油体积分数的乳状液
之间差异显著（$P<0.05$），不同的小写字母（a，b）表示在相同浓度和相同油体积分
数的乳状液，离心前后差异显著（$P<0.05$）

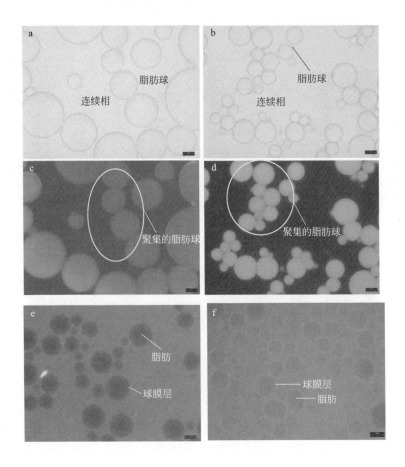

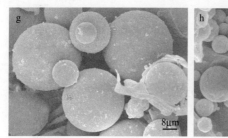

图 3-3　乳状液光学荧光显微镜图（×400）和扫描电镜图

注：a、b 为光学显微镜图、c、d 为荧光红光显微镜图；e、f 为荧光蓝光显微镜图。

a、c、e 与 b、d、f 的 EFP 浓度依次为 0.95g/mL 和 1.43g/mL，其中油体积分数为 0.3，所有

图放大倍数均为 400 倍，a、b、c、d、e、f 标尺均为 20μm。h、g 标尺分别为 8μm 和 2μm

相对较高，以不同干物质浓度制备乳状液，发现在较高干物质浓度条件下油滴的平均粒径最小（$P<0.05$）（图 3-4）。对乳状液进行离心后，以杭茄茄肉制备的乳状液乳化指数较高，乳化稳定性较好（图 3-5）。当干物质浓度较低时（三个品种 1.00% 和 1.25% 浓度，以及快圆茄和大龙茄的 1.50% 浓度），离心后乳状液上层有不同程度明显出油；当干物质浓度较高时（三个品种 1.75% 和 2.00% 浓度），离心后乳状液上层已无油层析出；其中杭茄在 1.50% 浓度时已无明显油层析出（图 3-6）。

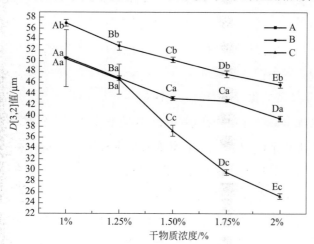

图 3-4　D [3,2] 值与不同茄子干物质浓度的关系

注：A、B 和 C 三条曲线分别表示快圆茄、大龙茄和杭茄；标注不同小写字母（a～c）表示相同
干物质浓度下不同品种茄子之间差异显著（$P<0.05$），标注相同小写字母（a～c）表示相同
干物质浓度下不同品种茄子之间差异不显著（$P>0.05$）；标注不同大写字母（A～E）表示相同
品种茄子不同干物质浓度条件下乳状液油滴粒径大小的差异显著（$P<0.05$），标注相同大写字母
（A～E）表示相同品种茄子不同干物质浓度条件下乳状液油滴粒径大小的差异不显著（$P>0.05$）

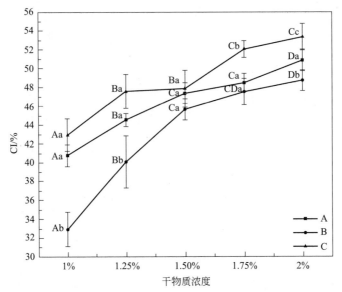

图 3-5　乳化指数 CI 与干物质浓度的关系

注：A、B 和 C 三条曲线分别表示快圆茄、大龙茄和杭茄；标注不同小写字母（a～c）表示相同

　　　干物质浓度下不同品种茄子之间差异显著（$P<0.05$），标注相同小写字母（a～c）表示相同

　　　干物质浓度下不同品种茄子之间差异不显著（$P>0.05$）；标注不同大写字母（A～D）表示相同

　　　品种茄子不同干物质浓度条件下乳状液油滴粒径大小的差异显著（$P<0.05$），标注相同大写字母

　　　（A～D）表示相同品种茄子不同干物质浓度条件下乳状液油滴粒径大小的差异不显著（$P>0.05$）

　　茄子作为一种被广泛种植的蔬菜，其中的不溶性纤维极有可能成为食品工业乳化稳定剂家族中更绿色安全的一员。

（二）山竹果皮微纤化纤维素的乳化研究

　　从山竹果皮提取的微纤化纤维素（MFC）的浓度对 O/W 型乳液的稳定性和乳液性质有影响。水相中的微纤化纤维素浓度范围控制在 $0.05\%\sim0.70\%$。乳状液的平均粒径的尺寸、颜色、弹性及稳定性随着 MFC 浓度的增加而增加。扫描电子显微镜（SEM）和共聚焦激光扫描显微镜（CLSM）照片显示（图 3-7），MFC 颗粒主要吸附在乳液液滴的油-水界面处，过量非吸附 MFC 颗粒主要存在于连续水相中，且其含量随着 MFC 浓度的增加而增加。流变学结果显示，随着 MFC 浓度的增加，液滴间网络结构和连续相中 MFC 网络逐渐形成，乳状液呈现类凝胶特性。无论 MFC 添加浓度大小，所有乳液均可稳定聚合 80 天，具有对液滴聚结的长期保存稳定性，但随着 MFC 浓度的降低，乳液的稳定性逐渐降低。该研究提供了 MFC 作为食品中天然乳化和稳定剂的研究证明，这对于合理设计和生产颗粒稳定的食品乳液具有重要的意义。

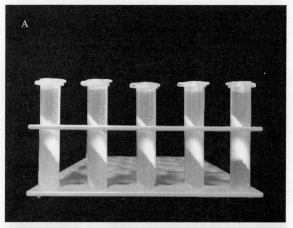

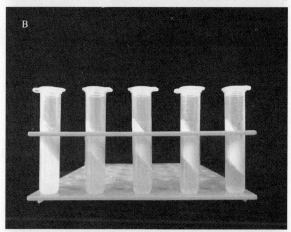

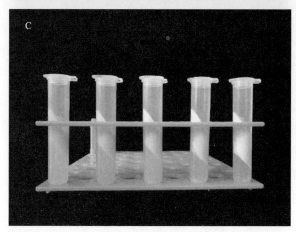

图 3-6 乳状液离心后状态

注：A、B 和 C 分别表示快圆茄、大龙茄和杭茄乳状液离心后的照片；各组中从

左至右依次为干物质浓度 1.00%、1.25%、1.50%、1.75% 和 2.00%

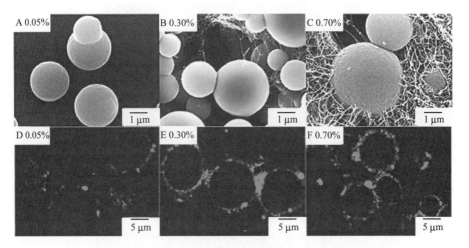

图 3-7　不同浓度 MFC 稳定的新鲜乳状液的 SEM 和 CLSM 显微照片

注：不同浓度分别为 0.05％（A，D）、0.30％（B，E）和 0.70％（C，F）；

CLSM 显微照片（D、E 和 F）显示刚果红染色的 MFC 颗粒在乳液中的定位

参 考 文 献

［1］ Zhang Y，Wang Z，Peng Z，et al. Distribution of fat droplets/particles and protein film components in batters of lean and back fat produced under controlled shear conditions ［J］. CyTA-Journal of Food，2013，11（4）：352-358.

［2］ Glade M J，Meguid M M. A glance at… dietary emulsifiers，the human intestinal mucus and microbiome，and dietary fiber ［J］. Nutrition，2016，32（5）：609-614.

［3］ Shah R，Kolanos R，DiNovi M J，et al. Dietary exposures for the safety assessment of seven emulsifiers commonly added to foods in the United States and implications for safety ［J］. Food Additives & Contaminants：Part A，2017：1-13.

［4］ Chassaing B，Koren O，Goodrich J K，et al. Dietary emulsifiers impact the mouse gut microbiota promoting colitis and metabolic syndrome ［J］. Nature，2015，519（7541）：92-96.

［5］ Winuprasith T，Suphantharika M. Properties and stability of oil-in-water emulsions stabilized by microfibrillated cellulose from mangosteen rind ［J］. Food Hydrocolloids，2015，43：690-699.

第四章　油炸过程中有害物质的形成

油炸是制作食品最古老的方法之一，以油脂作为加热介质，主要通过热传导的方式实现热量的传递。油炸使淀粉、蛋白质、脂肪等发生一系列复杂的化学反应，从而赋予食品特殊的色泽、风味和质构的一种加工方式。肉类原料在油炸过程中产生反式脂肪酸、杂环胺和多环芳烃等有害物质。对油炸肉制品的安全性进行综合评价是值得重视的。

第一节　油炸肉制品反式脂肪酸的形成

反式脂肪酸（trans fatty acids，TFAs）是普遍存在于油炸、煎炸食品中的一类对人体健康有不良影响的不饱和脂肪酸。它对血管疾病、Ⅱ型糖尿病有较大的影响，同时也与向心性肥胖、认知能力及癌症有一定的关联。长时间高温油炸导致肉制品中含有较高水平的反式脂肪酸。油脂类型、油炸时间、油炸温度不同，肉制品中反式脂肪酸含量存在显著差异。

油炸在赋予肉制品诱人色泽的同时，也使其产生大量的反式脂肪酸。反式脂肪酸通常是由于不饱和脂肪酸的不饱和双键在高温下氢键发生异构化而形成的。

一、肉制品中的反式脂肪酸

（一）禽肉制品的反式脂肪酸

对市售的 4 种烧鸡类产品进行皮层反式脂肪酸含量和种类的检测。结果见

表 4-1。其皮层反式脂肪酸总含量为 0.75～1.19mg/g，4 种烧鸡皮层中均被检测到 C16:1 9t 和 C18:1 9t 两种反式脂肪酸，C18:1 9t 是烧鸡皮层中主要的反式脂肪酸类型。其中样品 4 中反式脂肪酸总含量最高，且检测到了 C18:2 9t,11t 反式脂肪酸，但含量较少。

表 4-1　市售烧鸡产品皮层反式脂肪酸的含量

样品	TFAs 含量/(mg/g)			
	C16:1 9t	C18:1 9t	C18:2 9t,11t	总含量
样品 1	0.06	0.69	ND	0.75
样品 2	0.05	0.75	ND	0.80
样品 3	0.07	0.98	ND	1.05
样品 4	0.07	0.98	0.14	1.19

注：ND 表示未检出；未检出反式脂肪酸种类未标注。

连续使用棕榈油油炸鸡腿上色时，鸡腿皮层和鸡腿肉中 TFAs 类型保持不变，如图 4-1 和图 4-2 所示，鸡腿皮层检测到了 C16:1 9t 和 C18:1 9t 两种反式脂肪酸，鸡腿肉中 TFAs 种类为 C18:1 9t，且鸡腿皮层中反式脂肪酸含量远高于鸡腿肉。这可能是因为鸡肉中总脂肪含量不足 2%，而所含的不饱和脂肪酸更少，且肉被鸡皮包裹，仅少部分与油炸油直接接触，油炸上色所需的时间较短，内部鸡肉的温度较低，肉中的反式脂肪酸形成较少。C16:1 9t 含量的变化受油脂连续使用时间的影响不大，主要来源于原料肉中。油炸鸡腿中 C18:1 9t 的含量随棕榈油连续使用时间的增加而显著增加。油炸上色时鸡肉和鸡皮中的反式脂肪酸含量均随着油炸温度的增加而上升。

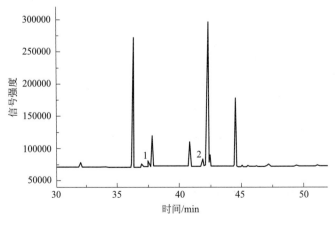

1—C16:1 9t；2—C18:1 9t；

图 4-1　油脂使用 2h 时，鸡腿皮层中反式脂肪酸气相色谱图

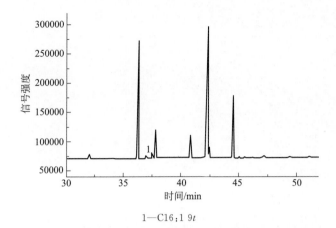

1—C16:1 9*t*

图 4-2　油脂使用 2h 时，鸡腿肉中反式脂肪酸气相色谱图

连续油炸时，油的脂肪酸组成也发生较大变化，并且随着油炸时间的增加逐渐劣化。油的颜色加深，透明度下降，逐渐失去油脂特有的气味，产生刺激性气味，杂质增多，发烟严重。在加入鸡腿油炸时相较于仅加热，其油脂氧化、水解、聚合等反应更剧烈，酸价、过氧化值和羰基值等显著升高，油脂劣变程度更严重。

肉品原料的脂肪酸组成也会影响煎炸油的脂肪酸组成。在油炸过程中，肉品吸收油脂同时可以释放本身含有的油脂，导致煎炸油和肉品中的脂肪酸组成相互影响。肉品油炸前后脂肪酸组成存在显著性差异，与肉品原料的脂肪酸组成相比，油炸后的肉品，其脂肪酸组成和煎炸油的脂肪酸组成更相似，说明油炸肉品的脂肪大部分来源于煎炸油。

（二）鱼肉制品的反式脂肪酸

市售 5 种熏鱼产品反式脂肪酸含量和种类见表 4-2。5 种样品中反式脂肪酸含量为 53.39～168.28mg/100g。所有的样品均含有 C18:1 9*t*，部分样品中检测出 C16:1 9*t*、C18:2 9*t*，11*t*（C18:2 *tt*）、C22:1 13*t*。油炸用油中反式脂肪酸的积累和油中不饱和脂肪酸的热氧化变性有关。C18:1 9*t* 是鱼饼和油样中检出的最主要的反式脂肪酸。TFAs 的形成需要较高的温度和较长的时间。

在较温和的油炸条件下，每次都取新鲜的鱼饼进行油炸，样品中 TFAs 最有可能的来源就是油炸用油的渗透。反复油炸时，油炸用油长期暴露于光和氧中，油中发生了一系列的变化。C18:1 9*t* 的含量随着油炸次数的增加呈线性增长，并且开始检出 C18:2 *tt*。在油炸 50 次后，酸价达 0.83mg/g，油样的过氧化值先增加后下降，油脂品质劣化。C18:1 9*t* 含量的变化与色泽、酸价、羰基值之间呈极显著正相关（$P < 0.01$）。

表 4-2　熏鱼样品中 TFAs 含量

反式脂肪酸种类	TFAs 含量/(mg/100g)				
	样品 1	样品 2	样品 3	样品 4	样品 5
C14:1 9t	ND	ND	ND	ND	ND
C16:1 9t	ND	8.61	ND	2.85	29.24
C18:1 9t	81.28	92.93	102.05	50.54	121.08
C18:1 11t	ND	ND	ND	ND	ND
C18:2 9t,11t	1.41	29.42	0.93	ND	17.96
C20:1 11t	ND	ND	ND	ND	ND
C22:1 13t	10.37	ND	6.52	ND	ND
总量	93.06	130.96	109.5	53.39	168.28

注：ND 表示未检出。

（三）其他制品的反式脂肪酸

各类食品经过油炸后，油脂中 TFAs 含量有不同程度的变化，大致上呈现增加趋势。当油炸食品为猪肉、牛肉、羊肉时，油脂中 TFAs 含量变化明显，其中炸猪肉和牛肉时，TFAs 含量较高，分别为脂肪酸含量的 7.298% 和 8.804%；当油炸食品为胡萝卜、豆腐时，油脂中 TFAs 含量增加，分别是不煎炸时的 1.40 倍、2.21 倍；当油炸食品为韭菜、藕片和土豆时，油脂中 TFAs 含量变化并不明显，基本上含量无变化。油脂中 TFAs 含量呈不同趋势，可能与食品本身含有 TFAs 有关，比如牛肉和羊肉，这些反刍动物油脂中本身就含有 TFAs；另外，对于煎炸后的胡萝卜和豆腐，油脂中 TFAs 含量有所增加，可能与食品中的成分组成存在一定关系，具体哪种物质影响了 TFAs 的形成尚无定论；而煎炸后藕片、韭菜和土豆对油脂的 TFAs 含量并无明显的影响。

二、影响油炸肉中反式脂肪酸含量和种类的因素

（一）油炸温度

1. 油炸温度对鸡腿中反式脂肪酸形成的影响

油炸温度是反式脂肪酸形成的一个重要因素。在相同的使用时间条件下，不同油炸温度对鸡腿皮层中 C16:1 9t 含量无显著影响。在棕榈油连续使用过程中，160℃、180℃和200℃下油炸加工的鸡皮中 C16:1 9t 的含量与原料鸡腿肉中 C16:1 9t 的含量差异不显著（$P>0.05$）。这说明鸡腿肉中 C16:1 9t 可能来源于原料肉本身；C18:1 9t 是油炸后鸡腿皮层中最主要的反式脂肪酸。相同油炸温度条件下，油炸油使用时间为 2h 和 4h 时，鸡腿表皮中 C18:1 9t 的含量在 160℃、180℃和

200℃条件下差异显著（$P<0.05$）；而在相同的油炸时间下，不同油炸温度对鸡腿肉中 C18:1 9t 含量的影响相对较小。当油炸油使用时间为 2h 时，160℃下油炸的鸡腿皮层中 C18:1 9t 的含量与在 180℃和 200℃下油炸时差异显著（$P<0.05$），而 180℃和 200℃组间无显著差异。而随着油炸时间的延长，不同温度之间的反式脂肪酸含量差异逐渐减小。180～200℃的范围内，油炸温度与反式脂肪酸含量无显著相关性，这可能是由于油炸鸡腿上色时，时间短而引起的；另外，油使用后期油炸鸡腿所吸收的油量减少也可能是原因之一。

2. 油炸温度对鱼肉反式脂肪酸形成的影响

如表 4-3 所示，油炸草鱼鱼饼在 150～210℃进行油炸，样品在不同温度下油炸均只检出 C18:1 9t。反式脂肪酸一般在较极端条件下生成，样品中反式脂肪酸的来源可能是油炸油的吸附作用。且随着温度升高，样品中水分蒸发速率越快，水分含量不断下降，同时油渗透到样品中，使得样品中脂肪含量不断升高。油炸鱼饼中的反式脂肪酸含量由 150℃时的 8.51％增加到 210℃的 19.72％。油炸过程中，油炸油和肉制品之间发生物理和热量的交换，处于动态的平衡，由于油炸油温度较高，肉制品从油中吸附反式脂肪酸，同样肉制品中的反式脂肪酸也会释放到油中，造成油炸油和肉制品中反式脂肪酸含量的稀释或增加。

表 4-3　不同油炸温度鱼饼中水分、脂肪含量、反式脂肪酸的含量

项目	150℃	170℃	190℃	210℃
水分含量/%	54.93[a]	52.47[a]	45.63[b]	41.21[c]
脂肪含量/%	8.51[c]	9.39[c]	14.07[b]	19.72[a]
C18:1 9t 含量/(mg/g)	0.25[a]	0.23[a]	0.23[a]	0.23[a]

注：每行上标不同字母者差异显著（$P<0.05$）。

（二）油炸时间

1. 油炸时间对鸡腿中反式脂肪酸形成的影响

图 4-3 为 200℃下油脂连续使用时间对鸡腿皮层和鸡腿肉中反式脂肪酸含量变化的影响。鸡腿皮层中检测到的反式脂肪酸仍是 C16:1 9t 和 C18:1 9t 两种。皮层中 C16:1 9t 在使用 10h 时才发生显著变化，但总体变化很小，且在 4h、6h 有少许下降，但变化不明显。这可能是由于 C16:1 9t 来源于原料肉本身，与油炸油无关。而 C18:1 9t 在 2h、6h 和 8h 时变化显著，但在油脂连续使用时间从 2h 增加至 4h 时，C18:1 9t 含量增加速度最快。油脂使用 10h 时，皮层中 C18:1 9t 含量为 1.38mg/g，反式脂肪酸总量达到 1.56mg/g，分别是

使用 2h 的 1.63 倍和 1.57 倍。鸡腿肉中所检测到的反式脂肪酸类型只有 C18：1 9t 一种，仅在油脂连续使用时间为 2h 与 10h 时有显著差异（$P<0.05$）。综上所述，传统烧鸡类制品在油炸加工时，随着油脂连续使用时间的增加，对鸡腿中反式脂肪酸的影响主要体现于 C18：1 9t，鸡腿皮层的 C18：1 9t 随着油的使用时间而增加。

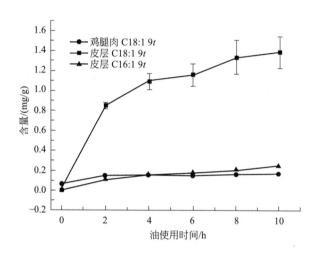

图 4-3　200℃油炸时，油炸油不同使用时间对鸡腿中反式脂肪酸的影响

2. 油炸时间对鱼肉中反式脂肪酸形成的影响

表 4-4 表明，不同油炸时间处理的样品中均含有 C18：1 9t，随着油炸时间的增加反式脂肪酸的含量先增加，而后基本保持不变。

表 4-4　油炸时间对草鱼中反式脂肪酸形成的影响　　　单位：mg/g

反式脂肪酸	4min	7min	10min	15min	20min
C18：1 9t	0.11[b]	0.21[ab]	0.23[a]	0.21[a]	0.18[ab]

注：每行上标不同字母者差异显著（$P<0.05$）。

（三）油连续油炸使用次数

如表 4-5 所示，所有的油炸样品中均可检测出 C18：1 9t。油炸次数达到 50 次的样品中，C18：1 9t 的含量较油炸 5 次的样品显著提高，样品中的反式脂肪酸含量高达 0.32mg/g。原料油本身含有 C18：1 9t，随着油炸次数的增加 C18：1 9t 含量逐渐增加。油炸 20 次的油样中开始检出 C18：2 9t，11t，且含量平稳增加，但是不同油炸次数间无显著差异（$P>0.05$）。油炸时食物从油中吸附脂肪，因此油中 TFAs 含量的增加将会导致食物中 TFAs 的增加。C18：1 9t 是油炸用油中的主要反式脂肪酸，随着油炸次数的增加呈明显的上升趋势如图 4-4 所示，并具有线性关系，$R^2 = 0.9131$，且符合线性方程 $y = 1.8463x + 52.470$，由线性方程可知随连续油炸时间的延长 C18：1 9t 含量的变化。

表 4-5　油炸次数对草鱼中反式脂肪酸形成的影响　　　单位：mg/g

TFAs	5	10	15	20	25	30	35	40	45	50
C18：1 9t	0.20[b]	0.24[ab]	0.25[ab]	0.24[ab]	0.25[ab]	0.25[ab]	0.24[ab]	0.24[ab]	0.27[a]	0.27[a]
C18：2 9t，11t	ND	ND	ND	ND	ND	ND	ND	0.04[a]	0.05[a]	0.05[a]
总量	0.20[c]	0.24[bc]	0.25[bc]	0.24[bc]	0.25[bc]	0.25[bc]	0.24[bc]	0.28[ab]	0.32[a]	0.32[a]

注：ND 表示未检出；每行上标不同字母者差异显著（$P < 0.05$）。

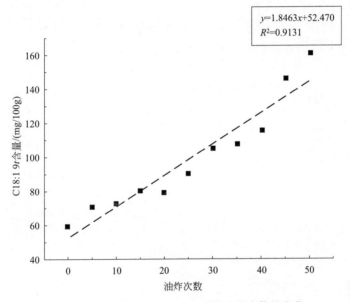

图 4-4　油炸油脂中 C18：1 9t 随着油炸次数的变化

（四）油炸油品质

油脂在持续煎炸过程中，煎炸物会带入大量的水分及空气进入油中，同时煎炸油受到外界环境中水分、氧气等作用，由于加工温度较高，油脂中的脂肪酸会发生一系列的物理变化和化学反应如水解、氧化、聚合等反应，导致大量的反应产物累积，使得油脂各项指标劣化，不仅影响油炸制品的质量，也会对人体健康产生严重危害。

1. 棕榈油油炸过程中感官品质的变化

新鲜的棕榈油为浅黄色，油脂香气纯粹，透明有光泽。在油炸鸡腿上色时，随着连续使用时间的增加，色泽、透明度和气味等感官品质变差。在 160℃下，随着油炸鸡腿量的增加，棕榈油的色泽逐渐加深，由一开始的浅黄色变为深褐色，油脂也逐渐变得不透明，油脂固有的香味缓慢消失，开始出现轻微的刺激性气味。180℃下，棕榈油品质劣变速度加快，6h 时棕榈油变得不透明，8h 即变为深褐色，失去了油脂特有的香味。200℃下棕榈油劣变速度明显加快，2h 即开始变得稍不透明，8h 时变为深褐色，有焦煳味产生，10h 时颜色发黑。

2. 棕榈油油炸过程中理化性质的变化

图 4-5 为棕榈油分别在不同温度下油炸鸡腿上色时，其酸价（acid value，AV）的变化规律。分别在 160℃、180℃ 和 200℃ 下采用棕榈油进行油炸时，随着油炸加工的进行，酸价呈明显线性上升的趋势。每使用 2h，棕榈油酸价均发生显著变化（$P < 0.05$）。在油炸前，棕榈油的酸价为 0.24mg/g，完全满足食用植物油标准。相同使用时间条件下，油炸温度越高，棕榈油酸价越高。油炸时，200℃ 下油炸时酸价升高的速率明显大于 160℃ 和 180℃。

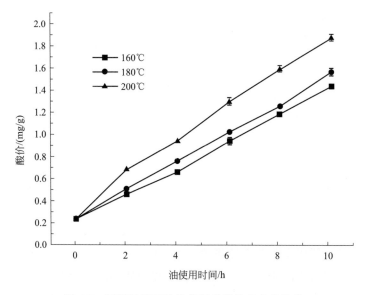

图 4-5　不同温度下油炸棕榈油酸价的变化趋势

图 4-6 为不同温度下油炸时，棕榈油过氧化值（peroxide value，POV）的变化规律。由图中看出，棕榈油在油炸过程中，随着使用时间的增加，POV 呈现先增加后下降的趋势。160℃下油炸鸡腿上色时，棕榈油的 POV 在 4h 时升到最高，其后显著降低，6h 后 POV 变化平缓；在 180℃ 下油炸时，使用 2h 之内，棕榈油的 POV 急速上升，其后的使用过程中一直下降，变化显著。200℃ 条件下，棕榈油的 POV 呈先增加后下降再增加的趋势，其检测到的最大值低于 180℃ 下 POV 的

最大值，仅与 180℃ 下约使用 5h 相近。在使用 8h 时，POV 降到最低，而后又升高。

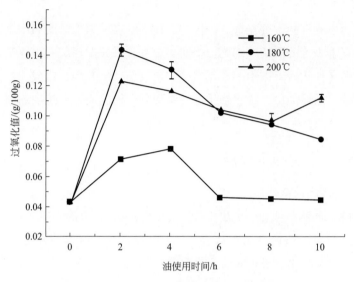

图 4-6　不同温度下油炸棕榈油过氧化值的变化

表 4-6 为棕榈油在 200℃ 下油炸时，随使用时间的增加，其所含 TFAs 的变化。可以看出，油炸加工过程中棕榈油中含有 C18：1 9t 和 C18：2 9t，11t 两种 TFAs，未有其他类型的 TFAs 检出。C18：1 9t 和 C18：2 9t，11t 的含量随着使用时间的增加，呈上升趋势，但在 4h 时其含量低于 180℃ 时 C18：1 9t 的含量；10h 时 C18：2 9t，11t 低于 180℃ 时的含量，这可能是高温作用导致脂肪酸分解。棕榈油中 TFAs 总含量随着油炸时间的增加不断上升。200℃ 下使用 10h，棕榈油中 TFAs 总量为 2h 的 2.3 倍，比 160℃ 下使用 10h 高 0.24mg。160℃ 和 180℃ 下，棕榈油的反式脂肪酸总量仅使用 10h 时差异显著；而 160℃ 和 200℃ 条件下比较，棕榈油的反式脂肪酸总量使用 2h、4h 时差异不显著，其他使用时间差异显著。反式脂肪酸总量随油炸温度的升高呈上升趋势。

表 4-6　200℃ 油炸棕榈油反式脂肪酸的变化规律

TFAs 含量 /（mg/g）	棕榈油使用时间/h				
	2	4	6	8	10
C18：1 9t	0.48[a]	0.56[b]	0.72[c]	0.81[d]	1.00[d]
C18：2 9t，11t	0.11[a]	0.17[b]	0.24[c]	0.35[d]	0.38[d]
总量	0.58[a]	0.73[a]	0.96[b]	1.16[c]	1.38[c]

注：每行上标不同字母者差异显著（$P < 0.05$）。

第二节 油炸肉品中杂环胺的形成

杂环胺的形成机制十分复杂。前体物、加工湿度、加工时间和水分含量等都对杂环胺形成有着显著的影响，因此，不同加工方式之间杂环胺的生成存在较大的差异。肉类原料在加热后，肉中游离氨基酸、蛋白质、核苷酸、肌酸、糖类和有机酸等物质一起进入油炸油中，这些物质经一系列复杂的反应，导致油炸肉制品中杂环胺的生成。

一、肉制品中的杂环胺

（一）禽肉制品的杂环胺

使用固相萃取-高效液相色谱法（SPE-HPLC）测定市售的6种烧鸡产品（A～F）中鸡肉和鸡皮中杂环胺的含量。从表4-7中可以看出，所有的样品中均含有杂环胺，但是各个样品中杂环胺的种类和含量有区别。鸡皮中的杂环胺含量普遍高于鸡肉中的杂环胺含量。F烧鸡样品鸡皮中杂环胺含量最高，总量高达101.12ng/g，其中Norharman为50.17ng/g，但未检出PhIP。肉中杂环胺明显比表皮中含量少，其原因主要是表皮直接与油炸油接触，温度高，更利于杂环胺的形成。

不同样品间杂环胺含量相差很大的主要原因可能与油炸油的使用次数、油炸方式和温度、煮制方式和时间以及香辛料有关系。

表4-7 市售烧鸡样品中杂环胺含量 单位：ng/g

样品	4,8-DiMeIQ	Norharman	Harman	Trp-P-2	PhIP	Trp-P-1	总量
A 鸡肉	ND	1.68	0.51	0.86	1.31	0.78	5.14
A 鸡皮	ND	3.06	1.08	1.70	7.04	0.93	13.81
B 鸡肉	ND	2.24	1.59	0.86	1.37	1.19	7.25
B 鸡皮	ND	8.06	6.08	3.70	7.04	0.97	25.85
C 鸡肉	ND	4.11	2.37	1.87	ND	4.21	12.56
C 鸡皮	ND	12.56	9.22	6.77	ND	1.19	29.74
D 鸡肉	ND	2.21	2.67	0.85	ND	7.42	13.15
D 鸡皮	ND	9.17	13.35	5.72	ND	0.79	29.03
E 鸡肉	ND	1.23	0.67	0.74	ND	3.31	5.95
E 鸡皮	ND	7.10	6.40	4.08	ND	1.43	19.01
F 鸡肉	ND	5.63	2.55	0.77	ND	7.72	16.67
F 鸡皮	24.03	50.17	21.39	5.53	ND	ND	101.12

注：ND表示未检出。

（二）鱼肉制品的杂环胺

对市售的五种传统熏鱼的杂环胺（HCAs）的种类和含量进行检测。由表4-8

可知，熏鱼样品中检测到的 HCAs 总量为 6.14～74.95ng/g。5 种样品中均检测出了 Harman 和 Norharman，且含量较高，MeIQ、4,8-DiMeIQx、MeAαC 在所有样品中均未检出。杂环胺的形成非常复杂，与加工温度、时间、加工方式以及肉中前体物的种类含量密切相关。样品 2 和 5 中检出的杂环胺总含量相对较高，均大于 50ng/g，可能是因为其油炸温度高或者时间长。其中样品 5 中检测出了 MeIQx、7,8-DiMeIQx、Norharman、Harman、Trp-P-2、PhIP、Trp-P-1、AαC 8 种杂环胺化合物。

表 4-8　市售熏鱼中杂环胺含量

杂环胺种类	杂环胺含量/(ng/g)				
	样品 1	样品 2	样品 3	样品 4	样品 5
IQ	1.51	ND	ND	ND	ND
MeIQx	ND	ND	ND	ND	1.50
7,8-DiMeIQx	ND	2.35	ND	3.72	4.02
Norharman	2.75	15.88	4.39	13.08	21.05
Harman	1.43	38.06	1.79	5.25	46.95
Trp-P-2	ND	0.42	0.11	ND	0.51
PhIP	0.10	0.80	1.08	ND	0.30
Trp-P-1	ND	ND	ND	ND	0.14
AαC	0.35	0.30	ND	ND	0.48
总量	6.14	57.81	7.37	22.05	74.95

注：ND 表示未检出。

（三）其他制品的杂环胺

在 150℃ 条件下油炸 2.5min 和 5min 时，其 IQ 含量分别为 3.8ng/g 和 10.5ng/g。当脂肪含量添加到一定水平时，能够促进杂环胺 IQ、MeIQ、MeIQx 和 PhIP 的形成。将猪排、猪里脊和猪腩肉在 225℃ 下油炸后发现，猪排所产生的杂环胺含量最低，为 8.5ng/g，猪里脊为 16ng/g，猪腩中杂环胺总含量最高，可达 21.3ng/g，说明不同部位的肉对杂环胺种类和含量有显著影响。猪肉在 180℃ 以上油炸时，PhIP、MeIQx 和 4,8-DiMeIQx 三种杂环胺含量开始随着温度的升高显著上升。三种杂环胺中，PhIP 产生量最多，随着温度的升高生成最快，MeIQx 次之，4,8-DiMeIQx 最慢。这三种杂环胺类化合物在相同温度下的产生量随时间的增加而增加。在较短时间内，杂环胺产生量很少。5min 以后，三种杂环胺含量开始显著地增加，并随着油炸时间的延长而大量地产生。油炸猪肉的形状、表面积对杂环胺形成具有显著影响。油炸样品的表面积越大，更有利于热量的传递，使内部温度较高，杂环胺的产生量越多。

（四）油炸油烟 PM2.5 中的杂环胺

研究表明，油炸烧鸡排出的 PM2.5 中携带着多种杂环胺化合物，其中前期和后期样品颗粒物 PM2.5 中均检测出 MeIQ、MeIQx、4,8-DiMeIQx、Norharman、Harman、Trp-P-2、Trp-P-1 这 7 种杂环胺，杂环胺总量分别为 14.87ng/g 和 37.72ng/g。210℃条件下油炸猪肉和牛肉排放的 PM2.5 中也能检测出 MeIQx 和 DiMeIQx，其中 MeIQx 在猪肉和牛肉中的含量分别为 0.014ng/g 和 0.007ng/g。

二、影响油炸肉中杂环胺含量和种类的因素

反应前体物质的种类、比例、数量、温度、时间、加热方式、溶剂种类和比例等都会影响到杂环胺的生成种类和数量。

（一）油炸温度

传统烧鸡加工中，油炸油经常连续使用且不断往油炸老油中添加新油，直至炸出来的产品有明显的哈败味道时才将油炸老油废弃不用。油炸油长时间连续使用，不仅会导致油中氧化、水解和聚合等反应产物的累积，随着油使用时间的延长，也会导致杂环胺含量的增加。

1. 油炸温度对鸡腿中杂环胺形成的影响

为获得良好的上色效果，于油炸上色前在鸡腿表面喷涂 50％浓度的蜂蜜水。用棕榈油在 160℃下连续油炸 2h，鸡腿表皮中的杂环胺主要为 Norharman、Harman 和 AαC 三种类型（表 4-9）。Norharman 和 Harman 是加工肉制品中很常见的杂环胺，二者的产生途径比较特别，它们可以在 100℃以下的温度条件下通过还原糖和色氨酸的反应形成。180℃下油炸上色时，鸡腿表皮中的杂环胺主要有四种类型，分别为 Norharman、Harman、Trp-P-2 和 AαC。当温度上升到 200℃时油炸 2h，杂环胺种类不变，其含量变化也不明显。

表 4-9　鸡腿中杂环胺含量　　　　　　　　单位：ng/g

部位	化合物	160℃	180℃	200℃
鸡皮	Norharman	0.32	0.54	0.57
	Harman	0.18	0.29	0.33
	Trp-P-2	ND	0.33	0.35
	AαC	0.48	0.45	0.54
	总量	0.98	1.61	1.79
鸡肉	Norharman	0.09	0.17	0.31
	Harman	0.05	0.10	0.18
	总量	0.14	0.27	0.49

注：ND 表示未检出；IQ、MeIQ、MeIQx、4,8-DiMeIQx、7,8-DiMeIQx、PhIP、Trp-P-1、MeAαC 等未检出杂环胺种类未标注。

2. 油炸温度对鱼肉中杂环胺形成的影响

随着油炸温度的升高，鱼肉中杂环胺的种类和含量均呈显著性上升趋势。所有鱼肉中均检出 Norharman 和 Harman。在 150℃时，鱼肉中只检出 Norharman 和 Harman 这两种杂环胺，此时的杂环胺总含量为 0.23ng/g；当温度升高到 210℃时，样品中检出 7,8-DiMeIQx、PhIP、Norharman 和 Harman 4 种杂环胺，总含量为 9.85ng/g，是 150℃时的 42.83 倍，其中 7,8-DiMeIQx 占杂环胺总量的 80%（表 4-10）。

表 4-10　不同油炸温度下鱼肉中杂环胺含量

油炸温度/℃	杂环胺含量/(ng/g)					
	7,8-DiMeIQx	Norharman	Harman	PhIP	其他杂环胺	总量
150	ND	0.13[d]	0.10[d]	ND	ND	0.23[d]
170	2.30[c]	0.21[c]	0.18[c]	ND	ND	2.69[c]
190	5.36[b]	0.34[b]	0.29[b]	0.17[b]	ND	6.16[b]
210	7.88[a]	0.98[a]	0.54[a]	0.45[a]	ND	9.85[a]

注：ND 表示未检出；每列上标不同字母者差异显著（$P<0.05$）。

（二）油炸时间

1. 油炸时间影响烧鸡中杂环胺形成

将 50%的蜂蜜水喷涂在沥干的鸡皮表面上，在 150℃下用大豆油分别油炸不同时间。油炸时间越长，烧鸡中杂环胺含量越高（表 4-11）。

表 4-11　不同油炸时间下烧鸡中的杂环胺含量　　　　单位：ng/g

部位	化合物	油炸时间/min			
		1	2	4	8
鸡肉	Norharman	0.52	0.68	1.01	1.58
	Harman	0.10	0.15	0.21	0.23
	Trp-P-1	ND	ND	0.21	0.25
	总和	0.62	0.83	1.43	2.06
鸡皮	Norharman	1.40	2.12	3.76	17.33
	Harman	0.66	0.58	0.87	3.09
	Trp-P-1	0.57	0.56b	0.42	2.16
	总和	2.63	3.26	5.05	22.58

注：ND 表示未检出；IQ、MeIQ、MeIQx、4,8-DiMeIQx、7,8-DiMeIQx、PhIP、Trp-P-1、MeAαC 等未检出杂环胺种类未标注。

由表 4-11 可以看出，油炸后的鸡肉和鸡皮中能检测到 Norharman、Harman 和 Trp-P-1 三种杂环胺类化合物，它们的含量总体上均随油炸时间的增加而呈现一定的上升趋势。经过 8min 的油炸，鸡皮中的 Norharman、Harman 和 Trp-P-1 分别增加到 17.33ng/g、3.09ng/g 和 2.16ng/g，而鸡肉中分别增加到 1.58ng/g、0.23ng/g 和 0.25ng/g，鸡皮中的杂环胺含量普遍高于相应鸡肉中的含量。Norharman 在各个肉样中的含量均是最高，Harman 次之，Trp-P-1 最低。统计分析表明，油炸时间为 8min 的鸡肉中的 Norharman 含量与油炸时间为 1min、2min、4min 的差异显著；而油炸时间为 8min 的鸡皮中的 Norharman、Harman 和 Trp-P-1 的含量与油炸时间为 1min、2min、4min 的差异显著。此外，随着油炸时间的增加，烧鸡的表面色泽也加深，在油炸 8min 后，鸡肉开始发干，鸡皮表面已经开始发黑。

2. 油炸时间影响牛肉中杂环胺的形成

牛肉在 210℃时，分别油炸 20s、40s 和 60s 测定杂环胺。由表 4-12 可知，随着油炸时间的增加，牛肉中杂环胺的种类和含量均呈上升趋势。不同油炸时间下的牛肉中均检出 Norharman 和 Harman。油炸时间为 40s 时，牛肉中检测出的杂环胺有 Norharman、Harman 和 PhIP，且 60s 时各数值显著高于 40s 时杂环胺含量。油炸 20s、40s 和 60s 的牛肉中检测到的杂环胺总量分别为 0.28ng/g、0.67ng/g 和 4.10ng/g。

表 4-12　不同油炸时间下牛肉中杂环胺含量

杂环胺含量/(ng/g)	油炸时间/s		
	20	40	60
IQ	ND	ND	3.08
MeIQx	ND	ND	ND
4,8-DiMeIQx	ND	ND	ND
Norharman	0.21[c]	0.37[b]	0.59[a]
Harman	0.07[c]	0.12[b]	0.21[a]
Trp-P-2	ND	ND	ND
PhIP	ND	0.18[b]	0.23[a]
Trp-P-1	ND	ND	ND
AαC	ND	ND	ND
MeAαC	ND	ND	ND
总量	0.28[b]	0.67[b]	4.11[a]

注：ND 表示未检出；每行上标不同字母者差异显著（$P<0.05$）。

3. 油炸时间影响鱼肉中杂环胺的形成

由表 4-13 可知，随着油炸时间的增加，鱼肉中杂环胺的种类和含量呈上升趋势。4min 时检出了 Norharman 和 Harman，杂环胺的总含量为 0.55ng/g；而 20min 时检出了 6 种杂环胺，总含量为 27.09ng/g；油炸 20min 的鱼肉中杂环胺总量比油炸 4min 时增加 48.25 倍，且首次检出 MeIQx。

表 4-13　油炸时间对草鱼中杂环胺形成的影响

杂环胺含量/(ng/g)	油炸时间/min				
	4	7	10	15	20
MeIQx	ND	ND	ND	ND	2.39
7,8-DiMeIQx	ND	3.31[b]	7.88[a]	8.78[a]	9.13[a]
Norharman	0.30[c]	0.88[c]	0.98[bc]	1.89[b]	4.99[a]
Harman	0.25[c]	0.47[c]	0.54[c]	1.70[b]	2.33[a]
Trp-P-2	ND	ND	ND	1.23[b]	1.45[a]
PhIP	ND	0.22[c]	0.45[c]	5.08[b]	6.80[a]
其他杂环胺	ND	ND	ND	ND	ND
总量	0.55[e]	4.88[d]	9.85[c]	18.68[b]	27.09[a]

注：ND 表示未检出；每行上标不同字母者差异显著（$P < 0.05$）。

4. 油炸油连续油炸时间影响鸡肉中杂环胺形成

油炸油连续油炸时间影响鸡肉中的杂环胺形成量。在 160℃下连续油炸时，Norharman 的含量在连续油炸时间为 4h、6h、8h、10h 时发生显著变化，Harman 的含量在油脂使用时间为 4h、8h、10h 时也发生显著变化，而油脂使用时间为 4h 和 6h 时 Harman 含量无显著性差异。然而，AαC 在油脂使用时间为 4h、6h、8h 时，均未发生显著变化（$P > 0.05$），当油脂连续使用时间从 8h 增加至 10h 时，变化显著。

在 180℃下油炸上色时，当油脂连续使用时间为 6h 时，在鸡腿表皮中开始检测到 PhIP。Norharman 的含量随油脂连续使用时间的增加总体呈上升的趋势，在油脂使用时间从 6h 增加至 8h，8h 增加至 10h 时发生显著变化（$P < 0.05$），Harman 的含量在油脂使用时间为 4h、6h、8h、10h 时均发生显著变化（$P < 0.05$），而 Trp-P-2 的含量在 8h 和 10h 间发生显著变化；连续油炸时间在 6h 时开始检出少量 PhIP，其后上升趋势明显。6h 和 8h 之间、8h 和 10h 之间，PhIP 形成量差异显著。AαC 的含量在 4h、10h 之间变化明显。180℃下油炸上色时检测到了 Trp-P-2 和 PhIP 这两种杂环胺。与其他类型杂环胺相比，PhIP 的形成需要较高加热温度，且与原料肉有很大的关系。

200℃下油炸上色时，鸡腿表皮中的杂环胺 Norharman、Harman、Trp-P-2、PhIP 和 AαC 都能检出，Norharman 和 Harman 这两种杂环胺随着油脂连续使用时间的增加迅速增加，Norharman 在油脂连续使用时间为 4h、6h、10h 时变化显著，从 6h 增加到 8h 时无显著变化；而 Harman 在 4h、6h、10h 时均显著增加，从 6h 增加到 8h 时无显著变化；Trp-P-2 随油脂连续使用时间的增加有上升的趋势，使用 6h、8h 时变化显著。而鸡腿表皮中 PhIP 的含量随油炸使用时间的增加总体上变化不明显，仅在使用时间达 10h 时变化显著。而 AαC 在油脂使用 4h、8h、10h

时变化显著（$P<0.05$）（表4-14）。

表4-14　温度和油脂连续油炸时间对鸡腿皮层中杂环胺含量的影响

杂环胺含量 /(ng/g)	油脂油炸时间/h											
	4			6			8			10		
	160℃	180℃	200℃	160℃	180℃	200℃	160℃	180℃	200℃	160℃	180℃	200℃
Norharman	0.81	0.90	0.81	1.20	1.18	1.20	1.43	1.52	1.26	2.05	2.29	2.09
Harman	0.57	0.56	0.59	0.55	0.54	0.74	0.76	0.75	0.81	1.31	1.81	1.87
Trp-P-2	ND	0.41	0.46	ND	0.35	0.45	ND	0.44	0.58	ND	0.36	0.56
PhIP	ND	ND	0.50	ND	0.29	0.52	ND	0.34	0.55	ND	0.49	0.67
AαC	0.46	0.36	0.65	0.46	0.41	0.69	0.51	0.56	0.89	0.55	0.61	1.01
总量	1.84	2.23	3.01	2.21	2.97	3.60	2.70	3.61	4.09	3.91	5.55	6.20

注：ND表示未检出。

（三）油炸次数

鱼肉中杂环胺的种类随着油炸次数（170℃，10min）的增多而增加。在油炸5次时，鱼肉中检测出6种杂环胺。在油炸25次的鱼肉中检测到PhIP，此时鱼肉中含有7种杂环胺。在实验中检出含量最高的是7,8-DiMeIQx（表4-15）。

表4-15　油炸次数对草鱼中杂环胺形成的影响

油炸次数	杂环胺含量/(ng/g)							
	IQ	MeIQx	7,8-DiMeIQx	Norharman	Harman	PhIP	AαC	其他杂环胺
对照	ND	ND	ND	ND	ND	ND	ND	ND
5	NQ	NQ	1.22[cde]	0.39[a]	0.18[a]	ND	0.08[a]	ND
10	NQ	0.65	3.57[a]	0.51[a]	0.17[a]	ND	0.11[a]	ND
15	NQ	NQ	0.65[e]	0.35[ab]	0.11[a]	ND	0.07[a]	ND
20	NQ	NQ	1.42[cd]	0.43[a]	0.10[a]	NQ	0.11[a]	ND
25	NQ	NQ	2.14[b]	0.40[a]	0.11[a]	0.02[b]	0.07[a]	ND
30	NQ	NQ	1.77[b]	0.51[b]	0.15[a]	0.04[b]	0.08[a]	ND
35	NQ	NQ	1.26[cd]	0.47[b]	0.12[a]	0.04[b]	0.08[a]	ND
40	NQ	NQ	2.25[b]	0.52[a]	0.14[a]	0.05[b]	0.12[a]	ND
45	NQ	NQ	1.11[de]	0.34[ab]	0.10[a]	0.04[b]	0.07[a]	ND
50	NQ	NQ	2.30[b]	0.42[a]	0.15[a]	0.04[b]	0.09[a]	ND

注：ND表示未检出；每行上标不同字母者差异显著（$P<0.05$）；NQ表示未定量。

（四）添加物对产品中杂环胺形成量的影响

1. 蜂蜜浓度的影响

蜂蜜浓度对烧鸡鸡肉中的杂环胺种类和含量无明显影响，但对鸡皮中杂环胺形成量有一定影响。涂抹蜂蜜对鸡肉中Harman的生成无显著影响，但对Norharman的生成有明显促进作用。涂抹50%浓度蜂蜜的鸡皮中的Norharman含量高于不涂抹蜂蜜和涂抹 25％浓度蜂蜜，而与涂抹 100％浓度蜂蜜差异不显著。随着蜂蜜浓度的增大，鸡皮中 Norharman 呈现上升趋势，涂抹 100％浓度蜂蜜的鸡皮中的 Norharman 含量较不涂抹蜂蜜的鸡皮中的含量高 1.80ng/g 左右，而 Harman 和 Trp-P-1 的含量无明显变化（表 4-16）。

表 4-16　不同蜂蜜浓度下烧鸡中的杂环胺含量　　　　　单位：ng/g

部位	化合物	蜂蜜百分浓度/％			
		0	25	50	100
鸡肉	Norharman	0.51	0.76	0.70	1.27
	Harman	0.15	0.22	0.21	0.24
	总和	0.66	0.98	0.91	1.51
鸡皮	Norharman	2.52	3.14	3.7	4.3
	Harman	0.50	0.43	0.4	0.5
	Trp-P-1	0.57	0.55	0.5	0.4
	总和	3.59	4.12	4.73	5.30

注：未检出杂环胺种类未标注。

2. 香辛料对烧鸡中杂环胺形成的影响

（1）香辛料水提液对烧鸡鸡皮中杂环胺形成的抑制效果　5 种抗氧化能力较强的香辛料（香叶、桂皮、良姜、花椒、丁香）水提物影响烧鸡鸡皮中杂环胺的形成。丁香对烧鸡鸡皮中 PhIP 的抑制率达到 40.2％，但对 Norharman、Harman 没有抑制效果。良姜对烧鸡鸡皮中的 Norharman 抑制效果最好，抑制率达到11.6％，但对 PhIP 的形成反而有一定的促进作用。花椒对烧鸡鸡皮中的 Harman抑制效果较好，抑制率为 35.9％，而所有香辛料对烧鸡瘦肉中的 Harman 均无显著的抑制效果（图 4-7）。

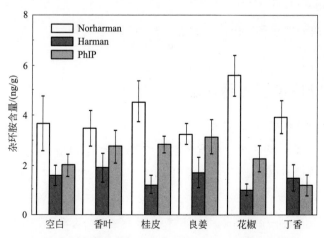

图 4-7　香辛料水提液对烧鸡鸡皮中杂环胺的抑制效果

（2）丁香水提物浸渍时间对烧鸡中杂环胺形成的影响　从表 4-17 可以看出，在对照组和丁香提取液不同浸渍时间条件下的烧鸡鸡肉和鸡皮中均检测到 Norharman、Harman 和 PhIP 3 种杂环胺类化合物。浸渍时间对烧鸡鸡肉中 PhIP 的形成有一定影响，与对照组相比，腌制 5h 和 6h 的鸡肉中 PhIP 含量显著降低；而对烧鸡鸡皮而言，浸渍 4h、5h 和 6h 的鸡皮中 PhIP 含量较对照组均有一定下降，但效果不明显，不同腌制时间条件下烧鸡鸡肉和鸡皮中 Norharman 和 Harman 的含量差异也不显著。腌制液中的多酚对烧鸡鸡肉和鸡皮中 PhIP 的形成有一定抑制作用，对烧鸡鸡肉中 Norharman 和 Harman 的形成影响不明显，但是，随着腌制液中多酚含量的增加，烧鸡鸡皮中 Harman 含量呈现显著上升趋势。

表 4-17　丁香提取液不同浸渍时间对烧鸡中杂环胺形成的影响　　　　单位：ng/g

部位	化合物	浸渍时间/h						
		空白	1	2	3	4	5	6
鸡肉	Norharman	0.35	0.35	0.46	0.27	0.26	0.31	0.37
	Harman	0.09	0.12	0.14	0.11	0.10	0.12	0.11
	PhIP	0.18	0.12	0.27	0.13	0.15	0.04	0.02
	总和	0.62	0.59	0.87	0.51	0.51	0.47	0.50
鸡皮	Norharman	3.42	3.84	3.44	3.50	2.76	4.22	4.75
	Harman	1.45	1.54	1.29	1.34	1.16	1.42	1.36
	PhIP	1.88	1.61	1.93	1.83	1.23	1.34	1.22
	总和	6.75	6.99	6.66	6.67	5.15	6.98	7.33

注：数值表示为平均值；未检出杂环胺种类未标注。

第三节　油炸期间多环芳烃的形成

油炸食品所含的多环芳烃，一方面来自油炸油本身，另一方面油炸过程也会使多环芳烃增加。

一、油炸油中的多环芳烃

（一）食用油脂中的多环芳烃

食用油中多环芳烃来源涉及范围较广，如油料作物生长期间受到工业污染、油脂加工过程中受到污染等。许多食用油中都不同程度地含有多环芳烃化合物，如芝麻油中多环芳烃平均总量高达 $181.4\mu g/kg$，初榨橄榄油中多环芳烃总量为 $90.12\mu g/kg$，花生油、菜籽油、豆油含量在 $60\sim80\mu g/kg$ 之间，而有的精炼菜籽油中芳烃类化合物只有 $2.5\mu g/kg$。

欧盟委员会（2006）发布的法规中要求市场上直接消费和应用到食品加工中的油类和脂肪类所含 3,4-苯并芘的最高残留量为 2μg/kg。2011 年新发布的欧盟法规还规定四种多环芳烃（3,4-苯并芘、苯并［β］荧蒽、苯并［α］蒽、䓛）的含量不得超过 10μg/kg。2005 年我国《食品中污染物限量》中规定熏烤肉、植物油和粮食中 3,4-苯并芘限量分别为 5μg/kg、10μg/kg 和 5μg/kg，GB 2716—2005《食用油卫生标准》规定油脂中 3,4-苯并芘不得超过 10μg/kg，我国两个标准均未提及其他多环芳烃的限量要求。

（二）油炸油中多环芳烃

精炼油中都含有一定量的多环芳烃。食物在煎炸、烟熏、烧烤等加热过程中也会导致多环芳烃的生成。在 150～190℃的加热条件下加热 1～5h 后，油脂中不会产生分子结构稳定的多环芳烃。这是由于温度不够高，脂肪酸和甘油三酯的热降解和高温环化难以发生，不能满足多环芳烃生成的条件。但若油炸油在极度高温情况下，多环芳烃的含量急速上升。豆油加热到 350℃时多环芳烃含量增加到 91.56μg/kg，400℃升到 365.46μg/kg。说明高温促进了多环芳烃的产生，温度越高，新产生的多环芳烃总量越高。

随着温度的升高，一开始油脂中轻质多环芳烃从油脂中挥发，温度继续升高，到 350℃油脂中的有机物开始裂解形成小分子的轻质多环芳烃，继续升高温度，多环芳烃急剧增加，不光生成大量的轻质多环芳烃和 4 环多环芳烃，还进一步生成了重质多环芳烃。

二、油炸过程中细颗粒物与多环芳烃的排放

食品在油炸过程中挥发的油脂、有机质及热氧化和热裂解产生的混合物形成了食品加工油烟。这些油烟在形态组成上包括颗粒物及气态污染物两类，其中颗粒物粒径较小，一般小于 10μm。

（一）细颗粒物的排放

1. 棕榈油油炸烧鸡油烟中 PM2.5 浓度

油炸烧鸡多使用棕榈油，加工温度在 180℃左右。油炸过程中油会多次（天）循环使用，直至油色变黑、油哈味明显，或烟气有呛感时更换新油。重复使用12～25h 的棕榈油在油炸时所排放的 PM2.5 最高可达 1833μg/m³，最低时为 1275μg/m³，平均质量浓度为 1589.50μg/m³，大大超过我国环境空气质量标准二级限值（75μg/m³）；继续重复油炸 30h 以上的棕榈油在油炸时所排放的 PM2.5 质量浓度最高达 2440μg/m³，平均浓度 2070.75μg/m³（表 4-18）。

表 4-18　棕榈油油炸烧鸡烟气中 PM2.5 和 3,4-苯并芘含量

油烟	PM2.5 浓度/$(\mu g/m^3)$		3,4-苯并芘/$(\mu g/g)$
	最高浓度	平均值和标准差	含量
油炸 12~25h 的油烟	1833	1589.50±226.78	18.35
油炸 30h 以上的油烟	2440	2070.75±222.92	30.68

2. 菜籽油和大豆油油烟中 PM2.5 浓度

当菜籽油油温由 165℃开始上升时，油烟中的 PM2.5 浓度明显增加，180℃时达到 $610\mu g/m^3$，而 200℃时，则油烟中的 PM2.5 浓度猛增到 $3500\mu g/m^3$。与菜籽油相似，大豆油油烟排放的 PM2.5 浓度也是随着油温的上升而增加，但是排放的 PM2.5 浓度却少得多。油温上升到 165℃时，油烟中的 PM2.5 浓度开始增加，当油温上升到 180℃时，达到 $490\mu g/m^3$，而 200℃时，则油烟中的 PM2.5 浓度猛增到 $2490\mu g/m^3$。花生油和葵花籽油的 PM2.5 排放也是随着油温的上升而增加，与未经精炼的油相比，精炼油排放的 PM2.5 明显减少，如精炼菜籽油排放的 PM2.5 浓度仅仅为未经精炼的菜籽油的六分之一。

（二）多环芳烃的排放

1. 棕榈油油炸烧鸡油烟 PM2.5 中 3,4-苯并芘浓度

由表 4-18 可见，按照国标法采集的油炸烧鸡 12~25h 的油烟和 30h 以上的油烟中 PM2.5 携载的 3,4-苯并芘含量分别是 $18.35\mu g/g$ 和 $30.68\mu g/g$，远远超过我国空气质量标准 $2.5\mu g/m^3$。可见，油炸油烟是影响空气质量的重要因素之一。食用油和油炸温度不同，排放的 PM2.5 的数量也明显不一样，且随着反复使用热次数的增加，多环芳烃的排放量也增加。

2. 其他油烟中的 PM2.5 和多环芳烃

许多研究显示，如果把餐饮和街头摊点所有油炸、烧烤、煎炒等的排放加在一起，每年 PM2.5 排放总量则相当于或大于汽车 PM2.5 的排放量。在美国，炭烤各种食物所排放的 PM2.5 总量为每年 79300t，所有各种炭烤每年排放的多环芳烃为 206t。油炸比煎炒产生的多环芳烃多，新加坡的一项研究指出，油炸豆腐排放的 16 种多环芳烃是 $36.5ng/m^3$，而煎豆腐和炒豆腐排放的 16 种多环芳香烃分别为 $25ng/m^3$ 和 $21.5ng/m^3$。油炸豆腐、煎豆腐和炒豆腐排放的 3,4-苯并芘质量浓度分别为 $0.56ng/m^3$、$0.49ng/m^3$ 和 $0.38ng/m^3$（空气 3,4-苯并芘背景值是 $0.1ng/m^3$）。

三、油炸肉品中的多环芳烃

油炸肉品的基质较为复杂。油炸温度低，多环芳烃的生成量低。关于油炸肉品

中多环芳烃，由于缺乏简单高效、可靠稳定的前处理方法，以至于油炸过程中多环芳烃的形成方面的研究较少。有研究表明，不同种类的肉、不同加热方式引起多环芳烃含量的不同，总体而言，油炸加工后的食品中多环芳烃含量最高，尤其是鱼肉制品中的多环芳烃含量最多。油炸肉品中的多环芳烃含量一般高于对应的油中的多环芳烃。有些多环芳烃在羊肉中生成量较多，如苊和芴；有些则在猪肉中生成量较大，如荧蒽和芘。鸡心、鸡胗、鸡胸、鸡腿、鸭腿经过腌制后油炸，发现鸡胗的多环芳烃含量最高，鸡心次之。其原因可能是鸡心、鸡胗的脂肪含量较其他部位高，而多环芳烃具有亲脂性，易于在鸡胗和鸡心上累积。

四、影响油炸肉品中多环芳烃含量和种类的因素

（一）油炸温度对肉品中多环芳烃含量的影响

温度是影响多环芳烃产生的重要因素。由于油炸时温度较高，肉中的有机物质受热分解，经环化、聚合而形成3,4-苯并芘，使产品中的3,4-苯并芘含量增加。肉的脂肪含量是影响3,4-苯并芘残留的另一个重要因素。脂肪在高温（＞200℃）热解时可生成3,4-苯并芘，在500~900℃的高温，尤其是700℃以上，最有利于3,4-苯并芘形成。其他有机物质（例如蛋白质和碳水化合物）受热分解时也会产生PAHs，但脂肪受热分解产生的PAHs最多。一般地说，肉品在200℃以上油炸时，随着油炸温度的增加，肉品中多环芳烃的含量和种类都会增多。

（二）油炸时间对肉品中多环芳烃含量的影响

油炸时间延长，油炸肉品中生产的多环芳烃增多。陈炳辉等（2012）研究显示，用棕榈油在180℃下油炸鸡腿肉，油炸12min和20min时，多环芳烃总量分别为42.8μg/kg和59.5μg/kg；油炸5min和10min的鸡胸肉的多环芳烃总量分别为45.8μg/kg和54.5μg/kg，油炸15min和30min的鸭腿肉其多环芳烃总量分别为79.7μg/kg和56.1μg/kg。

Xuewei Hao等（2016）研究显示，未经油炸的新鲜菜子油、大豆油、花生油和橄榄油均未检测出3,4-苯并芘、苯并[a]蒽、苯并[b]荧蒽以及䓛。然而，新油中多环芳香烃总量很高，而且在200℃下油炸鸡柳的时间越长，多环芳香烃的总量越高，同时，有一些油炸油中也检测到3,4-苯并芘（表4-19）。

（三）连续油炸次数对肉品中多环芳烃含量的影响

油炸油连续油炸次数越多，油炸肉制品中的多环芳烃总量越高。从饭店工作人员的3,4-苯并芘暴露量也可以反映连续油炸产生3,4-苯并芘的情况。服务人员作为对照组，其3,4-苯并芘的暴露量平均为0.69ng/m³，而用新油油炸时，厨师的

暴露量平均为 1.26ng/m³。用老油（重复油炸多次的油）和饭馆废油作油炸油时，厨师的 3,4-苯并芘暴露量分别为 7.22ng/m³ 和 2.29ng/m³。

表 4-19　油炸时间对食用油多环芳烃含量和种类的影响

PAHs 含量 /(μg/kg) 食用油种类	油炸时间/min											
	0			15			30			45		
	BaP	4PAHs	总量	BaP	4PAHs	总量	BaP	4PAHs	总量	BaP	4PAHs	总量
菜子油	ND	ND	1424.1	ND	ND	1835.8	ND	ND	3112.7	ND	ND	4143.9
大豆油	ND	ND	553.3	ND	ND	3532.5	ND	ND	4731.9	ND	29.66	6237.2
花生油	ND	ND	2754.7	55.9	15.1	4671	67.1	43.0	5738.9	84	121.3	6865.7
橄榄油	ND	ND	2353.7	20.3	23.1	2762.9	54.7	55.3	3772.2	88.4	71.7	3929.1

注：数值表示为平均值；ND 表示未检出；BaP 表示 3,4-苯并芘，4PAHs 表示 3,4-苯并芘、苯并(a)蒽、苯并(b)荧蒽以及䓛。

此外，肉的种类、部位、脂肪含量、预处理方式、油炸油的原料来源和制油方法，等都会影响油炸肉制品中多环芳烃的种类和含量。

参 考 文 献

[1] Tsai H K，Shaun C，Chia J C et al. Evaluation of analysis of polycyclic aromatic hydrocarbons by the QuEChERS method and gas chromatograchy-mass spectrometry and their formation in poultry meat as affected by marinating and frying [J]. Journal of agricultrual and food chemistry，2012，60：1380-1389.

[2] Hao XW，Li J，Yao ZL. Change in PAHs levels in edible oils during deep-frying process [J]. Food Control. 2016，66：233-240.

[3] Yao. Y，Peng ZQ，Shao B，et al. Effect of frying and boiling on the formation of hetercyclic amines in the braise chicken [J]. Poultry Science. 2013，92：3017-3025.

[4] Zhang N，Han B，He F，Xu J，Zhao RJ，Zhang YJ，Bai ZP. Chemical charateristic of PM$_{2.5}$ emission and inhalational carcinogennic risk of domestic chinese cooking [J]. Environmental Pollution. 2017，227：24-30.

[5] Wang Y，Hui T，Zhang Y W，et al. Effect of frying conditions on the formation of hetercyclic amines and trans fatty acids in grass carp [J]. Food Chemistry. 2015，167：251-257.

[6] Lima D G，Soares V C D，Ribeiro E B，et al. Diesel-like fuel obtained by pyrolysis of vegetable oils [J]. Journal of analytical and Applied pyrolysis，2004，71（2）：987-996

[7] Ge L，Shimin Wu，Jianxiong Zeng et al. Effect of frying and aluminium on the levels and migration of parent and oxygenated PAHs in a popular chinese fried bread youtiao [J]. Journal of Food Chemistry，2016，209：123-130.

[8] Gemma Perell，Roser Marti-Cid，et al. Concentration of polybrominated diphenyl ethers，hexachloro-

benzene and polycyclic aromatic hydrocarbons in various foodsuffs before and after cooking ［J］. Food and Chemical Toxicology，2009，47：709-715.

［9］ Jamali M A，Zhang Y，Teng H，et al. Inhibitory Effect of Rosa rugosa Tea Extract on the Formation of Heterocyclic Amines in Meat Patties at Different Temperatures ［J］. Molecules，2016，21（2）：173.

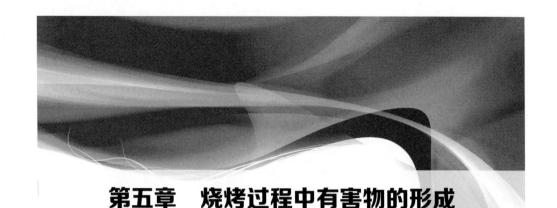

第五章　烧烤过程中有害物的形成

第一节　烧烤过程中主要成分含量的变化

一、肉中游离氨基酸的变化

(一) 游离氨基酸的种类

肉中游离氨基酸包括赖氨酸、亮氨酸、色氨酸、苏氨酸、蛋氨酸等。在加热期间，肉中游离氨基酸由于参加美拉德反应以及自身发生热降解反应，其含量会有所下降。

(二) 烧烤期间游离氨基酸的变化

在烧烤猪肉期间，通过对苏氨酸、丝氨酸、谷氨酸、丙氨酸、甘氨酸、胱氨酸、缬氨酸、蛋氨酸、亮氨酸、异亮氨酸、酪氨酸、苯丙氨酸、天冬氨酸、赖氨酸、组氨酸、精氨酸、脯氨酸 17 种氨基酸进行观测，其结果见表 5-1。

表 5-1　猪肉烧烤过程中不同加工阶段 17 种氨基酸含量　　　　　　单位：mg/100g

氨基酸	0min	20min	40min
苏氨酸	96.54	48.66	22.08
丝氨酸	28.45	18.54	8.68
谷氨酸	26.89	18.09	19.32
丙氨酸	80.25	66.43	38.98
甘氨酸	30.48	25.19	23.46
胱氨酸	9.34	5.66	6.58
缬氨酸	20.14	11.65	11.76

氨基酸	0min	20min	40min
蛋氨酸	15.54	7.28	9.77
亮氨酸	19.55	12.32	10.88
异亮氨酸	12.53	7.65	5.13
酪氨酸	12.78	8.79	10.06
苯丙氨酸	28.58	16.29	16.22
天冬氨酸	6.85	2.26	2.48
赖氨酸	36.96	22.10	20.08
组氨酸	14.87	8.89	6.15
精氨酸	22.14	12.48	13.56
脯氨酸	16.66	10.23	6.21

其结果表明 17 种氨基酸的总量不断减少。在烤制 40min 时，氨基酸总量相比原料肉降低了很多。通常认为氨基酸在较高温度下会发生脱氨脱羧反应，产生具有不愉快嗅感的胺类物质。随着加热时间的延长，这些胺类物质相互之间会发生反应，生成具有良好香味的嗅感物质。

蛋氨酸和半胱氨酸在肉类中含量较为丰富，高温加热条件下容易发生降解，可以形成一些活泼的中间产物如 H_2S、NH_3、乙醛等，也可以与美拉德反应的其他产物或与脂质反应产物进行交联，产生杂环类含量化合物，如噻唑、噻吩、吡嗪等，这些物质的综合作用往往构成肉类的特征性风味，如烤肉味、烘烤味、肉香味等。脯氨酸和羟脯氨酸因其结构中含有杂环，容易在高温下与其他物质发生反应，其产物具有烧烤香气；还有一些结构简单的氨基酸，如丙氨酸等，在美拉德反应中能够自身降解；而苏氨酸、赖氨酸等因其反应复杂，其在风味形成过程中的反应机理还不清楚。总之，氨基酸在烤制过程中都是呈不断减少的趋势，并逐渐形成丰富的肉类香气。

二、还原糖的变化

（一）还原糖的种类

还原糖是肉中一种前体风味物质，主要的还原糖种类有核糖、葡萄糖、乳糖、半乳糖、甘露糖、核糖、果糖、麦芽糖、6-磷酸甘露糖、6-磷酸葡萄糖、6-磷酸果糖、6-磷酸核糖等。

（二）烤肉期间还原糖的变化

还原糖是美拉德反应的必需底物之一，其在加工过程中必然由于参加美拉德反应而导致其含量的降低。

猪肉在烧烤期间，还原糖含量呈逐渐下降的趋势，其含量在 0min、20min 和 30min 时分别为 $0.365 \pm 0.029mg/g$、$0.180 \pm 0.023mg/g$、$0.119 \pm 0.033mg/g$，前 20min 内比后 20min 还原糖含量降低得更多。

在整个烧烤过程当中还原糖含量呈逐渐下降的趋势，随着时间的延长，还原糖的降低速率会随之降低。在美拉德反应的第一阶段，氨基酸中的游离氨基和还原糖中的羰基化合物发生缩合反应，生成希夫碱。希夫碱对热不稳定，重新发生分子重排进而形成稳定的 N-葡萄糖基胺。在酸性条件下，N-葡萄糖基胺可以发生阿米诺重排，其中初级产物 1-氨基-1-脱氧-2-酮糖可以转变为 2-氨基-2-脱氧酮糖。这是由于美拉德反应第一阶段在温度较低的情况下比较活跃，而且短时间内还原糖含量有显著降低。除此之外，还原糖在没有游离氨基存在的情况下，也能因受热而发生自身降解。当温度继续升高，且加热时间较长时，最终会形成焦糖色。此时，美拉德反应活性逐渐减弱，氨基酸不再参与反应，而主要以还原糖自身的降解或聚合为主，因此还原糖含量的降低趋势减弱。

三、硫胺素的变化

硫胺素是一种含氮、硫的双环化合物，也叫维生素 B_1，是一种重要的肉香化合物前体物质，它通过热降解反应能产生一些重要的挥发性化合物。挥发性的含硫化合物对牛肉的香气作用比较大，对烤牛肉的香气具有显著贡献作用的含硫化合物是甲硫基丙醇、2-乙酰基噻唑和 2-乙酰基四氢噻唑。

硫胺素在整个烧烤过程中呈现下降趋势，随着烧烤时间的延长下降速率随之加快。在 0～20min 内，硫胺素的含量从 $0.500 \pm 0.008mg/100g$ 减少到 $0.397 \pm 0.011mg/100g$，在 20～40min 内，从 $0.397 \pm 0.011mg/100g$ 减少至 $0.179 \pm 0.009mg/100g$。根据研究证实硫胺素热反应可产生 6 种典型的风味物质：3-乙酰基-1,2-二硫杂戊烷、4,5-二甲基噻唑、2-甲基四氢噻吩-2-硫醇、2-甲基-4,5-二氢噻吩-3-硫醇、2-甲基噻吩-3-硫醇、双（2-甲基-3-噻基）二硫化物。而这些化合物在水中风味阈值都很小，均小于 $0.05\mu g/kg$，大多具有肉香味。可见，硫胺素是形成肉香风味的重要前体物质。

四、水分的变化

水分对肉品加工过程中所发生的变化有重要影响，随着烧烤时间的延长，肉品的中心温度逐渐升高，相应的水分含量则不断降低。有研究表明，烧烤时间达到20min时，猪肉中的水分含量由最初的 72.58％ 降到了 49.65％，而时间达到40min时，猪肉中的水分含量则为 32.50％，相比于原料肉降低了 55.22％。而烧烤风味的产生是外部低水分活度条件下肉外层产生的风味物质和肉内部高水分活度产生的风味物质的综合，而不是单纯由外面或内部贡献。因此，猪肉烤制过程中水分含量的不断减少，逐渐形成了烧烤肉制品特有的风味。

第二节　烧烤期间杂环胺的形成

杂环胺化合物是由碳、氮与氢原子组成，具有多环芳香族结构的化合物。在过去的 30 年里，杂环胺化合物已受到广泛关注。这类化合物经常被发现在经高温处理的高蛋白食品当中，如肉制品和水产品等。

一、肉品中杂环胺的形成

从生成方式方面，杂环胺主要分为两类，第一类是由杂环胺的 4 种前体物即葡萄糖、氨基酸、肌酸与肌酸酐经热反应而形成，也称为氨基咪唑氮杂环芳香烃，包括喹啉类（IQ、MeIQ）、喹喔类（IQx、MeIQx、4，8-DIMeIQx、7，8-DieIQx）、吡啶类（PhIP）以及呋喃吡啶类（IFP）；另一类直接由单一氨基酸或蛋白质经热裂解而生成，其形成温度一般高于 300℃，主要包括 α-咔啉（Aαc、MeAαC）、β-咔啉类（Norharman、Harman）、γ-咔啉（Trp-P-1、Trp-P-2）和 ζ-咔啉（Glu-P-1、Glu-P-2）。

研究者对煎炸、炉烤、炉烘的牛肉、猪肉、鱼肉等进行了相关的检测研究，Polak 等在烤猪肉中检测到 MeIQx 达 2.45μg/kg；Puangsomba 等研究显示，牛排在 232℃ 下烘烤 10min 可产生 PhIP、MeIQx 和 4，8-DIMeIQx 三种杂环胺共1.72μg/kg，烘烤 20min，杂环胺总量增加到 6.04μg/kg；Sinha 等在烘烤八成熟的培根中检测到一种杂环胺 PhIP，含量为 1.4μg/kg，而十成熟的培根中检测到两种，即 PhIP 和 MeIQx，总含量达 20.1μg/kg；在煎烤牛肉饼中 IQ 的浓度为 0.5～20μg/kg，而 MeIQ 只有微量生成；在煎烤碎牛肉中 7，8-DiMeIQx 的含量为0.7μg/kg，而烘烤鳝鱼中则为 5.3μg/kg。

（一）IQ 型杂环胺的形成

杂环胺是由肌酸、氨基酸和碳水化合物通过美拉德反应等复杂过程形成的，美拉德反应也是通过自由基机制形成的，它被证明对咪唑并喹啉与咪哇并喹喔啉基团的形成有重要作用。Jagerstad 等首次提出了 IQ 型杂环胺的形成机制，即肌酸通过环化和脱水形成分子中氨基咪唑部分，而 IQ 型杂环胺剩下部分来源于美拉德反应中 Strecker 降解产物如吡啶和吡嗪等。通过 Strecker 反应产物醛或相关 Schiff 碱，丁间醇醛缩合将这两部分连接起来。这个假说已在几种杂环胺中得到了验证。

（二）Norharman 的形成

Norharman 是一种非极性杂环胺。Norharman 自身并没有致突性，但当与苯胺共存时它可以变成致突物。其基本形成机制：色氨酸 Amadori 重排产物（ARP）以呋喃糖的形式进行脱水反应，随后在环氧孤对电子的辅助下进行 β-消除反应从而形成一个共轭的氧鎓离子。这个反应中间体可以通过脱水和形成一个扩展的共轭体系而进一步稳定自身，或者通过 C—C 键分裂而产生一个中性的呋喃衍生物和一个亚胺鎓阳离子。随后中间体进行分子内亲核取代反应而形成 Norharman。

（三）PhIP 的形成

有研究表明 PhIP 的前体物质很可能为苯丙氨酸、肌酐和葡萄糖。以苯丙氨酸和肌酐作为前体物的简单模型体系中，PhIP 的形成首先是 Strecker 醛——苯乙醛的形成，第二步是醛和肌酐的醇醛缩合反应并随后脱水。在模型体系和加热肉品中已鉴定出这些缩合产物。PhIP 中形成吡啶基团的氮原子的来源至少有两部分，一是肌酐的氨基与中间体的含氧基团反应而成，二是苯丙氨酸的氨基或者是游离氨。

二、烤架上的杂环胺

烧烤是一种将肉直接与热源接触的加热方式。在烧烤过程中，温度一般在 190～260℃之间，肉与热源的接触比较紧密，烤架的温度可高达 500～600℃，因此肉表层的温度相较于其他加热处理要高得多。通常来说，烧烤肉中的杂环胺产生量大于油炸、卤煮等其他加热方式，肉在高温下渗出的汁液含有大量杂环胺前体物，如肌酸、肌酸酐、还原糖等，当烤架上黏附有肉和肉汁时，这些前体物在明火的炙烤下必然产生数量可观的杂环胺类化合物。因此，烤架上附着的少量肉渣可能含有比烤肉自身含量更高的杂环胺。但是，这方面的研究相关报道比较少，需要进一步研究以证实以上观点。

第三节　烧烤期间多环芳烃的形成

多环芳烃是煤、石油、木材、烟草、有机高分子化合物等物质不完全燃烧时产生的挥发性碳氢化合物，是重要的环境和食品污染物。3,4-苯并芘是第一个被发现的环境化学致癌物，而且致癌性很强。

一、肉品中多环芳烃的形成

肉制品烘烤过程中，若温度较高（达 200℃ 以上），其中的有机物质受热分解，经环化、聚合而生成 3,4-苯并芘。食品中的 3,4-苯并芘来源主要有以下几个方面：烧烤时的燃料如木炭，含有少量的 3,4-苯并芘，在高温条件下有可能伴着烟雾进入到肉制品中；烧烤时，动物油脂在高温条件下滴到炭火上发生热聚合反应，附着于肉制品表面；肉自身的还原糖和脂肪等化合物不完全燃烧也会产生 3,4-苯并芘以及其他多环芳烃类物质；肉制品炭化时脂肪高温裂解，产生自由基，经热聚合形成 3,4-苯并芘。

澳大利亚学者在 1960 年提出了 3,4-苯并芘的形成步骤：首先是有机物在高温缺氧条件下裂解产生碳氢自由基结合成乙炔，乙炔经聚合作用形成乙烯基乙炔或 1,3-丁二烯，然后再经环化作用生成己基苯，再进一步结合成丁基苯和四氢化萘，最后通过中间体形成 3,4-苯并芘。但到目前为止，3,4-苯并芘的形成机制尚不完全清楚。

在各种食品当中，PAHs 在肉制品中出现的频率较高，这是因为部分肉制品中含有较多脂肪，温度高于 200℃ 时发生分解就会产生 PAHs。Tsai Hua Kao (2014) 等研究了炭烤肉制品和海鲜制品中的 16 种 PAHs，表 5-2、表 5-3、表 5-4 分别列出了禽类、红肉和海鲜原料肉及炭烤结束后 16 种 PAHs 的总量和 3,4-苯并芘的量。从表 5-2 中可以看出畜禽肉中原料肉的 PAHs 的含量从 $55.6\mu g/kg$ 到 $69.1\mu g/kg$ 不等，3,4-苯并芘含量为零；但在炭烤结束后，鸡心、鸡胸肉、鸡腿肉和鸭腿肉中总多环芳烃的含量有显著增加，而鸡胗中的 PAHs 却又明显下降，除鸡胗外都检测出 3,4-苯并芘，最高的含量为 $3.1\mu g/kg$（鸭腿肉）。在对红肉的检测当中，羊排原料肉中未检测到 3,4-苯并芘，而在炭烤之后羊排中的 PAHs 有很大程度的提高，含量从 $65.6\mu g/kg$ 升至 $547.5\mu g/kg$，而其他红肉中的 PAHs 也有类似的结果；在海产品中，原料肉以及炭烤后的肉制品中都没有发现 3,4-苯并芘的存在，除章鱼在炭烤后 PAHs 总量有显著增加，其他几种海鲜在炭烤后 PAHs 都有不同程度的降低。在炭烤结束后，检测到 3,4-苯并芘的肉制品有鸡心、鸡胸肉、鸡腿肉、鸭腿肉以及羊排，其中羊排中的含量最高（$5.8\mu g/kg$），这可能是因为在炭烤期间油滴到木炭上燃烧形成烟雾，导致 3,4-苯并芘附着到肉的表面。另外，在炭烤后，有些肉制品中的 PAHs 会有不同程的降低，这可能是由于在烧烤期间会引起一些 PAHs 的挥发或者是会生成其他的多环芳烃衍生物。鸡腿肉、鸡胸肉、鸭腿肉、羊排和章鱼分别经烤制 40min、30min、40min、12min、80min 后，肉中 PAHs 的含量分别为 118.3μg/kg、238.8μg/kg、245.0μg/kg、547.5μg/kg、249.7μg/kg，均大于100μg/kg。其原因可能是这些原料肉烤制时间相对较长，脂肪含量较高，但对于脂肪含量相对较少的鸡胸肉和章鱼来说，应该是其较大的受热面积使肉表面沉积的 PAHs 含量相对较高。需重点指出的是，羊排在炭烤后 3,4-苯并芘的检测量为5.8μg/kg，已超过我国的最高限量标准（5μg/kg），所以长期食用烤羊排会对人体的健康造成很大危害。

表 5-2　畜禽肉中原料肉及炭烤后 PAHs 和 3,4-苯并芘的含量

种类 指标 /(μg/kg)	鸡心 (26min)		鸡胗 (16min)		鸡胸肉 (30min)		鸡腿肉 (40min)		鸭腿肉 (40min)	
	原料	炭烤	原料	炭烤	原料	炭烤	原料	炭烤	原料	炭烤
3,4-苯并芘	ND	2.4	ND	ND	ND	1.3	ND	3.3	ND	3.1
PAHs(总)	62.6	88.2	57.3	6.7	55.6	238.8	57.4	118.3	69.1	245.0

表 5-3　红肉中原料肉及炭烤后 PAHs 和 3,4-苯并芘的含量

种类 指标 /(μg/kg)	牛排 (32min)		羊排 (12min)		猪排 (16min)		火腿 (12min)		猪蹄 (46min)	
	原料	炭烤	原料	炭烤	原料	炭烤	原料	炭烤	原料	炭烤
3,4-苯并芘	ND	ND	ND	5.8	ND	ND	ND	ND	ND	ND
PAHs(总)	56.9	54.4	65.6	547.5	64.4	27.7	62.5	1.2	64.9	23.0

表 5-4　海鲜中原料肉及炭烤后 PAHs 和 3,4-苯并芘的含量

种类 指标 /(μg/kg)	牡蛎 (20min)		章鱼 (80min)		鲑鱼 (18min)		鱿鱼 (20min)		小虾 (10min)	
	原料	炭烤	原料	炭烤	原料	炭烤	原料	炭烤	原料	炭烤
3,4-苯并芘	ND	ND	ND	ND	ND	ND	ND	ND	ND	ND
PAHs(总)	55.4	30.7	56.2	249.7	62.1	46.4	61.4	6.6	55.6	42.6

表 5-5　不同加工方式烤肉中 3,4-苯并芘和 4PAHs 的含量

加工方式 指标	烤鸭皮			烤鸭肉	
	挂炉	电加热	燃气	挂炉	电加热
3,4-苯并芘/(μg/kg)	8.7	ND	4.24	ND	ND
4PAHs/(μg/kg)	32.5	ND	—	1.8	ND

烤鸭是我国传统禽肉制品，因营养丰富、皮红肉香、风味独特、味美可口深受广大人民群众的欢迎。但传统烤鸭因其加工方式主要为木炭、燃气、电烤制等，使其温度过高，从而产生较多的有害物质。由表 5-5 可知，以挂炉方式加工的烤鸭，鸭皮中的 3,4-苯并芘为8.7μg/kg，远高于我国规定在肉制品中 3,4-苯并芘的最高

残留量限值（＜5μg/kg）；使用燃气烤制时3,4-苯并芘含量为4.24μg/kg，接近国标限量5μg/kg；以电加热的加工方式制作的烤鸭，鸭皮和鸭肉中3,4-苯并芘均为零。因此，以挂炉方式制作的烤鸭，鸭皮中含有较多的3,4-苯并芘，而且多环芳烃的种类和含量也要比鸭肉中高出很多倍，燃气烤制方式产生的有害物质次之，而以电加热方式加工鸭子则更为安全、健康。

肉的种类影响烤肉烟雾中多环芳烃的浓度，由表5-6可知，以甲烷为燃料烧烤猪肉时烟雾中3,4-苯并芘和多环芳烃的浓度最高，这可能是由于猪肉含有较多的脂肪，脂肪烧烤过程中滴到火焰上会产生较多的多环芳烃。

表5-6　烤肉烟雾中3,4-苯并芘和PAHs的浓度

种类 指标	猪肉	牛肉	虹鳟鱼
3,4-苯并芘/(μg/m^3)	2.1	0.027	0.068
PAHs/(μg/m^3)	78	1.5	2.1

二、烤架上的多环芳烃

烧烤食物的温度一般在200℃左右，对食品污染程度较低，但随着烤制时间的不断延长，温度不断升高，肉中的脂肪不断滴落到炭火上，就会产生大量的多环芳烃。在烤制期间，金属架的温度会超过200℃，在500～600℃之间，远高于肉和周围空气的温度。肉由于受热表面收缩，肉的表面与烤架直接接触，随之会产生较多的多环芳烃。肉直接在高温下进行烧烤，被分解的脂肪滴在炭火上，食物脂肪热解并产生热聚合反应产物与肉里蛋白质结合，会产生大量的高强度致癌物——3,4-苯并芘，附着于食物的表面。另外，在烤制期间燃料不完全燃烧也会产生大量的3,4-苯并芘，并沉积于食物表面。有人测出，烤肉用的铁签上黏附的焦屑中的3,4-苯并芘含量高达125μg/kg。因此，在烧烤时要注意烧烤的时间和温度，尤其是温度不要太高。另外，在烧烤食物前，先将烤架上刷一层油，以免食物粘在架上，尽量避免明火烧烤，还要及时清理、更换烤架，保持烤架的清洁。

三、烧烤过程中PM2.5的排放

肉制品烧烤过程中会产生大量的烟气，这些油烟在物质组成上含有大量的有机成分，如多环芳烃、杂环胺类化合物、甲醛等致癌、致突变物质。油烟颗粒物易导致DNA及细胞氧化损伤。当人们吸入这些烟雾时，这些颗粒会在身体内部沉积，有些直径较小的颗粒会进入到肺泡中，长期积累会导致肺癌的发生。人体的呼吸器官分为三个

区域，即胸腔外区域、气管支气管区域、肺泡区，烧烤产生的多环芳烃主要集中在1～2.5μm的细颗粒物中，这些颗粒物基本上都沉积到肺泡区。油炸和烧烤是我国传统肉类食品的主要热加工方式，食品加工过程中产生的油烟中PM2.5含量较高。

第四节　影响烧烤肉品有害物质含量的因素

烤肉制品中有害物质的产生量，如杂环胺、多环芳烃、丙烯酰胺等，主要取决于食品种类、加工方式、加工温度与时间，其中加工温度和时间为主要影响因素。

一、原料肉中脂肪的含量

肉中的脂肪含量是影响3,4-苯并芘残留的一个重要因素。脂肪高温（高于200℃）加热，可被氧化分解，生成3,4-苯并芘。在500～900℃的高温时，尤其是700℃以上，最有利于3,4-苯并芘的形成。其他有机物质例如蛋白质和碳水化合物受热分解时也会产生PAHs，但脂肪受热分解产生的最多。Doremire（1979）等研究发现当炭火烧烤牛肉中的脂肪含量由15％增加到40％时，产品中3,4-苯并芘的残留量由16.0μg/kg增加到121.0μg/kg。因此，原料肉中脂肪含量越高，在烧烤过程中随之产生3,4-苯并芘的可能性越大。

二、烧烤温度和时间

众所周知，在烧烤过程中温度和时间对有害物质的形成有显著影响。随着加工温度的升高和加工时间的延长，形成有害物质的种类会逐渐增多，其含量也会明显上升。通过模型计算发现，温度对杂环胺形成的影响较时间更为显著。总体来说，当加热温度超过200℃时，总杂环胺的含量则迅速增加。Gross等研究了加热温度对烤鱼中杂环胺含量的影响，结果表明烤鱼在200℃加热12min时Norharman含量为26μg/kg，而270℃加热12min时Norharman的含量为44μg/kg。Kazerouni等研究表明经高温处理的烤肉样品中3,4-苯并芘的含量为2.6μg/kg，而低温处理的样品仅有0.13μg/kg的3,4-苯并芘。如果烧烤时间过长，产品被焦化或炭化时，则3,4-苯并芘的含量会显著增加。

三、烧烤方式

目前，烤制方式基本上分为直接烤制和间接烤制两大类。直接烤制就是食物直接与热源（木炭、煤气、木柴等）接触，肉或半成品进行熟化和烘干的过程，直接烤制方式包括炭烤、煤气烤以及木柴烤制等；而间接烤制是指在热源烤炉的一侧或两侧，将食物放在没有炭火的位置上进行烤制，需要盖上烤炉盖子，其主要方式就是电炉烤制。明火烧烤时，在相同的烤制时间内肉样距离火源越近其3,4-苯并芘的残留量越高。经过烟熏、烧烤的肉制品，大部分的3,4-苯并芘最初主要附着于产品的表层，随着储存时间延长，3,4-苯并芘可向产品内部渗透，从而产生更严重的污染。Ledicia（2008）等通过比较木火、燃气烤炉和木炭这三种不同的直接烧烤面包的方式所产生PAHs的量，结果为木火产生量最多，炭火则最少，而用电烤方式烤制时并未检测到PAHs。因此，直接烤制时燃烧烟雾中产生的PAHs沉积到食物表面，是食物中多环芳烃的主要来源，而间接烤制则可以有效地降低多环芳烃的产生。

（一）电烤

电烤是一种间接加热的烤制方式，电烤的产品因原料本身并没有接触火源，不存在脂肪滴到明火上而产生3,4-苯并芘的问题，因此电烤产品中3,4-苯并芘残留量是最少的。万丽红将猪肉饼在电烤炉中分别在160℃、200℃、240℃烤制60min，发现3,4-苯并芘的含量分别为1.86μg/kg、1.93μg/kg、2.16μg/kg，相对于其他烤制方式3,4-苯并芘的含量是相当低的。用电炉烤面包时发现，200℃加热20min并没有检测到3,4-苯并芘，300℃、500℃分别加热15min后检测到3,4-苯并芘的量分别为0.5μg/kg、0.8μg/kg，比在猪肉饼中检测到的量低得多，这可能是由于面包中的脂肪含量相对于猪肉较少，因而形成3,4-苯并芘的含量较低。

（二）木炭烤制

炭烤是一种直接加热方式。在炭烤过程中，影响样品中有害物质（主要是3,4-苯并芘）含量的可控因素为烧烤的时间和是否接触火焰。有研究表明，炭烤的时间越长，烤肉中3,4-苯并芘的含量越高，接触火焰烧烤的样品中3,4-苯并芘的含量均高于不接触火焰烤制的样品。接触火焰炭烤20min，3,4-苯并芘的量为5.08μg/kg，而不接触火焰组3,4-苯并芘的量为3.65μg/kg。这说明在炭烤中，是否接触火焰是影响3,4-苯并芘含量的主要因素。这可能是因为肉类在直接接触火焰时，其中所含的脂肪会分解而产生3,4-苯并芘，脂肪融化后滴落在热源上，也会产生3,4-苯并芘；然后随着升起来的烟又落到肉的表面，燃料本身未充分燃烧，也可能会形成3,4-苯并芘，未充分燃烧的炭灰产生3,4-苯并芘，落到肉上并吸附于肉表面。

（三）煤气烤制

煤气烤制是一种直接加热方式，通过同位素稀释-气质联用技术测定木炭烤制和煤气烤制两种方式烤制的羊肉串中 16 种多环芳烃污染物，结果发现煤气烤制中多环芳烃生成量远低于木炭烤制，煤气烤制时间较长时，烤肉串中多环芳烃总量明显增加。在相同的温度下烤制相同的时间时，煤气烤制和木炭烤制两种烤肉中的 3,4-苯并芘含量分别为 0.47μg/kg、5.63μg/kg，木炭烤制产生的 3,4-苯并芘是煤气烤制的 12 倍左右。

第五节　辅料对肉品中杂环胺和苯并芘含量的影响

一、辅料对杂环胺含量的影响

(一) 香辛料对杂环胺的作用

根据目前的研究现状来说，香辛料对于杂环胺的形成既有抑制作用，同时部分种类香辛料可以促进杂环胺的生成。在加热高脂肪肉丸子前加入黑胡椒，可起到完全抑制 PhIP 生成的作用，并且在不同的加热温度下黑胡椒对于肉品中的杂环胺总量降低 12%～100% 不等。Puangsombat 等研究发现，将五种不同方式提取的迷迭香提取物加入到牛肉饼中再进行烹调，结果表明对杂环胺的生成有不同程度的抑制作用，分析认为可能是该提取物中迷迭香酸、卡诺醇和鼠尾草酸起到了协同抑制作用。也有报道称，牛排经含有黑胡椒、洋葱和大蒜的腌制液腌制后，在锅煎和烘烤两种方式下加工至全熟，均检测不出 PhIP；在烧烤条件下加工至全熟，PhIP 含量也由原来的 4.07μg/kg 降低到 0.14μg/kg。然而，有研究者却发现添加五香粉和红辣椒粉会诱发 PhIP 和 4,8-DiMeIQx 的生成。因此，目前对于香辛料对杂环胺形成的影响还并没有明确的定论。

1. 高良姜对杂环胺生成的影响

高良姜为姜科植物，又名良姜、小良姜，被广泛用作调味料或者是姜的替代物，同时还是我国常用的中药材之一。

吕美（2011）通过研究 5 种抗氧化性较强的香辛料（高良姜、麻椒、花椒、香叶和桂皮）对煎烤牛肉饼中杂环胺形成的影响发现，高良姜对煎烤牛肉饼中的 PhIP 抑制率可达到 100%，同时对 AαC 和 Norharman 的抑制率也分别达到了 77.27% 和 77.08%。此外，添加 3% 高良姜使煎烤牛肉饼中的总杂环胺量减少 78.32%。高良姜对杂环胺的形成抑制效果是非常显著的，原因可能是高良姜中含有丰富的酚类物质，每克高良姜中约含有 4.33mg 的高良姜素，高良姜素参与到杂环胺的形成反应，并且阻断了杂环胺的形成途径。

2. 桂皮和陈皮

桂皮又称肉桂、官桂或香桂，为樟科植物天竺桂、阴香、细叶香桂、肉桂或川桂等树皮的通称。桂皮是常用中药，桂皮中有强烈的肉桂醛香气和微甜的辛辣味，因此是肉类烹调中必不可少的调料。橘皮，又称为陈皮，为芸香科植物橘及其栽培变种的成熟果皮。陈皮为药食同源的香辛料，陈皮味苦，但有橘子的芳香，故常用于烹制某些特殊风味的菜肴，如陈皮兔肉、陈皮牛肉等。

吕美在试验中发现，将 3% 的桂皮添加到牛肉饼中进行煎烤，由于桂皮的添加使煎烤牛肉饼中的 PhIP 含量增加 250%，对 AαC 和 Norharman 的抑制率也非常低，仅有 4.54% 和 14.58%。陈皮使煎烤牛肉饼中的 Norharman 含量提高了 21.53%，对 AαC 和 PhIP 的抑制率分别为 36.36% 和 50%。

由以上的表述可以发现，香辛料的抗氧化性与其对杂环胺的形成之间并不具有相关性。Damasius 等发现添加 5% 的罗勒和牛至可以促进 PhIP 的形成，然而却起到抑制 Trp-P-2 的形成。因此，对于香辛料对杂环胺影响的问题，目前科学界尚无明确的定论。

（二）抗氧化剂对杂环胺的作用

在烧烤前将合成的抗氧化剂如 BHA、PG、BHT 和 TBHQ 加入到原料肉中，BHA 减少 IQ 和 MeIQx 的生成量，而 PG 和 TBHQ 分别减少 71% 和 76%，BHT 也减少了 IQ 和 MeIQx 的量，但 4，8-DiMeIQx 的量轻微增加。

在对添加茶及茶多酚对杂环胺形成的影响中发现，加入茶黄素没食子酸与儿茶素没食子酸酯可以显著减少 MeIQx 与 PhIP 的形成。同时在模型体系中加入绿茶和红茶可以减少 PhIP 的生成量。大量试验表明茶多酚作为美拉德反应中间体的竞争捕获剂，并且抗氧化剂可以影响美拉德反应中间体的生成量，但其具体机制仍有待研究。大量的试验研究足以说明在肉品加工前添加茶多酚是抑制杂环胺形成的有效方法。

某些维生素对于杂环胺的形成也有明显的抑制作用。例如，维生素类中的维生素 B$_6$ 可显著抑制美拉德反应产物以及糖基化终产物的形成，而作为美拉德反应的一种，杂环胺的形成也受到维生素 B$_6$ 的显著抑制。加入维生素 E 可使 Norharman、PhIP、AαC 以及 MeAαC 的含量减少。高剂量的维生素 C 的添加也能抑制除 Harman 以外的多种杂环胺的形成。类胡萝卜素的添加能在模拟体系和肉汁体系中显著减少 IQx 型杂环胺的形成。

二、烧烤过程中降低 3,4-苯并芘的措施

（一）腌渍液对烤肉中 3,4-苯并芘的影响

影响烤肉中 3,4-苯并芘含量的因素有很多，如肉的种类、烧烤温度、烧烤时间

以及烟气、热源是否与肉直接接触等。通常可以通过降低烤制温度、缩短烧烤时间、过滤燃料产生的烟气、防止脂肪滴落在热源上等方法抑制烤肉中 3,4-苯并芘的生成。关于辅料对烤肉中 3,4-苯并芘的影响报道并不多见。Farhadian 等使用不同的腌渍液腌制牛肉，在炭烤后发现基础腌渍液（含有糖、洋葱、姜黄、柠檬草、食盐、大蒜、香菜、肉桂）可以显著抑制 3,4-苯并芘含量。洋葱和大蒜中含有丰富的有机含硫化合物，这些化合物可能阻碍美拉德反应的发生。尽管多环芳烃化合物和美拉德反应的关系尚不明确，但是美拉德反应的初步产物可以在长时间高温环境下反应生成多环芳烃化合物。不仅如此，他们在基础腌渍液里添加一定量的柠檬汁，发现 3,4-苯并芘的抑制能力进一步提高，并得到酸性腌料更能抑制 3,4-苯并芘的结论。

（二）紫外线照射处理

多环芳烃类化合物对紫外辐射引起的光化学反应极为敏感，而 3,4-苯并芘是最为敏感的物质，极易发生光降解反应。有研究表明，紫外线照射可以加速 3,4-苯并芘的降解，处理时间越长，降解就越明显。Janson Chen 等研究发现，紫外线照射 2h 后，3,4-苯并芘的含量并没有显著降低，而照射 3h 后，3,4-苯并芘的残留量却减少到原来的 70.85%，这表明紫外线对 3,4-苯并芘的降解有相当大的促进作用。因此，可以尝试用这种方法降低烧烤中 3,4-苯并芘的含量，提高烧烤制品的安全性。

（三）低密度聚乙烯（LDPE）薄膜包装

有人认为低密度聚乙烯（LDPE）薄膜可以有效吸收烧烤食品中的多环芳烃。塑料薄膜吸收某种类型的复合物是基于一种复杂的过程，由于复合物和薄膜的极性相同，因此可以亲和到薄膜表面，最终扩散到包装膜的内部，而且超过 50% 的多环芳烃的吸附都发生在 24h 内。Janson Chen 等通过模型研究发现 LDPE 能够有效地去除多环芳烃，其具体研究内容是，鸭子经 225℃ 烧烤 60min，在鸭皮中检测到苯并（a）蒽（BaA）、苯并（b）荧蒽（BaF）和 3,4-苯并芘（BaP）的量分别为 $143\mu g/kg$、$3.7\mu g/kg$、$3.5\mu g/kg$，将烤鸭皮用 LDPE 真空包装，确保肉与薄膜完全接触，在室温下放置 24h 后进行检测，BaA、BbF 和 BaP 的量分别为 $130\mu g/kg$、$1.69\mu g/kg$、$0.94\mu g/kg$，尤其是 3,4-苯并芘下降了 73%。这表明烤肉制品中多环芳烃可能通过 LDPE 包装膜接触而被去除，因为 PAHs 经常聚集在烧烤肉制品表皮，所以通过接触包装材料进而对 PAHs 进行吸附作用，从而达到去除 PAHs 的效果，这种方法是可行的。

参 考 文 献

[1] 冯云，彭增起，崔国梅．烘烤对肉制品中多环芳烃和杂环胺含量的影响［J］．肉类工业，2009，8：

27-30.

[2] 刘森轩，彭增起，吕慧超等．120℃条件下模型体系烤牛肉风味的形成［J］．食品科学，2015，10：119-123.

[3] 吕慧超，彭增起，刘森轩等．温和条件下模型体系中烧烤风味及杂环胺形成测定［J］．食品科学，2015，36（8）：150-155.

[4] 吕美．香辛料的抗氧化性及其对煎烤牛肉饼中杂环胺形成的影响［D］．江南大学，2011.

[5] 鄢嫣．烤肉中杂环胺的形成规律的研究［D］．江南大学，2015.

[6] Kao T H，Chen S，Huang C W，et al. Occurrence and exposure to polycyclic aromatic hydrocarbons in kindling-free-charcoal grilled meat products in Taiwan. ［J］. Food & Chemical Toxicology，2014，71（8）：149-158.

[7] Rey-Salgueiro L，Martínez-Carballo E，Simal-Gándara J. Effects of toasting procedures on the levels of polycyclic aromatic hydrocarbons in toasted bread［J］. Food Chemistry，2008，108（2）：607-615.

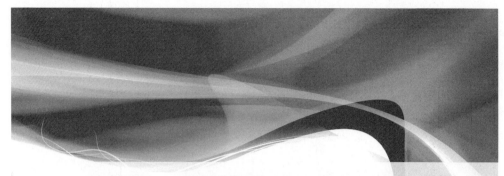

第六章 煮制过程中有害物的形成

老卤是指反复煮制后所产生的卤汤。传统观念认为，随着老卤连续使用时间的延长，原料肉的可溶性蛋白质、呈味核苷酸等物质越来越多地溶解在老卤中，产品的风味就越浓厚；企业在生产加工时也极为强调老卤的质量，认为老卤越老越好，常将百年老卤视为珍品并积极宣传。而杂环胺是在加工鱼、畜禽肉等蛋白质含量丰富的肉制品过程中形成的，其前体物为肌肉中天然存在的氨基酸、肌酸（酐）和葡萄糖；加工时间对其形成也有重要的影响，加工时间越长，产生的杂环胺也就越多。研究表明，加工时间为 1~2h 时，就已经检测到杂环胺的产生。而老卤本身在之前长时间的复卤过程中已经有很多这些前体物富集，在之后的连续使用时又会添加酱油或者黄酱等氨基酸含量丰富的物质，因此老卤中会产生更多的致癌致突变性杂环胺。

第一节 煮制过程中主要营养成分含量的变化

酱卤类肉制品在煮制加热过程中，在发生物理变化、营养成分变化的同时，也会产生杂环胺等化合物。

一、酱牛肉中氨基酸和肌酸的含量

（一）酱牛肉中氨基酸的含量

由表 6-1 可知，生牛肉氨基酸总量为 209.16mg/g，其中含量较多的氨基酸有谷氨酸、赖氨酸、亮氨酸和天冬氨酸，半胱氨酸、色氨酸、蛋氨酸的含量较少。牛肉煮制后由于水分的流失和干物质含量的提高，各种氨基酸含量均有所上升，总量为 318.33～349.53mg/g。随着煮制次数的增加，酱牛肉中各氨基酸含量和总量有一定程度的提高。

表 6-1　煮制 1 次、4 次、8 次、12 次的牛肉中氨基酸的含量　单位：mg/g

氨基酸	生牛肉	煮制次数			
		1 次	4 次	8 次	12 次
天冬氨酸	15.07±0.18[b]	18.14±0.1[a]	17.87±0.28[a]	17.88±0.07[a]	18.28±0.16[a]
苏氨酸*	10.34±0.09[b]	14.43±0.28[a]	14.57±0.09[a]	15.12±0.18[a]	15.78±0.23[a]
丝氨酸	8.64±0.11[b]	14.05±0.06[a]	13.88±0.20[a]	14.57±0.48[a]	15.18±0.32[a]
谷氨酸	38.06±1.11[b]	59.45±0.64[a]	59.01±0.72[a]	59.23±0.32[a]	64.53±1.68[a]
甘氨酸	8.77±0.02[b]	14.98±0.21[a]	14.47±0.13[a]	15.81±0.89[a]	15.85±0.28[a]
丙氨酸	12.75±0.31[b]	20.34±0.34[a]	20.49±0.21[a]	21.76±0.58[a]	22.25±0.44[a]
半胱氨酸	0.75±0.18[b]	1.61±0.02[a]	1.56±0.09[a]	1.54±0.06[a]	1.86±0.06[a]
缬氨酸*	10.67±0.32[b]	17.65±0.94[a]	18.88±0.25[a]	18.49±0.19[a]	19.75±0.16[a]
蛋氨酸*	6.19±0.23[b]	9.59±0.07[a]	9.74±0.04[a]	9.83±0.12[a]	10.40±0.29[a]
异亮氨酸*	10.52±0.49[b]	15.58±0.83[a]	16.58±0.14[a]	16.82±0.37[a]	17.81±0.28[a]
亮氨酸*	18.21±0.60[b]	28.72±0.20[a]	28.94±0.22[a]	28.03±0.88[a]	31.44±0.52[a]
酪氨酸	7.04±0.37[b]	10.18±0.28[a]	11.06±0.03[a]	11.87±0.40[a]	12.10±0.01[a]
苯丙氨酸*	9.96±0.30[b]	14.15±0.50[a]	14.80±0.13[a]	14.34±0.59[a]	16.27±0.28[a]
赖氨酸*	18.91±0.53[b]	29.79±0.01[a]	29.16±0.35[a]	29.82±0.62[a]	31.80±1.04[a]
组氨酸	8.30±0.16[b]	10.22±0.54[a]	11.05±0.17[a]	11.94±0.69[a]	12.28±0.32[a]
精氨酸	14.37±0.39[b]	22.91±0.11[a]	22.58±0.11[a]	23.18±0.50[a]	24.59±0.42[a]
脯氨酸	8.32±0.19[b]	12.21±0.48[a]	12.39±0.14[a]	13.87±0.43[a]	14.48±0.33[a]
色氨酸*	2.29±0.05[b]	4.32±0.12[a]	4.31±0.11[a]	4.45±0.09[a]	4.90±0.16[a]
总氨基酸	209.16	318.33	321.37	328.55	349.53

注：数值表示为平均数±标准差，同一行上标字母不同表示差异显著（$P<0.05$），* 为必需氨基酸，煮制时间为 2h/次。

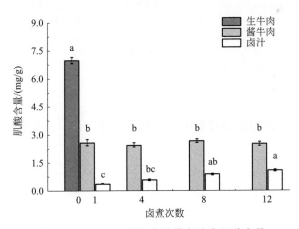

图 6-1　生牛肉、酱牛肉及其卤汁中肌酸含量

（二）酱牛肉中肌酸的含量

生牛肉肌酸含量为 6.97mg/g，经煮制后含量下降到原来的 35％左右。各煮制次数的酱牛肉间肌酸含量差异不显著，如图 6-1 所示。

二、老卤中氨基酸和肌酸的含量

（一）老卤中氨基酸的含量

老卤中也含有氨基酸，如表 6-2 所示。随着复卤次数的增加，即连续时间的延长，老卤中氨基酸总含量增长明显：第一次煮肉的卤汁氨基酸总含量为 2.90mg/g，而连续使用 8h、16h、24h 后，氨基酸总含量上升到 6.64mg/g、12.25mg/g、19.15mg/g，分别是新卤的 2.29 倍、4.22 倍、6.6 倍。第一次煮的牛肉和相应的卤汁中氨基酸总量之比为 109.9，第 4、第 8、第 12 次煮制的牛肉和老卤这一比值逐渐降低，分别为 48.41、26.82 和 18.26。

表 6-2　使用 1 次、4 次、8 次、12 次的卤汁中氨基酸的含量　　单位：$\mu g/mL$

氨基酸	煮制次数			
	1	4	8	12
天冬氨酸（Asp）	97.75±8.80[d]	264.18±12.81[c]	497.90±4.85[b]	749.12±8.37[a]
苏氨酸*（Thr*）	78.41±3.77[d]	194.31±2.51[c]	343.69±10.05[b]	553.32±13.22[a]
丝氨酸（ser）	86.96±4.75[ad]	212.62±2.00[c]	413.72±9.95[b]	610.64±14.48[a]
谷氨酸（Glu）	757.31±16.33[d]	1514.29±102.97[c]	2581.46±45.22[b]	3918.50±153.01[a]
甘氨酸（Gly）	198.63±4.86[d]	640.88±43.92[c]	1165.72±18.67[b]	1845.49±64.34[a]
丙氨酸（Ala）	166.41±4.58[d]	434.22±34.02[c]	837.66±10.77[b]	1334.30±42.99[a]
半胱氨酸（Cys）	19.03±0.40[d]	24.87±2.55[c]	30.28±2.91[b]	38.03±0.47[a]
缬氨酸*（Val*）	98.52±1.08[d]	199.58±15.85[c]	419.68±2.00[b]	683.42±50.53[a]
蛋氨酸*（Met*）	27.72±0.28[d]	61.59±6.89[c]	120.46±4.30[b]	169.57±5.04[a]
异亮氨酸*（Ile*）	71.77±1.58[d]	134.84±10.10[c]	289.69±2.84[b]	472.98±23.96[a]
亮氨酸*（Leu*）	136.13±2.33[d]	256.27±19.34[c]	544.95±6.64[b]	899.56±42.54[a]
酪氨酸（Tyr）	15.00±0.99[d]	28.98±3.15[c]	68.73±0.73[b]	99.97±0.74[a]
苯丙氨酸*（Phe*）	232.91±4.75[d]	499.00±33.74[c]	896.26±15.86[b]	1367.72±49.44[a]
赖氨酸*（Lys*）	181.94±4.92[d]	317.88±21.97[c]	609.47±14.30[b]	973.46±49.37[a]
组氨酸（His）	335.29±9.23[d]	840.33±63.01[c]	1556.21±27.05[b]	2369.18±89.74[a]
精氨酸（Arg）	94.05±1.54[d]	262.03±20.54[c]	530.68±7.34[b]	835.56±78.56[a]
脯氨酸	144.38±0.68[d]	383.56±39.26[c]	670.43±11.05[b]	1059.83±26.50[a]
色氨酸*（Trp*）	153.92±4.52[d]	368.92±7.42[c]	673.37±14.97[b]	1163.80±9.02[a]
总氨基酸	2896.12	6638.43	12250.35	19145.31

注：数值表示为平均数±标准差，同一行上标字母不同表示差异显著（$P<0.05$），* 为必需氨基酸，煮制时间为 2h/次。

（二）老卤中肌酸的含量

如图 6-1 所示，水煮过 1 次牛肉的卤汁中肌酸含量为 0.34mg/mL，随着连续使用时间的延长肌酸含量逐渐上升，使用 8h、16h、24h 后分别为 0.57mg/mL、

0.88mg/mL、1.08mg/mL，分别是新卤的1.68倍、2.59倍、3.18倍。第1次煮的牛肉和相应的卤汁中肌酸含量之比为7.56，随着煮制次数的增加这一比例逐渐减低，经4次、8次、12次煮制后分别为4.30、3.02、2.32。

第二节 煮制期间杂环胺的形成

研究杂环胺在煮制过程中的形成，对提高肉类消费的安全性、保障人类身体健康具有重要意义。

一、老卤中的杂环胺

（一）酱牛肉老卤中的杂环胺

第1次煮制的卤汁中共检测出4,8-DiMeIQx、Harman及Norharman三种杂环胺，总含量为25.52ng/g，如表6-3所示。其中Harman含量最高，占三种杂环胺总量的2/3左右，其次是Norharman，占总量的1/3左右，4,8-DiMeIQx含量最低，仅占1%左右。随着煮制次数的增加，老卤中形成的杂环胺种类不变，含量总体上呈上升趋势，第4、第8、第12次煮制老卤中杂环胺总含量分别是第1次煮制的1.29倍、2.71倍、3.26倍，第12次煮制的老卤高达83.31ng/g。随着老卤连续使用时间的延长，老卤中杂环胺总含量呈逐渐增多的趋势。

表6-3 煮制1次、4次、8次、12次卤汁中杂环胺的含量　单位：ng/g

杂环胺	煮制次数			
	1	4	8	12
4,8-DiMeIQx	0.73 ± 0.07^{bc}	0.81 ± 0.11^{b}	0.94 ± 0.28^{ab}	1.25 ± 0.18^{a}
Norharman	7.74 ± 0.65^{d}	11.09 ± 1.48^{d}	20.84 ± 4.53^{c}	30.12 ± 2.08^{b}
Harman	17.04 ± 1.12^{d}	21.02 ± 1.21^{d}	47.42 ± 6.56^{bc}	51.94 ± 3.32^{b}
总和	25.52	32.92	69.20	83.31

注：数值表示为平均数±标准差，同一行上标字母不同表示差异显著（$P<0.05$），煮制时间为2h/次。

（二）烧鸡老卤中的杂环胺

表6-4 两种烧鸡老卤样品中杂环胺含量

样品	烧鸡老卤中HCAs的含量/(ng/g)							
	IQ	4,8-DiMeIQx	Norharman	Harman	Trp-P-2	PhIP	Trp-P-1	总和
老卤A	18.11 ± 3.24	ND	4.39 ± 0.34	1.90 ± 0.06	13.80 ± 1.04	ND	4.04 ± 0.56	42.24
老卤B	6.56 ± 1.08	11.24 ± 1.35	4.72 ± 0.23	1.62 ± 0.12	12.10 ± 0.97	ND	5.25 ± 0.17	41.49

注：数值表示为平均值±标准差，ND表示未检出。

老卤A中检测出IQ、Norharman、Harman、Trp-P-2、Trp-P-1五种杂环胺，杂环胺总和为42.24ng/g。老卤B中检测出IQ、4,8-DiMeIQx、Norharman、Harman、Trp-P-2、Trp-P-1 6种杂环胺，杂环胺总和41.49ng/g，如表6-4所示。其中老卤A中IQ含量显著大于老卤B中IQ含量，其他几种杂环胺含量相似。

二、肉品中的杂环胺

（一）酱牛肉中的杂环胺

第1次煮制的酱牛肉中共检测出4,8-DiMeIQx、Harman及Norharman三种杂环胺，总含量为36.94ng/g，如表6-5所示。其中Harman含量最高，占三种杂环胺总量的2/3左右，其次是Norharman，占总量的1/3左右，4,8-DiMeIQx含量最低，仅占1%左右。随着煮制次数的增加，牛肉中形成的杂环胺种类不变，含量总体上呈上升趋势，第4、第8、第12次煮制牛肉中杂环胺总含量分别是第1次煮制的1.83倍、2.87倍、2.69倍，第12次煮制的牛肉中高达99.49ng/g。

表6-5　煮制1次、4次、8次、12次牛肉中杂环胺的含量　单位：ng/g

杂环胺	煮制次数			
	1	4	8	12
4,8-DiMeIQx	0.43±0.09^c	0.41±0.07^c	0.70±0.09^{bc}	0.65±0.06^{bc}
Norharman	12.03±1.91^d	25.12±0.08^{bc}	37.83±1.52^a	36.72±5.48^a
Harman	24.47±0.97^d	42.03±2.92^c	67.51±4.98^a	62.13±5.97^a
总和	36.94	67.56	106.04	99.49

注：数值表示为平均数±标准差，同一行上标字母不同表示差异显著（$P<0.05$），煮制时间为2h/次。

（二）烧鸡和烤鸭肉及皮中的杂环胺

市售烧鸡（A-F）和烤鸭肉及皮中均检出杂环胺类化合物，烧鸡中检测出Norharman、Harman、Trp-P-1、Trp-P-2、PhIP五种杂环胺，烤鸭肉中只检测到Norharman和Harman两种杂环胺，含量分别仅为0.62ng/g和0.35ng/g，而在烤鸭皮中还检测到IQ和4,8-DiMeIQx两种IQ型杂环胺以及Trp-P-2、PhIP杂环胺，六种杂环胺总量高达65.33ng/g，如表6-6所示。

表6-6　6种烧鸡和烤鸭肉及皮样品中杂环胺含量

样品	HCAs的含量/（ng/g）							
	IQ	4,8-DiMeIQx	Norharman	Harman	Trp-P-2	PhIP	Trp-P-1	总和
烧鸡A肉	ND	ND	1.68±0.06	0.51±0.07	0.86±0.05	1.31±0.18	0.78±0.14	5.14
烧鸡A皮	ND	ND	3.06±0.11	1.08±0.03	1.70±0.17	7.04±0.28	0.93±0.01	13.81
烧鸡B肉	ND	ND	2.24±0.56	1.59±0.42	0.86±0.51	1.37±0.63	1.19±0.33	7.25
烧鸡B皮	ND	ND	8.06±0.21	6.08±0.08	3.70±0.22	7.04±0.64	1.93±0.11	26.81
烧鸡C肉	ND	ND	4.11±0.89	2.37±1.01	1.87±0.76	ND	0.97±0.84	9.32
烧鸡C皮	ND	ND	12.56±0.53	9.22±0.22	6.77±0.44	ND	4.21±0.24	32.76

样品	HCAs 的含量/(ng/g)							
	IQ	4,8-DiMeIQx	Norharman	Harman	Trp-P-2	PhIP	Trp-P-1	总和
烧鸡 D 肉	ND	ND	2.21±0.44	2.67±1.32	0.85±0.76	ND	1.19±0.65	6.92
烧鸡 D 皮	ND	ND	9.17±0.16	13.35±0.17	5.72±0.12	ND	7.42±0.05	35.66
烧鸡 E 肉	ND	ND	1.23±0.89	0.67±55	0.74±0.71	ND	0.79±0.49	3.43
烧鸡 E 皮	ND	ND	7.10±1.04	6.40±0.39	4.08±0.37	ND	3.31±0.51	20.89
烧鸡 F 肉	ND	ND	5.63±1.34	2.55±0.96	0.77±0.42	ND	1.43±0.52	10.38
烧鸡 F 皮	ND	24.03±2.24	50.17±2.45	21.39±1.36	5.53±0.65	ND	7.72±0.84	84.81
烤鸭肉	ND	ND	0.62±0.01	0.35±0.02	ND	ND	ND	0.97
烤鸭皮	26.85±3.48	8.12±1.82	13.55±2.17	10.20±1.21	1.75±0.16	4.86±0.31	ND	65.33

注：数值表示为平均值±标准差，ND 表示未检出。

（三）牛肉干加工中煮制时间对杂环胺含量的影响

牛肉干的加工多经过煮制入味这个工序，煮制是传统牛肉干制作过程中较常见的加工方式之一。由表 6-7 可知，在煮制牛肉中只检测出 Norharman 和 Harman 这两种 HCAs，煮制 45min、90min 和 135min 时检测到的 HCAs 总量分别为 0.18ng/g、0.19ng/g、0.19ng/g，且随着煮制时间的延长，样品中检测到的 HCAs 含量并没有显著性差异（$P>0.05$）。

表 6-7　煮制时间对牛肉中杂环胺含量的影响　　　　单位：ng/g

杂环胺	煮制时间/min		
	45	90	135
IQ	ND	ND	ND
MeIQx	ND	ND	ND
4,8-DiMeIQx	ND	ND	ND
Norharman	0.14±0.01[a]	0.15±0.02[a]	0.15±0.01[a]
Harman	0.04±0.00[a]	0.04±0.00[a]	0.04±0.00[a]
Trp-P-2	ND	ND	ND
PhIP	ND	ND	ND
Trp-P-1	ND	ND	ND
AαC	ND	ND	ND
MeAαC	ND	ND	ND
总和	0.18±0.01[a]	0.19±0.02[a]	0.19±0.02[a]

注：数值表示平均值±标准差，同一行中上标字母不同表示差异显著（$P<0.05$），ND 表示未检出。

第三节　影响杂环胺形成的因素

研究表明，肉制品中杂环胺的形成十分复杂，会受到很多因素的影响，肉中的前体物、脂肪、水分、抗氧化剂、加工方式以及加工温度和时间等都会不同程度地影响杂环胺的形成。

一、煮制温度和时间

煮制温度和时间是影响肉制品中杂环胺形成的重要因素之一，一般认为，肉制品中的杂环胺种类和含量均会随着加工温度的升高和加工时间的延长而增加。Kondjoyan 等（2009）报道，随着加热温度的升高和加热时间的延长，牛背最长肌中杂环胺含量呈现显著上升趋势。Lan 等（2004）考察了加热时间对腌制食品中杂环胺形成的影响，结果表明，猪肉加热从 1h 到 32h，总的杂环胺含量从 7.05ng/g 增加至 34.68ng/g，且卤汤中的杂环胺含量也有显著增加。

国外研究的大多是锅煎、烘烤和烧烤的加工方式，加工温度较高时间较短，而我国对肉制品的加工最常见的方式是在卤汤中长时间煮制，具有自己的民族特点。如牛肉中各种杂环胺及其总量都随着使用老卤的煮制次数的延长而不断增多，但其前体物受老卤的影响不大，用不同使用时间的老卤加工的酱牛肉肌酸含量基本一致，氨基酸含量也仅略有增加，因此只有很小一部分前体物参与杂环胺的形成。

由此可见，加工温度和时间显著影响杂环胺的形成，从反应动力学上而言，温度和时间是影响化学反应的重要因素，高温加剧了反应，而随着反应时间的增加，产物不断积累。

二、前体物的种类和浓度

研究证实杂环胺是由肌酸、肌酸酐、氨基酸和碳水化合物这些前体物在高温下经过复杂反应形成的，因此肉中前体物的种类和浓度对杂环胺的形成有重要影响。Lee 等（1994）认为肌酸对猪肉中杂环胺的形成影响较为显著，而肌酸酐仅起到较弱的增强作用，但 Bordas 等（2004）提出，添加了肌酸酐和游离氨基酸的肉汁中 IQ 和 MeIQx 的含量显著增加。氨基酸种类和含量对 IQx、MeIQx、7,8-DiMeIQx 的形成均有影响，Johansson 等（1995）解释为氨基酸可通过逆缩醛反应形成甘氨酸，以及通过自由基反应裂解，而甘氨酸则是形成杂环胺的前体物。肉制品中的碳水化合物主要是指葡萄糖，通过 ^{14}C 同位素标记法已经确认葡萄糖是杂环胺形成的前体物，肉中的葡萄糖含量只有在合适的浓度才会促进杂环胺的生成，而过高或过低的浓度都有可能抑制杂环胺产生。而廖国周等（2008）提出，原料肉中各种前体物与加工肉制品中杂环胺的形成量不存在相关性，但 PhIP 的形成量与原料肉中肌酸与葡萄糖的摩尔浓度比存在显著相关性。

三、脂肪含量

Johansson 等（1993）在含有肌酸、甘氨酸和葡萄糖的水模型体系中分别添加脂肪酸、玉米油、橄榄油和甘油以考察其对杂环胺形成的影响，结果表明，以上物质仅对 MeIQx 的产生有一定影响，对其他杂环化合物均无影响。在加热的前10min，脂肪并无显著影响，但是在加热 30min 后，添加了脂肪的模型中产生的MeIQx 显著高于未添加脂肪组，且随着脂肪添加量的增加，MeIQx 形成量呈现上升趋势。Johansson 等（1993）推测这可能是由美拉德反应产物的增加或自由基产生的增加所致。Hwang 等（2002）从化学反应动力学的角度研究了脂肪含量对肉糜中杂环胺形成的影响，他们得出结论，脂肪能从化学反应层面影响杂环胺的形成，脂肪含量的增加会降低杂环胺形成的化学反应活化能。

四、其他因素

除了以上因素，水分、抗氧化剂、金属离子等都对杂环胺的形成有一定的影响。Borgen 等（2001）考察了水对模型体系中杂环胺形成的影响，结果显示，TMIP、IFP 和 PhIP 可在无水条件下通过加热前体物形成，而 MeIQx 则必须在有水的条件下才能形成，这表明部分杂环胺产生的反应需要水的参与。在含有肌酸酐、甘氨酸和葡萄糖的模型体系中添加 Fe^{2+} 和 Fe^{3+} 可使 IQx、MeIQx 和DiMeIQx 形成量显著增加，而添加 Cu^{2+} 却没有作用。杂环胺的形成通过自由基反应产生，而抗氧化剂具有清除自由基的作用，因此能有效抑制杂环胺的产生。

第四节　辅料对杂环胺形成的影响

有研究表明，自由基参与了杂环胺的形成，即前体物质氨基酸和葡萄糖在加热时能形成吡啶（或吡嗪）自由基和碳中心自由基，这些自由基进一步与肌酸酐反应从而生成杂环胺；而多酚类抗氧化剂能够清除美拉德反应中产生的自由基从而抑制杂环胺的形成。

香辛料富含多酚类物质，而且具有独特的气味，常用于酱牛肉等肉制品的加工。以往研究各种抗氧化剂或者植物提取物对杂环胺含量的影响主要集中在模型体系或锅煎、油炸、烧烤等加工方式。例如，在二甘醇加热冷冻干燥牛肉粉的模型中添加 0.5％的百里香、香薄荷和甘牛至能减少 PhIP 含量；牛排在煎前撒上 1％（w/w）的黑胡椒粉，煎肉丸前撒上 1％（w/w）的红辣椒粉能抑制 IQ、MeIQ、4,8-DiMeIQx 和 PhIP 的形成。鸡胸肉在烧烤前用含大蒜和芥末的腌制液腌制 4h 能使 PhIP 含量下降 92%～99%。进一步研究表明，抗氧化剂或香辛料等添加物对杂环胺形成的抑制或者是促进作用受肉的种类、添加浓度、加工方式等多种因素的影响。有研究者发现在烤牛肉饼前用含 0.5%～7.0% 的茶多酚溶液处理 15min 后能显著减低烤牛肉饼的致突变性，且茶多酚的浓度越高抑制效果越好。各地居民根据口味不同会在酱牛肉煮制过程中添加不同浓度的香辛料，而不同浓度的香辛料的添加对酱牛肉中杂环胺含量的影响鲜有报道。酱牛肉在加工过程中通常会加入料酒、白酒等含乙醇的作料以增香入味，而乙醇在之前的研究中被证明会影响杂环胺的形成。有研究发现，牛排在煎前用红酒或者啤酒腌制 6h，PhIP 和 MeIQx 含量能分别下降 8% 和 40% 左右；牛肉饼在锅煎前加用 20% 乙醇提取迷迭香后冷冻干燥的迷迭香粉，能显著抑制 MeIQx 和 PhIP 的形成，而且添加 20% 乙醇提取的粉末对上述两种杂环胺的抑制效果优于水提取组。然而也有研究发现，在模型体系中乙醇能以剂量效应增加 IQ 和 IQx 的含量。因此，酒的添加本身有可能会影响酱牛肉中杂环胺的形成，或通过影响香辛料的抗氧化性而间接影响杂环胺的形成。

一、类黄酮化合物对杂环胺形成的影响

表 6-8 展示了三种黄酮醇类化合物对 Norharman 和 Harman 形成的影响。其中高良姜素能降低 Norharman 和 Harman 的含量，而山奈酚和槲皮素不但不降低反而能提高其含量。与对照相比，三组处理的提高或者降低作用对 Norharman 和 Harman 形成无显著影响。

表 6-8　三种黄酮醇类化合物对 **Norharman** 和 **Harman** 形成的影响

添加物	Norharman 含量/(ng/g)	Harman 含量/(ng/g)
对照	145.33±14.23[ab]	11.59±1.70[ab]
高良姜素	121.09±9.33[b]	8.20±1.86[b]
山奈酚	170.82±4.80[a]	14.74±2.47[a]
槲皮素	169.70±8.39[a]	13.75±1.43[a]

注：数值表示为平均数±标准差，同一列中上标字母不同表示差异显著（$P<0.05$）。

二、香辛料对杂环胺形成的影响

香辛料影响杂环胺的种类和含量。丁香、红花椒、香叶、良姜和桂皮 5 种香辛料总酚含量较高、抗氧化能力较强，因此选取这 5 种香辛料进一步研究其对酱牛肉杂环胺含量的影响。

12 种常见的杂环胺的标准混合溶液的色谱图如图 6-2 所示。只用蒸馏水煮的

牛肉只检测出了 Norharman 和 Harman 两种杂环胺，而且含量很低，总量仅为 0.33ng/g，如表 6-9 所示。调料煮样品中 Norharman 和 Harman 含量高达 19.45ng/g 和 14.84ng/g，分别是水煮样品的 97 倍和 114 倍，而且还检测出了 7,8-DiMeIQx、Trp-P-1 和 Trp-P-2 三种杂环胺，5 种杂环胺总量为 35.72ng/g。5 种香辛料对酱牛肉中不同杂环胺的形成的影响具有特异性，结果各不相同。香叶能特异性地促进在对照样品中未检测到的 MeIQ 的形成，如图 6-3 所示，而其他四种香辛料对 MeIQ 的形成没有显著影响。良姜和红花椒能显著抑制 7,8-DiMeIQx 的形成，而香叶能使 7,8-DiMeIQx 的含量提高到对照（调料组）的 10 倍。5 种香辛料对 Norharman 和 Harman 均有抑制作用，其中香叶对 Norharman 的抑制效果最好，如表 6-9 所示。添加香叶的牛肉样品中 Norharman 的含量几乎为对照（调料组）样品的 1/2，桂皮其次，抑制率为 28.5%（以调料组为对照），再次是丁香、良姜和花椒，抑制率为 10.8%～14.3%。各香辛料对 Harman 的抑制差异不显著，抑制率均在 15% 左右。Trp-P-1 和 Trp-P-2 两种香辛料与其他 4 种杂环胺相比，含量较少。香叶能显著提高 Trp-P-2 的含量，添加香叶的牛肉样品 Trp-P-2 含量比对照样品高 30 倍，而其他 4 种香辛料均能使 Trp-P-2 含量有所降低，但差异不显著（$P > 0.05$）。香叶能抑制 Trp-P-1 的形成，而其他 4 种香辛料对 Trp-P-1 的含量无显著影响。总体而言，只用蒸馏水煮的牛肉产生的杂环胺很低，而对照样品产生的杂环胺较多。与对照组相比，除香叶能使总杂环胺含量上升 10.2% 外，其他 4 种香辛料能降低酱牛肉中总杂环胺含量。其中，桂皮的抑制率最高，达到了 22.0%；丁香的抑制率最低，仅为 13.1%。良姜和红花椒的下降率虽然比桂皮低（分别为 15.5% 和 16.4%），但不会产生新的杂环胺，而且能显著抑制 7,8-DiMeIQx 的形成，因此总体而言抑制效果最好。

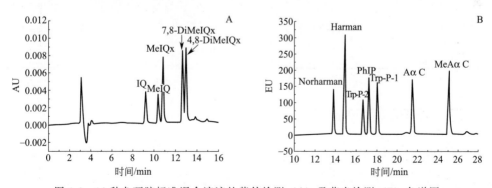

图 6-2　12 种杂环胺标准混合溶液的紫外检测（A）及荧光检测（B）色谱图

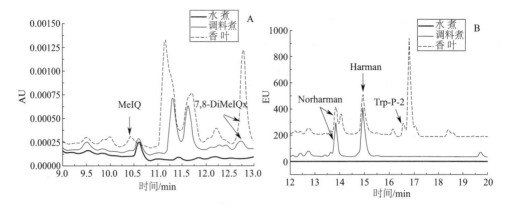

图 6-3 水煮、调料煮和香叶样品的紫外检测（A）及荧光检测（B）色谱图

表 6-9 丁香、桂皮、良姜、红花椒和香叶对酱牛肉中杂环胺种类和含量的影响

单位：ng/g

添加物	MeIQ	7,8-DiMeIQx	Norharman	Harman	Trp-P-2	Trp-P-1	总和
水	ND	ND	0.2 ±0.03[e]	0.13 ±0.01[c]	ND	ND	0.33
调料	ND	1.14 ±0.04[b]	19.45 ±0.24[a]	14.84 ±0.09[a]	0.16 ±0.01[b]	0.13 ±0.01[ab]	35.72
丁香	ND	1.16 ±0.03[b]	17.02 ±0.21[b]	12.64 ±0.44[b]	0.08 ±0.01[b]	0.13 ±0.01[ab]	31.03
桂皮	ND	1.25 ±0.04[b]	13.91 ±0.49[c]	12.45 ±0.38[b]	0.12 ±0.01[b]	0.12 ±0.02[b]	27.85
良姜	ND	ND	16.67 ±0.72[b]	13.30 ±0.43[b]	0.10 ±0.01[b]	0.12 ±0.01[b]	30.19
红花椒	ND	ND	17.35 ±0.69[b]	12.30 ±0.25[b]	0.07 ±0.01[b]	0.16 ±0.01[a]	29.87
香叶	1.31 ±0.05	10.84 ±0.19[a]	9.48 ±0.70[d]	12.65 ±1.36[b]	5.07 ±0.24[a]	ND	39.35

注：数值表示为平均数±标准差，同一列中上标字母不同表示差异显著（$P < 0.05$），ND 表示未检出。调料指一定量白砂糖、盐和酱油的混合物。

三、添加方式对杂环胺形成的影响

良姜和花椒不同添加方式对酱牛肉中杂环胺含量的影响见表 6-10。

表 6-10 良姜和花椒不同添加方式对酱牛肉中杂环胺含量的影响 单位：ng/g

添加方式	7,8-DiMeIQx	4,8-DiMeIQx	Norharman	Harman	Trp-P-2	总和
水煮	ND	ND	0.33±0.03[e]	0.07±0.01[d]	ND	0.40
醇煮	ND	ND	0.60±0.01[e]	0.04±0.01[d]	ND	0.64
调料水煮	ND	ND	10.73±0.56[abc]	23.65±0.35[ab]	0.10±0.02[a]	34.48
调料醇煮	ND	ND	11.73±0.13[ab]	20.40±1.22[bc]	0.10±0.01[a]	32.23
1.6%混合水煮	NQ	NQ	9.06±0.41[cd]	18.43±1.15[c]	0.08±0.01[a]	27.57
1.6%混合醇煮	1.16±0.13[a]	1.11±0.16[b]	10.29±1.76[bcd]	20.62±4.71[bc]	0.07±0.02[a]	30.88
0.4%良姜水煮	ND	ND	10.63±0.01[abc]	21.53±0.01[abc]	0.09±0.01[a]	32.26
0.4%良姜醇煮	ND	ND	8.51±0.57[d]	17.99±0.19[c]	0.09±0.03[a]	26.58
1.6%良姜水煮	ND	ND	9.71±0.22[bcd]	21.55±0.14[abc]	0.10±0.01[a]	31.36
1.6%良姜醇煮	ND	ND	8.40±0.66[d]	18.95±1.73[bc]	0.10±0.01[a]	27.45
0.4%花椒水煮	NQ	NQ	10.41±0.02[bcd]	22.58±0.16[abc]	0.09±0.01[a]	33.08
0.4%花椒醇煮	NQ	NQ	10.00±1.90[bcd]	21.42±3.42[abc]	0.09±0.02[a]	31.50
1.6%花椒水煮	0.69±0.03[b]	1.02±0.15[b]	10.66±0.76[abc]	21.66±2.11[abc]	0.08±0.01[a]	34.10
1.6%花椒醇煮	1.18±0.11[a]	2.03±0.09[a]	12.60±1.40[a]	26.00±3.13[a]	0.08±0.01[a]	41.89

注：数值表示为平均数±标准差，同一列中上标字母不同表示差异显著（$P < 0.05$），NQ 表示未定量，ND 表示未检出。

（一）良姜添加方式对酱牛肉中杂环胺形成的影响

图 6-4 显示了良姜不同添加方式对酱牛肉中杂环胺形成的影响。以水煮方式添加 0.4％和 1.6％的良姜能使 Norharman 和 Harman 含量有所降低，但与调料水煮对照相比差异不明显。以醇煮方式添加两种浓度的良姜均能使 Norharman 含量显著降低 25％左右，但对 Harman 含量无显著影响。不论水煮还是醇煮，不同浓度的良姜处理组之间无显著差异。对 Trp-P-2 而言，四组处理样品对 Trp-P-2 的形成均无显著影响。此外，良姜对 IQ 型杂环胺的形成无影响，其 HPLC 检测色谱图如图 6-5（A）所示。

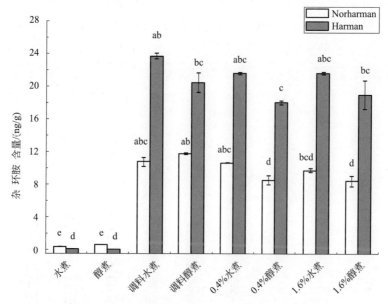

图 6-4 良姜不同添加方式对酱牛肉中杂环胺形成的影响

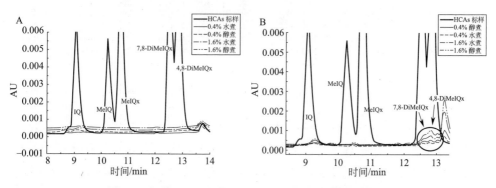

图 6-5 良姜（A）和花椒（B）样品的紫外检测色谱图

（二）花椒添加方式对酱牛肉中杂环胺形成的影响

如图 6-6 所示，以醇煮方式添加 1.6％的花椒能提高 Norharman 和 Harman 含量；但与调料醇煮对照相比，1.6％的花椒对 Norharman 的促进作用不显著而对 Harman 显著。以醇煮方式添加 0.4％花椒或者以水煮方式添加两个浓度的花椒能使 Norharman 和 Harman 含量有所上升或者下降，但与相应的调料醇煮对照或者调料水煮对照相比，差异均不显著。水煮条件下，两个浓度的花椒处理组之间差异不显著，而在醇煮条件下，添加 1.6％花椒处理组中 Norharman 含量显著高于 0.4％花椒处理组。四个处理组对 Trp-P-2 的含量均无显著影响。此外，花椒能促进 7,8-DiMeIQx 和 4,8-DiMeIQx 的形成，而且具有浓度效应：添加 1.6％的花椒以水煮方式煮酱牛肉能生成 0.69ng/g 的 7,8-DiMeIQx 和 1.02ng/g 的 4,8-DiMeIQx，添加相同浓度以醇煮方式的酱牛肉 7,8-DiMeIQx 和 4,8-DiMeIQx 的含量分别为 1.18ng/g 和 2.03ng/g；而当浓度为 0.4％时不论水煮还是醇煮，两种杂环胺在如图 6-5（B）所示的色谱图中有明显的峰，但小于检出限而无法定量。

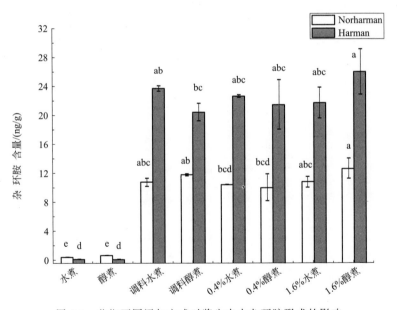

图 6-6　花椒不同添加方式对酱牛肉中杂环胺形成的影响

（三）良姜、花椒以及混合粉末对酱牛肉中杂环胺形成的影响

在水煮条件下，单独添加 1.6％的良姜或者花椒能够降低酱牛肉中 Harman 含量，但与对照相比差异不显著，添加 1.6％的混合粉具有一定的协同抑制作用，能使 Harman 含量显著降低。单独或者混合添加良姜花椒均能使 Norharman 含量有所减低，但与水煮对照相比差异均不显著。

在 10％醇煮条件下，单独添加 1.6％的良姜能够显著降低 Norharman 含量，单独添加花椒能使 Norharman 含量有所提高，两者混合添加使 Norha man 含量有所降低，但与醇煮对照相比差异不显著。单独添加 1.6％的良姜能够降低 Harman 含量，单独添加 1.6％花椒能显著提高 Harman 含量，混合添加使 Harman 含量有所提高，但与醇煮对照相比差异不显著。混合添加在水煮和醇煮条件下对 Trp-P-2 的形成也无显著影响。

参 考 文 献

[1] 陈万青，郑荣寿，张思维等.2012 年中国恶性肿瘤发病和死亡分析［J］.中国肿瘤，2016，25（1）：1-8.

[2] YaoY，Peng Z Q，Wan K，et al. Determination of heterocyclic amines in braised sauce beef［J］. Food Chemistry，2013，141（3）：1847-1853.

[3] 姚瑶，彭增起，邵斌等.20 种市售常见香辛料的抗氧化性对酱牛肉中杂环胺含量的影响［J］.中国农业科学，2012，45（20）：4252-4259.

[4] 万可慧，彭增起，邵斌等.高效液相法测定牛肉干制品中 10 种杂环胺含量［J］.色谱，2012，30（3）：285-291.

[5] Balogh Z，Gray J I，Gomaa E A，et al. Formation and inhibition of heterocyclic aromatic amines in fried ground beef patties［J］. Food and Chemical Toxicology，2000，38（5）：395-401.

[6] Kondjoyan A，Chevolleau S，Greve E，et al. Formation of heterocyclic amines in slices of Longissimus thoracis beef muscle subjected to jets of superheated steam［J］. Food Chemistry，2009，119（1）：19-26

[7] Lan C M，Kao T H，Chen B H. Effects of heating time and antioxidants on the formation of heterocyclic amines in marinated foods［J］. Journal of Chromatography B，2004，802（1）：27-37.

[8] Skog K，Augustsson K，Steineck G，et al. Polar and non-polar heterocyclic amines in cooked fish and meat products and their corresponding pan residues［J］. Food and Chemical Toxicology，1997，35（6）：555-565.

[9] Oz F，Kaban G，Kaya M. Effects of cooking methods and levels on formation of heterocyclic aromatic amines in chicken and fish with Oasis extraction method［J］. LWT-Food Science and Technology，2010，43（9）：1345-1350.

[10] Liao G Z，Wang G Y，Xu X L，et al. Effect of cooking methods on the formation of heterocyclic aromatic amines in chicken and duck breast［J］. Meat Science，2010，85（1）：149-154.

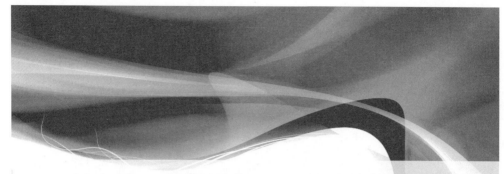

第七章　熏制过程中有害物质的形成

　　熏制是目前肉制品加工的常用手段之一。烟熏火腿、熏鸡、熏猪头肉和熏马肉等我国传统名吃都是熏制品。熏制可赋予肉制品特殊风味，改善食品色泽、抗氧化、抑制微生物生长，但传统烟熏方法导致的卫生安全性问题也不容忽视。熏烟中含有许多有害成分，如果在食品中含量过高，对人体健康极为有害。在熏制食品卫生安全性研究中广受关注的是熏制过程中产生的多环芳烃化合物和甲醛等污染物，它们可使人或实验动物发生突变、畸变或癌变，目前许多国家已将其列为食品有害物质监测的重要内容之一。烟熏液的应用改善了烟熏食品的安全状况。

第一节　熏制产生的多环芳烃和甲醛

　　烟熏的过程实质上是肉品吸收木材（木材、树枝、锯木屑、谷壳、秸秆、稻草、鲜松柏枝等）分解产物的过程。木材的不完全燃烧，或肉类蛋白和脂肪的高温热解都会产生多环芳烃类和甲醛等物质。

一、烟熏肉制品中的多环芳烃和甲醛

（一）烟熏肉制品中的多环芳烃

　　烟熏制品中多环芳烃类化合物和甲醛易沉积或吸附在腌肉制品表面，污染食品，危害人体健康。我国食品卫生法规限定食品中 3,4-苯并芘的残留量应在 $5\mu g/kg$ 以下，欧盟（EU）规定，食品中 3,4-苯并芘的最高含量是 $5\mu g/kg$，德国、法国则限制的 $<1\mu g/kg$。表 7-1 中给出了国内外一些烟熏食品中 3,4-苯并芘的含量

（王卫，2005）。Wretling（2010）用气质联用法分析了瑞典 77 个烟熏食品中的多环芳烃类化合物，发现用传统直接烟熏法生产的 9 种烟熏肉制品样品中 3,4-苯并芘含量为 6.6～36.9μg/kg，6 种烟熏鱼制品中 3,4-苯并芘含量为 68.4～14.4μg/kg，间接烟熏的烟熏肉制品和烟熏鱼制品中 3,4-苯并芘含量都低于定量限（＜0.3μg/kg），或未检出（＜0.1μg/kg）。在西班牙和波兰，烟熏肉制品中 3,4-苯并芘的含量因产品和烟熏方法的不同而有很大的区别。拉脱维亚的熏肉中，熏猪肉的 3,4-苯并芘含量范围是 0.05～6.03μg/kg，熏火腿的 3,4-苯并芘含量为 0.05～2.10μg/kg，熏鸡的 3,4-苯并芘含量范围为 0.08～2.80μg/kg，烟熏肠和烟熏半干肠 3,4-苯并芘的含量一般在 5μg/kg 以下。需要指出的是，欧洲食品安全局（EFSA，2008）提出，3,4-苯并芘（BaP）不能单独作为食品中多环芳香类化合物的指示物，用 PAH_4（即 3,4-苯并芘、䓛、蒽、荧蒽）更适合于指示制品中多环芳香类化合物的存在和毒性，其最高含量应小于 30μg/kg。

表 7-1　烟熏食品中 3,4-苯并芘的含量

中国		瑞典		西班牙		波兰	
样品	BaP 含量 /(μg/kg)	样品	BaP 含量 /(μg/kg)	样品	BaP 含量 /(μg/kg)	样品	BaP 含量 /(μg/kg)
熏肉	1～10	熏火腿[a]	1.6～36.9	Chorozos 1	26	传统熏肠	0.94～6.2
老腊肉	19.1	熏火腿[b]	n. d.～0.3	Chorozos 2	3.0	传统熏火腿	1.0～2.65
红肠	24.5	熏培根[a]	4.1～15.9	Chorozos 3	3.2	液熏火腿	n. d.～0.22
熏牛肉	5.1	熏通脊[b]	n. d.～0.3	熏牛排	＜0.06	熏鲱鱼	n. d.～4.83
熏烤兔肉	4.8	熏鲱鱼[a]	0.4～14.4	熏通脊	＜0.06	烟熏鸡胸	n. d.～2.30
熏鳗鱼	5.9～15.2	熏马鲛[a]	0.6～14.3	烟熏萨拉米	1.10	液熏鸡胸	n. d.～0.22

注：a 表示直接烟熏；b 表示间接烟熏；n. d. 表示未检出，＜0.1μg/kg；Chorozos 1、Chorozos 2、Chorozos 3 分别表示不同产点的无肠衣口利左香肠。

（二）烟熏肉制品中的甲醛

1. 烟熏液中的甲醛

烟熏液大多是通过木材干馏、提纯等工序而制成。木材干馏过程中会产生甲醛和 3,4-苯并芘等多环芳烃类物质，而提纯过程只能除去 3,4-苯并芘等多环芳烃，并不能除去烟熏液中的甲醛。调查发现目前市售的国产及进口烟熏液中大多含有甲醛，甲醛含量在 6.27～61.22mg/L（表 7-2）。

表 7-2　市售烟熏液中甲醛和 3,4-苯并芘的含量

有害物质	烟熏液 A	烟熏液 B	烟熏液 C	烟熏液 D
甲醛含量/(mg/kg)	140.50	14.36	6.30	61.22
3,4-苯并芘含量	未检出	未检出	未检出	未检出

2. 烟熏肉制品中的甲醛

甲醛广泛地存在于自然界中，某些天然来源如森林大火，以及人为来源如汽车

尾气和工业用途都会导致甲醛的产生。在烟熏过程中，糖类及其聚合物在不充分燃烧的过程中也会产生大量甲醛。在熏制过程中，熏烟中的甲醛等有害物质主要附着在产品的表层（表7-3）。

表7-3　烟熏食品中甲醛的含量　　　　　　　　单位：mg/kg

肉制品	表层	内部
湖南熏肉	24.99	17.20
重庆熏肠	28.32	11.77
重庆熏肉	124.32	22.51

二、烟熏肉制品中多环芳烃和甲醛产生的影响因素

许多因素影响熏烟的组分，如熏材的种类、熏烟温度和时间、湿度、烟气流速以及采用的烟熏方法等。

（一）发烟温度对多环芳烃和甲醛产生的影响

发烟温度是影响多环芳香烃形成的重要因素。研究表明，3,4-苯并芘的形成跟生烟时的燃烧温度有很密切的关系。发烟温度在400℃以下时，只形成极微量的3,4-苯并芘；发烟温度在400～1000℃之间，3,4-苯并芘的生成量随温度的上升而呈直线形的增加，每100g木屑的3,4-苯并芘的生成量从5μg增加到20μg。但熏烟中的有益成分如酚类、羰基化合物和有机酸等在600℃时含量达到最高，所以为了使熏烟中含有尽量多的有益成分和相对少的3,4-苯并芘，一般使用400～600℃的生烟温度较为合理。表7-4所示为发烟温度对法兰克福肠多环芳烃含量的影响

表7-4　发烟温度对法兰克福肠多环芳烃含量的影响

多环芳烃	发烟温度/℃					
	600～760	500～600	430～500	370～425	320～360	300～320
BaP/(μg/kg)	0.40～0.61	0.24～0.35	0.16～0.21	0.02～0.04	0.07～0.11	0.01～0.15
4PAHs/(μg/kg)	1.95～3.25	1.41～2.01	1.01～1.62	0.17～0.41	1.25～1.81	0.30～1.62

发烟温度也影响甲醛的形成。纤维素类物质在不同温度下产生的甲醛含量差别较大，温度越高产生的甲醛含量越多。

（二）烟熏时间对多环芳烃和甲醛产生的影响

烟熏肉制品中的3,4-苯并芘和甲醛最初主要沉积、附着于食品的表层，但不同的熏烤温度和时间所产生的3,4-苯并芘量是不同的。在熏烤过程中，随着烟熏时间的延长，熏烟成分渗透到制品内部，时间越长，渗透量越多。对酱卤熏肉的研究结果也表明，熏烤1h熏肉中3,4-苯并芘的含量为3.5μg/kg，而6h后则上升至8.5μg/kg。表7-5列出了不同烟熏时间对猪肉香肠风味及3,4-苯并芘含量的影响。由此可知，要

得到风味佳、色泽好、有害物质含量少的烟熏肉制品，烟熏时间至关重要。

表 7-5 烟熏时间对猪肉香肠风味及 3,4-苯并芘含量的影响

烟熏时间/min	3,4-苯并芘含量/（μg/kg）	风味	色泽
0	0.15	没有烟熏味	原色
16	0.15	基本没有烟熏味	原色
30	0.15	稍有烟熏味	浅黄色
46	0.17	烟熏味好	褐色

（三）烟熏方法对多环芳烃形成的影响

烟熏法分直接烟熏和间接烟熏，传统直接烟熏包括冷熏（20～30℃）和热熏（55～130℃，通常在 80℃左右），间接烟熏包括摩擦生烟法、液熏法、静电熏法和其他发烟技术。

用栎木直接烟熏的脂肪含量 40％的干腌发酵猪肠衣熏肠，其 3,4-苯并芘含量为 0.27μg/kg，4PAHs 为 10.35μg/kg，而间接烟熏的熏肠 3,4-苯并芘和 4PAHs 含量分别为 0.19μg/kg 和 8.26μg/kg。在间接烟熏中，用山毛榉做熏材，摩擦生烟法熏制的羊肠衣香肠的 3,4-苯并芘含量平均为 0.03μg/kg，4PAHs 平均为 0.29μg/kg；而过热蒸汽生烟法熏制的香肠的 3,4-苯并芘和 4PAHs 平均含量分别为 0.08μg/kg 和 0.94μg/kg；同样用山毛榉做熏材，直接烟熏法制得的熏肠，其 3,4-苯并芘含量为 0.09～0.15μg/kg，4PAHs 含量为 1.57～2.42μg/kg，多环芳烃总量为 3.53～5.79μg/kg，有害物质含量明显增加。

（四）熏材种类对多环芳烃和甲醛产生的影响

1. 木材和农作物秸秆熏制对多环芳烃产生的影响

在我国，用于熏制肉制品的熏材来源广泛，比如甘蔗渣、茶叶副产物、玉米芯等秸秆和木屑等。熏材种类对烟熏肉制品的多环芳烃含量有显著影响。杉木熏的猪肉中 3,4-苯并芘含量为 32.3μg/kg，4PAHs 为 165.4μg/kg。而用苹果木热熏的猪肉中 3,4-苯并芘含量含量为 6.0μg/kg，4PAHs 为 27.3μg/kg（表 7-6）。虽然都是果木，但是用李子木比苹果木熏的猪肉中的 3,4-苯并芘含量高。木炭熏的猪肉 3,4-苯并芘含量为 10μg/kg，4PAHs 为 50.5μg/kg。

表 7-6 不同熏材的熏猪肉中的多环芳烃

多环芳烃	杉木	赤杨	山杨	苹果木	李子木	花生壳
3,4-苯并芘/（μg/kg）	32.3	9.4	35	6.04	17-30	1.3
4PAHs/（μg/kg）	165.4	41.5	146.8	27.3	67-221	5.09

2. 木材和农作物秸秆熏制对甲醛产生的影响

熏材种类对烟熏肉制品的甲醛含量有显著影响。橡木燃烧的甲醛排放达 1772mg/kg（干物质），海松木木燃烧的甲醛排放达 653mg/kg（干物质）（表 7-7）。

表 7-7 不同熏材燃烧产生的甲醛含量

熏材种类	海松木	桉木	栎木	圣栎木	橡木	松木
甲醛的生成量 /（mg/kg）	653	1038	1080	988	1772	1165

三、糖熏过程中产生的多环芳烃和甲醛

在我国，有些省份，如河北、山西、山东、浙江、辽宁等，往往将食用糖和木屑一起作为熏制的熏材。葡萄糖、蔗糖等在加热条件下会发生脱水、热解等化学反应，在产生特定的风味物质和颜色物质的同时，会导致一些有害物质的生成，如多环芳烃、甲醛等。而糖类在加热过程中有害物质的产生与糖的种类有关，还与加热温度密切相关。

（一）糖熏过程中产生的甲醛

糖类物质是甲醛的前体物。所有的糖类物质在 $220\sim550℃$ 都会产生甲醛，在 10% 含氧环境中，四种固体糖（红糖、白糖、果糖、葡萄糖）、玉米糖浆和蜂蜜在不同温度下生成甲醛的量各不相同，玉米糖浆和蜂蜜在 $50℃$ 时即产生甲醛，而四种固体糖在 $220℃$ 以上才会有甲醛产生。葡萄糖在 $375℃$ 左右时产生的甲醛最多，为 $4.5\mu g/mg$；果糖在 $325℃$ 左右时产生的甲醛最多，为 $6\mu g/mg$；白糖在 $375℃$ 左右时产生的甲醛最多，为 $4.0\mu g/mg$；红糖在 $325℃$ 左右时产生的甲醛最多，为 $5.0\mu g/mg$；蜂蜜在所有试验组中产生的甲醛最多，在 $275℃$ 左右就产生 $9.8\mu g/mg$；玉米糖浆产生的甲醛较少，最高为 $2.5\mu g/mg$（表 7-8）。

表 7-8 糖类物质在不同温度下燃烧产生的甲醛

温度 /℃	燃烧物产生的甲醛/（μg/mg）					
	葡萄糖	果糖	白糖	红糖	玉米糖浆	蜂蜜
225～275	0～1.6	0.3～2.2	0～1.5	0～2	0.6～0.75	2.6～9.8
275～325	1.6～2.1	2.2～6.0	1.5～3.1	2.0～5.0	0.75～1.3	9.8～2.6
325～375	2.1～4.5	6.0～2.5	3.1～4.0	5.0～3.0	1.3～2.5	2.6～1.8
375～425	4.5～2.8	2.5～1.5	4.0～1.8	3.0～1.5	2.5～1.9	1.8～1.0
425～475	2.8～1.2	1.5～0.7	1.8～0.9	1.5～0.7	1.9～0.9	1.0～0.9
475～525	1.2～0.6	0.7～0.4	0.9～0.5	0.7～0.3	0.9～0.75	0.9
525～575	0.6	0.4	0.5	0.3	0.75	0.9

纤维素、淀粉主要通过燃烧与热解产生甲醛，而果糖、葡萄糖则主要是通过热

解作用产生甲醛。对于大部分的糖类来说，甲醛是糖的直接降解产物，而对于转化糖来说甲醛的形成机制比直接降解产生要复杂得多。测定结果表明，市售糖熏烧鸡的鸡皮中甲醛含量为 30～40mg/kg，鸡肉中甲醛含量为 5～10mg/kg，糖熏鸡架中甲醛含量为 25～45mg/kg，糖熏五花肉中甲醛含量为 18～39mg/kg。

（二）糖熏过程中产生的多环芳烃

碳水化合物在超过 800℃的高温下会产生较多的多环芳烃类物质。D-葡萄糖、D-果糖以及纤维素在超过 800℃的高温条件下，分解会导致大量酚醛和多环芳烃的产生。传统的红糖制作过程是将甘蔗榨汁后再以小火熬煮 5～6h，甘蔗汁中的水分蒸发，糖的浓度逐渐升高，高浓度的糖浆冷却凝固成为固体块状的粗糖，即红糖。高温长时间的熬煮使红糖本身含有大量的多环芳烃。经过对红糖制品的研究发现，其中含有 16 种多环芳烃，而且大多数红糖制品中 3,4-苯并芘的含量一般为 $0.1\mu g/kg$，多环芳烃的含量在 $0.5\mu g/kg$ 到 $4.0\mu g/kg$ 之间。商业上往往用糖和木屑的混合物进行糖熏，所以糖熏过程会产生多环芳烃。

第二节　烟熏肉制品中多环芳烃和甲醛的控制

烟熏肉制品历史悠久，并以其特有的色、香、味而受到广大消费者的青睐。肉制品烟熏的目的是改善产品感官质量和延长储藏时间，产生能引起食欲的烟熏香味，酿成制品的独特风味，使外观产生特有的烟熏色泽，肉组织的腌制颜色更加诱人，同时抑制不利微生物的生长，抗脂肪氧化酸败，延长产品货架寿命。但一些传统烟熏方法可能导致的卫生安全性问题也不容忽视。由于在烟熏肉制品中可能含有多环芳烃、甲醛等有害物质，对人类健康造成很大的威胁，所以应采取有效的控制措施，来减少烟熏肉制品中多环芳烃和甲醛的含量。

一、熏材的选择

不用水分含量高、发霉变质、有异味的熏材，也不要用含树脂木材、经化学处理的木材以及其他非天然木材作为熏材，尽可能选用含树脂少的硬质料和商品化标准化复合熏材。选择熏材要慎重，熏材不同，多环芳烃残留量也不同。用枫木热熏的猪肉中 3,4-苯并芘含量为 $9.3\mu g/kg$，与赤杨木接近，但 4PAHs 为 $66.1\mu g/kg$，约为赤杨木的 1.6 倍。采用木屑熏制的四川红板兔产品，3,4-苯并芘残留量为 $2.13\mu g/kg$，而用谷草或杂锯末高温熏制的板兔产品为 $6.4\mu g/kg$；用杂锯末与谷草熏制的腊肉中 3,4-苯并芘含量高达 $8.1\mu g/kg$，而用松柏枝制作的熏腊肉中的含量为 $3.2\mu g/kg$。

二、烟熏方法的选择

采用间接烟熏法（如使用摩擦生烟器）代替直接烟熏法可以显著减少烟熏食品中的多环芳烃污染。研究表明，间接烟熏法可减少烟熏肉制品中33％～45％的多环芳烃，尤其是使用天然肠衣的产品中多环芳烃含量的降低更为明显。间接烟熏方式采用现代的工业炉，外部设有发烟器，熏烟被引入烟熏室之前加以过滤，或以静电沉淀法，或以冷却方法去除熏烟中的有害物质。传统的直接烟熏方法使熏鱼中含有大量的3,4-苯并芘，尤其是鱼体表层，其含量高达50μg/kg，而采用间接烟熏方式，控制发烟条件，其含量仅为0.1μg/kg，甚至更少。采用明火直接熏制的香肠中，3,4-苯并芘的浓度范围是2～7μg/kg，是德国、法国法规规定的含量的2～7倍。传统烟熏方法加工的酱卤熏肉和红板兔中的3,4-苯并芘分别平均为1.92μg/kg和5.85μg/kg，而用多功能烟熏炉间接熏制的酱卤熏肉和红板兔的3,4-苯并芘含量分别为0.35μg/kg和0.45μg/kg，差别非常明显。需要指出的是，多功能烟熏装置往往发烟量不大，由此熏制的产品往往烟熏味不足。所以，这种间接烟熏装置的功能需要改进，才能适应商业生产的需求。烟熏时为避免熏材与食品直接接触，也可采用电热、远红外线为热源的新的加工方法。

三、烟熏设备及运行参数

（一）烟熏设备的选择

从烟熏设备和工艺上来看，需对传统烟熏工艺进行改进和优化，在尽可能保持传统风味特色的同时，不断研究新技术、新设备，改善产品安全品质。在加工过程中，可以通过采用最佳的烟熏程序，控制烟熏程序的整个工艺，选用熏烟净化装置，来减少或消除烟熏肉制品中的有害物质。传统熏烤食品是通过简陋装置，甚至是简易烟熏架直接熏制。在现代食品加工中，各种空调式多功能自动烟熏装置广泛应用。采用空调式多功能自动烟熏装置加工产品，熏烤室内各个部位温度均匀，温湿度均可自动控制，熏烤可间接进行，因此产品质量好，多环芳烃污染程度小，标准化程度高，损耗少，加工周期短。采用自动熏烤设备，结合中温或低温熏制法，可明显减少3,4-苯并芘等多环芳烃的残留，保证产品卫生安全。

（二）运行参数的选择

1. 烟熏温度和气流

摩擦生烟室、蒸汽烟熏室等设备中影响多环芳烃形成的主要运行参数是热解温度和气流速度。烟熏工艺参数对产品中多环芳烃含量有显著影响。多环芳烃含量随着烟浓度和气流速度的增加而增加。相比于蒸汽烟熏和直接烟熏，摩擦生烟法熏制的法兰克福肠中 3,4-苯并芘的含量仅为前两者的三分之一。生烟温度是影响多环芳烃含量的主要参数，将其控制在 600℃ 以下能够有效阻止多环芳烃的形成。采用空气循环式烟熏装置时，热熏法熏制的食品中多环芳烃含量为 300μg/kg，而冷熏法仅为 60～70μg/kg。在法式熏兔加工中，采用冷熏法，3,4-苯并芘的残留仅为 0.1μg/kg 或未检出，而明火熏烤的样品高达 11.5μg/kg。较低温度下生成的熏烟中，所含 3,4-苯并芘等多环芳烃的量较少，例如低于 425℃ 以下进行木材热分解，已可防止这些化合物的生成。

2. 烟熏时间

不同的烟熏时间所产生的多环芳香烃含量不同。研究表明，猪肉乳化香肠的 3,4-苯并芘初始含量为 0.24mg/kg，烟熏 3 天后 3,4-苯并芘的含量为 0.38mg/kg，烟熏 5 天后 3,4-苯并芘的含量上升到 0.75mg/kg。用橡木和栗木的混合熏材，用天然肠衣灌制，未熏制的猪肉乳化肠中未检出 3,4-苯并芘，熏制 10 天的猪肉乳化肠肠衣中 3,4-苯并芘的含量为 17.0～22.81mg/kg，肠肉中 3,4-苯并芘的含量为 1.56～1.84mg/kg。

四、采用液熏法

液熏法是在烟熏法基础上发展起来的食品非烟熏加工技术，它是用烟熏液替代烟雾进行熏制食品的一种方法。烟熏液以天然植物（如枣核、山楂核等）为原料，经干馏、提纯精制而成，具有和烟雾几乎相同的风味成分，如有机酸、酚类及碳氢化合物等，保持了传统熏制食品的风味，除去了聚集在焦油液滴中的多环芳烃等有害物质。许多研究表明，烟熏食品中的多环芳烃污染能够通过使用烟熏液替代直接烟熏来显著降低。采用液熏法可使 3,4-苯并芘的残留降低到小于 1μg/kg。然而，由于甲醛的挥发性和水溶性，许多市售烟熏液中不同程度低含有甲醛。

五、肉品与热源的距离和位置

将发酵香肠放置在烟熏室垂直方向上的不同位置进行熏制，测得下方的香肠中 PAH_4 含量最低，为 15.9μg/kg，中间和上方分别为 47.7μg/kg 和 78.2μg/kg。这可能与烟熏过程中烟气集中在烟熏室上部有关。但香肠表面和内部的多环芳烃变化趋势不一致，放置在烟熏室上、中和下部位的香肠表面 PAH_4 含量分别为 242.3μg/kg、144.6μg/kg 和 8.9μg/kg，内部 PAH_4 含量分别为 0.9μg/kg、

1.5μg/kg 和 19.2μg/kg。

六、脂肪含量和肠衣类型

随着法兰克福肠脂肪含量的增加，产品中 3,4-苯并芘含量明显提高。脂肪含量本身并不会影响多环芳烃形成，但当高脂肪含量与天然肠衣共同作用时，产品中多环芳烃含量显著增加。在相同烟熏条件下，使用天然肠衣的香肠中多环芳烃含量为 220μg/kg，高于胶原蛋白肠衣（31.3μg/kg），并且胶原蛋白肠衣能更有效地阻止多环芳烃进入香肠内部。而与天然肠衣和胶原蛋白肠衣相比，采用可剥离纤维素肠衣的法兰克福肠中多环芳烃含量更低。这与肠衣物理性质有关，天然肠衣具有高孔隙率，使脂肪能够流经天然肠衣并覆盖在外表面，使其变黏，随后，当含有多环芳烃的烟气到达产品表面时，烟气颗粒容易黏附在上面，并向产品内部迁移。而人造肠衣孔隙率低，使脂肪存在于产品内部，肠衣外表面保持干燥和光滑，不会吸附烟气颗粒，因此在肠衣表面只检测到少量含有多环芳烃的烟气颗粒。此外，肠衣孔径越小，越能有效阻止多环芳烃进入产品内部。烟尘颗粒粒径大于胶原蛋白肠衣的孔径，但小于天然肠衣孔径，含有多环芳烃的烟尘颗粒更易进入采用天然肠衣的产品内部。

传统的烟熏方法导致的安全问题不容忽视，特别是产生的多环芳烃和甲醛等有害物质，污染食品，危害人体健康，已受到消费者的广泛关注，因此改革陈旧的烟熏技术势在必行。开发一种非烟熏的绿色制造技术，使肉制品的风味和色泽可以与传统烟熏肉制品相媲美，同时极大降低有害物残留量，将具有极其重要的意义。

参 考 文 献

［1］ 崔国梅，彭增起，孟晓霞. 烟熏肉制品中多环芳烃的来源及控制方法［J］. 食品研究与开发，2010，31（3）：180-183.

［2］ 赵勤，王卫. 熏烤肉制品卫生安全性及其绿色产品开发的技术关键［J］. 成都大学学报（自然科学版），2005，24（2）：107-110.

［3］ Pöhlmann M，Hitzel A，Schwägele F，et al. Contents of polycyclic aromatic hydrocarbons（PAH）and phenolic substances in Frankfurter-type sausages depending on smoking conditions using glow smoke［J］. Meat Science，2012，90（1）：176-184.

［4］ Roseiro L C，Gomes A，Santos C. Influence of processing in the prevalence of polycyclic aromatic hydro-carbons in a Portuguese traditional meat product.［J］. Food & Chemical Toxicology An International Journal Published for the British Industrial Biological Research Association，2011，49（6）：1340-1345.

［5］ Ledesma E，Rendueles M，Díaz M. Characterization of natural and synthetic casings and mechanism of

BaP penetration in smoked meat products [J] . Food Control, 2015, 51: 195-205.

[6]   Ledesma E, Rendueles M, Díaz M. Contamination of meat products during smoking by polycyclic aromatic hydrocarbons: Processes and prevention [J] . Food Control, 2016, 60: 64-87.

[7]   Varlet V, Serot T, Knockaert C, et al. Organoleptic characterization and PAH content of salmon (Salmo salar) fillets smoked according to four industrial smoking techniques [J] . Journal of the Science of Food & Agriculture, 2010, 87 (5): 847-854.

[8]   Kostyra E, Baryko-Pikielna N. Volatiles composition and flavour profile identity of smoke flavourings [J]. Food Quality & Preference, 2006, 17 (1): 85-95.

[9]   Baker R R, Coburn S, Liu C. The pyrolytic formation of formaldehyde from sugars and tobacco [J]. Journal of Analytical & Applied Pyrolysis, 2006, 77 (1): 12-21.

[10] Ledesma E, Rendueles M, Díaz M. Characterization of natural and synthetic casings and mechanism of BaP penetration in smoked meat products [J] . Food Control, 2015, 51: 195-205.

[11] Yi Zhu, Zengqi Peng, Min Wang, et al. Optimization of extraction procedure for formaldehyde assay in smoked meat products [J] . Journal of Food Composition and Analysis, 2012, 28 (1): 1-7.

[12] StumpeViksna Ilze, Bartkevičs Vadims, Kukāre Agnese, et al. Polycyclic aromatic hydrocarbons in meat smoked with different types of wood [J] . Food Chemistry, 2008, 110 (3): 794-797.

[13] Gomes A, Santos C, Almeida J, et al. Effect of fat content, casing type and smoking procedures on PAHs contents of Portuguese traditional dry fermented sausages. [J] . Food & Chemical Toxicology, 2013, 58 (7): 369-374.

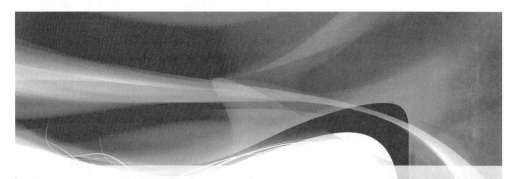

第八章　储藏加工过程中胆固醇氧化物的形成

第一节　畜产品中的胆固醇氧化物

一、肉制品中的胆固醇氧化物

新鲜肉中几乎不含有胆固醇氧化物。肉中胆固醇氧化物的形成主要存在于受到氧化作用的情况下，如腌制、加热、光照以及长时期储存，因而在很多种加工肉制品中可检测到胆固醇氧化物。肉类样品在加工过程中胆固醇氧化程度可用总胆固醇氧化物含量表示，并可由剩余胆固醇百分含量以及相应的硫代巴比妥酸反应物（Thiobarbituric Acid Reactive Substances，TBARS）值反映。

Zubillaga 等（1991）报道，7-酮基胆固醇是肉制品中主要的胆固醇氧化物，几乎占胆固醇氧化物总量的一半，接下来按含量由高到低依次为 7α-羟基胆固醇、7β-羟基胆固醇、环氧化胆固醇。Monahan 等（1992）在生猪排中未检测到胆固醇氧化物，并且冷藏 8 天后也仅在少数样品中检测到胆固醇氧化物。Lercker 等（2000）发现，不同加热方式的肉中，7-酮基胆固醇含量没有显著差异，并且生肉中 7-酮基胆固醇含量已经达到较高水平，约为 3.5mg/kg。这可能是生肉在排酸过程中产生的，此过程通常在 4～6℃放置 10～15 天以改善肉的嫩度和风味。Baggio 等（2002）在冻藏 16 个月的生火鸡胸肉中检测到 7-酮基胆固醇含量约为 330μg/kg。Conchillo 等（2005）报道，5β,6β-环氧化胆固醇是生肉中含量最高的胆固醇氧化物，而在烤鸡肉中，7-酮基胆固醇含量最丰富。

氧化反应起始于含有大量多不饱和脂肪酸的膜磷脂，不饱和脂肪酸含量越高越易发生氧化。由食物成分表可知，禽肉中不饱和脂肪酸的比例高于其他肉类如猪肉、牛肉和羊肉，但猪肉和牛肉中的胆固醇和血红素含量高于禽肉，因此在考虑胆固醇氧化敏感性时要综合考虑各种因素。此外，胆固醇氧化物的产生与肉的部位有很大关系，如相同处理条件下，鸡腿肉中的胆固醇氧化物高于鸡胸肉，这是因为鸡腿肉中的胆固醇、总脂类物质、磷脂和铁的含量都高于鸡胸肉。另一方面，肉制品的氧化程度还取决于原料的品质、抗氧化剂的添加量、加工条件和储藏时间等多种因素。

（一）干腌火腿

干腌火腿是用带骨、皮、爪尖的整只猪后腿或前腿，经腌制、洗晒、风干和长期发酵、整形等工艺制成的著名生腿制品。干腌是一种缓慢的腌制过程，干腌火腿因其加工周期长，腌制过程中过量的食盐、脱水、适宜的温度以及长期暴露在空气中等因素都可能会促进胆固醇氧化，并形成胆固醇氧化物。

Zanardi 等（2000）检测了帕尔玛火腿中胆固醇及胆固醇氧化物含量，发现胆固醇含量为 76.4mg/100g，胆固醇氧化物占胆固醇含量的 0.11%，并且仅检测出 7-酮基胆固醇、7β-羟基胆固醇和 $5\alpha,6\alpha$-环氧化胆固醇三种氧化产物，分别为 0.32mg/kg、0.21mg/kg、0.31mg/kg。在毒理学上，该浓度的胆固醇氧化物与体外细胞培养试验中发现的毒性最小水平相当。

Vestergaard 等（1999）分别检测了不同成熟时间干腌火腿瘦肉与肥肉中的胆固醇氧化物含量，发现在 2 年内，瘦肉中单种胆固醇氧化物的含量均不超过 1mg/kg，而同一火腿的皮下脂肪中胆固醇氧化物含量较高。这可能是因为肥肉部分脂肪含量丰富，并且在外层，更易与氧气接触而发生氧化反应。此外，加工时间越长，干腌火腿中胆固醇氧化物含量越高。Vestergaard 等报道，12 个月、15 个月、18 个月的帕尔玛火腿脂肪中 7-酮基胆固醇含量分别为 1.1mg/kg、1.7mg/kg、1.8mg/kg。钱烨等（2017）研究指出，金华火腿中胆固醇氧化物含量与帕尔玛火腿相似。

（二）肠类肉制品

肠类肉制品是指切碎或斩碎的肉与辅料混合，并灌入肠衣内加工制成的肉制品。其中中式香肠、熏煮香肠在加工过程中添加食盐、硝酸钠等辅料进行腌制处理。

中式香肠（又叫风干肠）是我国传统腌腊肉制品中的一大类。传统生产过程是在寒冬腊月于较低的温度下将原料肉进行腌制，然后经过自然风干和成熟过程加工成的一类产品。Wang 等（1995）研究发现，7β-羟基胆固醇、7-酮基胆固醇、22-酮基胆固醇是中式香肠中主要的胆固醇氧化物。

Salame 是欧洲尤其是南欧民众喜爱食用的一种腌制肉肠，由猪肉或猪肉和牛肉混合制成，腌制时间较长，味道咸。Zanardi 等（2000）对 Salame Milano 中的胆固醇和胆固醇氧化物进行了测定，测得胆固醇含量为 110.5mg/100g，胆固醇氧化物占胆固醇含量的 0.12%，其中 7-酮基胆固醇、7β-羟基胆固醇、$5\alpha,6\alpha$-环氧化胆固醇分别有 0.52mg/kg、0.56mg/kg、0.23mg/kg。

Coppa 是一种意大利肉肠，以猪颈肉为原料，加入食盐、亚硝酸盐和黑胡椒等腌制而成。Zanardi 等（2000）测得 Coppa 中胆固醇含量为 115.5mg/100g，胆固醇氧化物占胆固醇含量的 0.16%，其中 7β-羟基胆固醇含量极低，7-酮基胆固醇、5α，6α-环氧化胆固醇分别有 1.16mg/kg、0.65mg/kg。

（三）盐渍水产品

盐渍水产品是指以鲜（冻）鱼、虾等为原料，经相应工艺加工制成的产品。盐渍鱼、盐渍虾等是常见的盐渍水产品。

Kang 等（2008）检测了盐渍时间分别为 5h 和 5 天的黄花鱼中的胆固醇及胆固醇氧化物含量。新鲜黄花鱼中胆固醇含量为 133.4mg/100g，未检测到 7α- 和 7β-羟基胆固醇；分别盐渍 5h 和 5 天后胆固醇降为 130.3mg/100g、87.2mg/100g，7α-羟基胆固醇分别为 1.463mg/kg、2.314mg/kg，7β-羟基胆固醇分别为 1.257mg/kg、1.309mg/kg。此外，他们还发现，经过盐渍的样品在晒干后储藏的过程中胆固醇氧化物含量继续增加，但盐渍 5 天的黄花鱼在储藏 21 天后胆固醇氧化物含量比盐渍 5h 的黄花鱼少。可见，盐渍会导致肉中胆固醇氧化，并且盐渍时间越长，产生的胆固醇氧化物可能越多。经过长时间盐渍处理的肉制品在后续贮藏过程中产生的胆固醇氧化物可能比短时间盐渍的肉制品更少。

Sampaio 等（2006）发现盐渍虾米中含有大量胆固醇氧化物，他们对市售的不同季节盐渍虾米中的胆固醇氧化物进行了分析测定，测得夏季、秋季、冬季的盐渍虾米中总胆固醇氧化物含量分别为 31.74mg/kg、41.33mg/kg、54.84mg/kg，其中 7β-羟基胆固醇是主要的胆固醇氧化物。加工和储藏条件的不同是导致样品中胆固醇氧化物含量有差异的主要原因。由于虾米中胆固醇含量高，因此在盐渍、晒干等加工过程中，长期受氧气、辐照等恶劣因素的作用，极易形成胆固醇氧化物。

二、蛋制品中的胆固醇氧化物

每枚鸡蛋中平均含有 213mg 胆固醇，是相同重量的黄油和冻干肉制品中胆固醇含量的两倍，是乳制品的 5～10 倍。蛋制品中胆固醇氧化物含量在微量至

200mg/kg，但新鲜鸡蛋中的胆固醇氧化物含量未见报告。其中，$5\alpha,6\alpha$-环氧化胆固醇和 $5\beta,6\beta$-环氧化胆固醇是蛋制品中最主要的胆固醇氧化物。

Sander 等（1989）研究表明，蛋粉在储藏过程中形成的胆固醇氧化物主要为 $5\alpha,6\alpha$-环氧化胆固醇。他们发现蛋制品中胆固醇氧化物含量由高到低依次为：$5\alpha,6\alpha$-环氧化胆固醇、7β-羟基胆固醇、$5\beta,6\beta$-环氧化胆固醇、7-酮基胆固醇。据 Fontana 等（1993）报道，25-羟基胆固醇和胆甾烷-$3\beta,5\alpha,6\beta$-三醇仅在蛋粉于 90℃ 加热 6~24h 才检出。同时，他们发现 7-酮基胆固醇含量在加热过程中由 2.2mg/kg 升高到 317mg/kg。

鸡蛋产品的物理形态对胆固醇氧化物的产生有影响，粉状更易发生氧化，乳化的酱状产品也易发生氧化，因其与氧的接触面积增大。蛋粉生产过程中采用的干燥工艺对胆固醇氧化影响很大，喷雾干燥的蛋粉中胆固醇氧化物含量高于冻干蛋粉。并且蛋粉的水分活度对储藏过程中胆固醇氧化物的形成有显著影响，蛋粉产品的水分活度越低，产生的胆固醇氧化物越多，而相同水分活度时，全蛋粉中产生的胆固醇氧化物比蛋黄粉中的多。此外，蛋制品储藏时间越长，温度越高，产生的胆固醇氧化物就越多。

三、乳制品中的胆固醇氧化物

牛奶中胆固醇含量约为 12mg/100g。Sander 等（1989）对乳酪生产用鲜奶进行测定，得出的结果是鲜奶中胆固醇氧化物含量极低。在新鲜的乳酪和乳酪酱中，胆固醇氧化物也含量甚微，仅有少数研究检测出极低含量的 7-酮基胆固醇等。新鲜奶油和新鲜黄油中胆固醇氧化物的含量水平也非常低。鲜牛奶及鲜乳制品中产生胆固醇氧化物的可能性非常小，主要是因为鲜奶是液态的，含氧量很低；而且鲜奶中多不饱和脂肪酸的比例很小，铁、铜等氧化催化剂也少，但储藏和加工会促进乳制品中胆固醇氧化产物的生成。

7-酮基胆固醇是乳制品中主要的胆固醇氧化物。在帕玛森干酪和芝士酱中只能检测到少量胆固醇氧化物，在其他奶酪和烤芝士中也只能在少数样品中检测出 7-酮基胆固醇和极微量的 7α-羟基胆固醇、7β-羟基胆固醇。Sander 等（1989）将有盐黄油和无盐黄油置于 110℃ 下加热 24 天，测得无盐黄油中含有超过 300mg/kg 的酮基胆固醇和 200mg/kg $5\alpha,6\alpha$-环氧化胆固醇，这是有盐黄油的 2~3 倍，因此盐分可能会抑制黄油中的胆固醇氧化。

常见畜产品中胆固醇氧化物含量见表 8-1。

表 8-1 常见畜产品中胆固醇氧化物含量

产品名称	胆固醇氧化物						参考文献
	7α-羟基胆固醇、7β-羟基胆固醇	7-酮基胆固醇	5α,6α-环氧化胆固醇、5β,6β-环氧化胆固醇	25-羟基胆固醇	胆甾烷-3β,5α,6β-三醇	总胆固醇氧化物	
生牛肉	未测定	3.5 mg/kg	未测定	未测定	未测定	0.5～3.5 mg/kg	Hwang and Maerker (1993)
熟牛肉	未测定	未测定	未测定	未测定	未测定	3.1～5.9 mg/kg	Engeseth and Gray(1994)
牛油	2β-羟基胆固醇 0.17mg/kg	未检出	5β,6β-环氧化胆固醇 0.60mg/kg	未检出	未检出	未测定	Verleyen et al. (2003)
熟鸡腿肉（牛油喂养）	2β-羟基胆固醇 1.48mg/kg	0.90 mg/kg	5α,6α-环氧化胆固醇 0.53mg/kg、5β,6β-环氧化胆固醇 0.61mg/kg	0.10 mg/kg	0.09 mg/kg	3.70 mg/kg	Grau et al. (2001)
生鸡腿肉（辐照后）	43.2 mg/kg lipid	6.0mg/kg lipid	5α,6α-环氧化胆固醇 3.9mg/kg lipid	未测定	未检出	53.4mg/kg lipid	Nam et al. (2001)
生鸡胸肉（冻藏3个月）	7α-羟基胆固醇 1.31mg/kg fat、7β-羟基胆固醇 1.49mg/kg fat	0.55 mg/kg fat	5α,6α-环氧化胆固醇 0.20mg/kg fat、5β,6β-环氧化胆固醇 2.69mg/kg fat	0.23 mg/kg fat	0.92 mg/kg fat	7.40 mg/kg fat	Conchillo et al. (2005)
生火鸡胸肉（新鲜）	7α-羟基胆固醇 3.6mg/kg fat、7β-羟基胆固醇 4.8mg/kg fat	5.1 mg/kg fat	5α,6α-环氧化胆固醇 1.6mg/kg fat、5β,6β-环氧化胆固醇 7.0mg/kg fat	未测定	1.5 mg/kg fat	23.7 mg/kg fat	Boselli et al. (2005)
萨拉米	7β-羟基胆固醇 0.56mg/kg	0.52 mg/kg	5α,6α-环氧化胆固醇 0.23mg/kg	未测定	未测定	1.31 mg/kg	Zanardi et al. (2000)
干腌火腿脂肪（储藏24个月）	7β-羟基胆固醇 0.7mg/kg	1.2 mg/kg	5α,6α-环氧化胆固醇 0.7mg/kg	0.5 mg/kg	1.4 mg/kg	未测定	Vestergaard and Parolari (1999)
干腌火腿脂肪（陈放一年）	7β-羟基胆固醇 0.83mg/kg	1.33 mg/kg	未测定	0.51 mg/kg	1.47 mg/kg	4.14 mg/kg	钱烨等 (2017)
新鲜牛奶	未检出	未检出	未检出	未检出	未检出	未测定	Sieber (2005)
碎干酪	未测定	0.2～0.8 mg/kg	未测定	未测定	未测定	4～46 mg/kg	Finocchiaro et al. (1984)
全脂奶粉	未测定	0.3～0.7 mg/kg	未测定	未测定	未测定	微量～6.8 mg/kg	Zunin et al. (1998)
全蛋粉	未测定	1.3～4.6 mg/kg	未测定	未测定	未测定	8～311 mg/kg	Lai et al. (1995)
喷干蛋粉（储藏1个月）	未测定	未测定	未测定	未测定	未测定	47.8 mg/kg fat	Caboni et al. (2005)
蛋黄粉	7α-羟基胆固醇 39.5mg/kg fat、7β-羟基胆固醇 59.2mg/kg fat	79.4 mg/kg fat	5α,6α-环氧化胆固醇 127.5mg/kg fat、5β,6β-环氧化胆固醇 135.5mg/kg fat	未测定	未测定	441.1 mg/kg fat	Obara et al. (2005)

第二节　储藏加工过程中胆固醇氧化物的形成与控制

一、加热

许多研究结果已证实新鲜原料肉中几乎不含胆固醇氧化物，大多数胆固醇氧化物都是在加工过程中，尤其是加热后被发现。已知胆固醇氧化物的形成需要活性氧、不饱和脂肪酸、胆固醇的存在，并且过渡金属和酶对其有显著影响。而加热会引起蛋白质变性，从而导致抗氧化酶失活，或使与蛋白质结合的金属离子得到释放，催化氧化反应；加热破坏细胞膜，使多不饱和脂肪酸与氧化剂反应，产生氢过氧化物，氢过氧化物热分解，形成自由基，引发胆固醇氧化。因此加热是导致胆固醇氧化物产生的重要因素。

（一）加热温度及时间对胆固醇氧化物形成的影响

胆固醇氧化反应与热处理温度和时间直接相关。Yen 等（2010）将胆固醇置于150℃加热 60min 后可检测出胆固醇氧化物，但在 120℃或 100℃加热后未检测出胆固醇氧化物。

研究表明，食品中胆固醇氧化也与加热温度和时间直接相关。Park 等（1986）发现 7-酮基胆固醇含量随加热时间增加而线性增加，在 155℃下加热 376h，7-酮基胆固醇含量为初始胆固醇含量的 10%。Pie 等（1991）研究了烤箱加热（220℃）对牛肉和猪肉中胆固醇氧化物含量的影响，发现加热后牛肉中胆固醇氧化物总量增加了 252%，猪肉增加了 321%。张明霞等（2002）研究发现，在 90℃下加热 2h和 150℃加热初期（10min 以内）没有检测到胆固醇氧化物生成，胆固醇的氧化并不显著；但是高温下加热较长时间时，胆固醇自动氧化明显加快。陈炳辉等（2006）研究发现，猪肉卤煮时间越长，产生的 7α-羟基胆固醇、7β-羟基胆固醇、25-羟基胆固醇、7-酮基胆固醇含量越高，加热 24h 后，这几种物质分别增加了70.1ng/g、157.9ng/g、64.8ng/g、75ng/g，胆固醇氧化物总量达 896ng/g，胆甾烷三醇在加热 4h 后被检测出，并且继续加热其含量变化不大。此外，某些胆固醇氧化物在高温下加热一定时间会发生分解。

常见的热处理方式如油炸、烧烤这些加热方式均在高温条件下，易导致产品生成胆固醇氧化物。卤煮用的老卤加热时间长，并经过反复加热，也产生了大量胆固醇氧化物。故不应长期食用这些传统加热方式生产的肉制品，以防止摄入过多的胆固醇氧化物，危害健康。

（二）加热方式对胆固醇氧化物形成的影响

肉的加热方式主要有煮制、油炸、高温烤制、微波加热等，不同的加热方式，加热介质、温度、时间等条件不同。其中微波加热技术与传统加热方式不同，微波加热是一种依靠物体吸收微波能将其转换成热能，使自身整体同时升温的加热方式，它是通过被加热体内部偶极分子高频往复运动，产生"内摩擦热"而使被加热物料温度升高。加热方式可能会影响胆固醇氧化物的形成。

Chen 等（1993）研究发现，鸡肉在煮制 4h 后，胸肉和腿肉样品含有 20-羟基胆固醇、$5\alpha,6\alpha$-环氧化胆固醇和胆甾烷-$3\beta,5\alpha,6\beta$-三醇，然而，深度油炸和微波只产生 20-羟基胆固醇。Maider 等（2001）用三种方式加热鲑鱼：橄榄油炸（180℃，4min）、大豆油炸（180℃，4min）、烧烤（200℃，30min），测得每 100g 脂肪中胆固醇氧化物含量分别为 0.298mg、0.335mg、0.738mg。Echarte 等（2003）发现微波加热的鸡肉和牛肉比橄榄油油炸产生的胆固醇氧化物更多，其中微波加热的样品中心温度为 100℃，加热 3min，油炸中心温度为 85～90℃，加热 6min。Broncano 等（2009）分别用烧烤（190℃，4min）、油炸（170℃，4min）、微波（80℃，90s）、烘烤（150℃，20min）四种加热方式处理伊比利亚猪肉，结果表明，经过这几种方式加热的猪肉中，胆固醇氧化物含量没有显著差异，含量最高的胆固醇氧化物都是 7α-羟基胆固醇和 7β-羟基胆固醇。Min 等（2016）研究了烤锅烤制（170℃，20min）、清蒸、烤箱烤制（150℃，1h）、微波（2450MHz，10min）四种加热方式对猪里脊中胆固醇氧化物形成的影响，结果表明，烤锅烤制和微波加热产生较多的胆固醇氧化物，主要有胆甾烷-$3\beta,5\alpha,6\beta$-三醇、25-羟基胆固醇、20-羟基胆固醇。

二、储藏

（一）储藏时间及温度对胆固醇氧化物形成的影响

Park 等（1987）研究了冻猪肉样品中胆固醇氧化物含量，该样品在有氧条件下长时间储藏，并且未控制储藏湿度、光照等条件，虽然该试验得到的数据不能完全反映市售冻猪肉中所含胆固醇氧化物的情况，但其显示长期储藏会产生大量胆固醇氧化物，并形成易导致动脉粥样硬化的胆甾烷-$3\beta,5\alpha,6\beta$-三醇。

有研究发现，碎牛肉和火鸡肉中胆固醇氧化物随着储藏时间的延长而增加，而储藏前胆固醇氧化物未检出。牛肉在 0～4℃储藏 2 周，胆固醇氧化物含量大大增加。储藏过程中，猪肉中大部分胆固醇氧化物都呈增加趋势，但增加量比牛肉少。Federico 等（2008）对气调包装（80％O_2/20％CO_2）的牛肉研究发现，经过气调包装并低温冷藏的牛肉，在储藏 8 天后，牛肉中的胆固醇氧化物含量升高了约 1 倍（196％），15 天后则升高了约 5 倍（483％）。Wang 等（1995）研究了不同温度下储藏 3 个月的中式香肠中胆固醇氧化物的含量，发现 15℃下储藏的样品中胆固醇氧化物含量显著高于 4℃。

（二）辐射和光照对胆固醇氧化物形成的影响

辐射保鲜是利用原子能射线的辐射能量对食品进行杀菌处理的保存食品的一种物理方法，辐照剂量根据主要目的和达到的手段而确定，当肉、禽、鱼及其他易腐食品需要不用低温、长期安全储藏时，辐照剂量为 40～60kGy，而当其需要在 3℃下延长储藏期时，辐照剂量为 5～10kGy。辐照对肉中胆固醇的氧化有显著促进作用。但 Du 等（2001）研究发现，相比于加热对胆固醇氧化物形成的影响，辐照的影响较小。

Luby 等（1986）注意到光照会加速胆固醇氧化，因此他们推测光照可诱导胆固醇发生氧化反应。Hur 等（2007）也报道肉制品中胆固醇氧化物含量会随着光照时间的增加而增加，并且在光照条件下储存使得肉制品中的胆固醇氧化物主要集中在表面。Hwang 等（1993）比较了经过辐照处理和未经辐照处理的牛肉在储藏过程中胆固醇氧化物含量的差异，结果表明，辐照处理的牛肉中胆固醇氧化物含量远高于未经辐照的牛肉。Zanardi 等（2009）对意大利猪肉进行不同剂量的辐照处理（2kGy、5kGy、8kGy），发现肉中胆固醇氧化物产生数量随辐照剂量的升高而增加。其中，8kGy 辐照处理组储藏 60 天后产生的胆固醇氧化物是对照组的 3～5 倍。Maerker 和 Jones 等（1991）报道，辐照会导致脂质体中的胆固醇氧化而产生大量 7-羟基胆固醇。Lozada 等（2011）研究证明，电子束照射会增加 25-羟基胆固醇和 7-酮基胆固醇浓度，但与辐照剂量不呈线性增长关系。

（三）包装

肉制品包装方式可分为真空包装和充气包装。真空包装是指除去包装袋内的空气，经过密封，使包装袋内的食品与外界隔绝，在真空状态下，减少了微生物生长和脂肪的氧化酸败。充气包装是通过特殊的气体或气体混合物，抑制微生物生长和酶促腐败，延长食品货架期的一种方式，充气包装所用气体主要为 N_2、CO_2。Du 等（2001）发现，有氧包装的火鸡、猪肉、牛肉饼在储藏 7 天后，胆固醇氧化物含量显著增加，而真空包装能有效阻止胆固醇氧化，有氧包装的肉中胆固醇氧化物含量比真空包装的高 2～6 倍。Conchillo 等（2005）报道，生鸡肉、烧烤、烘烤样品在有氧储藏后，产生的胆固醇氧化物含量是真空储藏的 1.6 倍、5.9 倍、1.94 倍，说明真空包装对减少热加工肉制品储藏期间产生的胆固醇氧化物含量的作用更显著。Wang 等（1995）研究了真空包装与充气包装（75％N_2/25％CO_2）对中式香肠储藏过程中胆固醇氧化物形成的影响，结果表明，这两种方式之间并无显著差异。但 Zanardi 等（2002）研究发现，储藏 2 个月后，真空包装对米兰式香肠中胆固醇氧化物生成的抑制能力稍弱于充气包装。Valencia 等（2005）也有相似结论，认为充气包装比真空包装更有利于阻止胆固醇氧化。

包装材料一般需要满足阻气性、遮光性等要求。阻气性主要目的是防止大气中的氧重新进入经真空的包装袋内，避免微生物的生长和氧化反应发生。遮光性主要目的是防止光线促使肉品氧化，按照遮光效能递增的顺序，有透明膜、印刷、着色、涂聚偏二氯乙烯、上金、加一层铝箔等方式。Luby 等（1986）发现，只有铝箔包装袋能够阻止黄油中的胆固醇在荧光照射 15 天后不被氧化，而不透明羊皮纸、干蜡纸、聚乙烯薄膜都没有效果。Boselli 等（2010）研究发现，当使用透明包装袋时，光照 8h 处理之后，马肉片产生的胆固醇氧化物较对照组升高约 36％，而采用有保护作用的红色包装袋时，光照处理后产生的胆固醇氧化物比对照组降低约 20％。

三、胆固醇氧化的控制

（一）添加香辛料

香辛料是某些植物的果实、花、皮、蕾、叶、茎、根，它们具有辛辣和芳香风味成分，许多香辛料还具有抗氧化作用。常见的香辛料有葱、姜、蒜、茴香、花椒、桂皮等。

Beata（2010）对比了猪肉和肉汁添加洋葱、大蒜及不添加任何香辛料 3 种情况对两种胆固醇氧化物 7-酮基胆固醇和 7-羟基胆固醇含量的影响，发现当不加任何香辛料时，猪肉受热产生的 7-酮基胆固醇和 7-羟基胆固醇分别为 82.4ng/g 和 1331.6ng/g，洋葱（30g/100g 猪肉）组所产生的 7-酮基胆固醇和 7-羟基胆固醇降低了 9.5％～79％，而大蒜（15g/100g 猪肉）组降低了 17％～88％。研究者认为原因可能是洋葱和大蒜中的抗氧化成分起到了保护作用。

（二）添加抗氧化剂

抗氧化剂有油溶性抗氧化剂和水溶性抗氧化剂两大类。油溶性抗氧化剂能均匀地分布于油脂中，对油脂或含脂肪的食品可以很好地发挥其抗氧化作用。人工合成的油溶性抗氧化剂有丁基羟基茴香醚（BHA）、二丁基羟基甲苯（BHT）、没食子酸丙酯（PG）等；天然的有生育酚（维生素 E）混合浓缩物等。水溶性抗氧化剂主要有 L-抗坏血酸及其钠盐、异抗坏血酸及其钠盐等；还有植物（包括香辛料）提取物，如茶多酚、类黄酮、迷迭香抽提物等。

1. 外源添加

Guardiola 等（1997）研究表明，食品中添加少量迷迭香可有效防止胆固醇氧化物生成，但仅在高温下有效，如果食品必须在高温条件下处理，可添加少量迷迭香以减少胆固醇氧化。

陈炳辉等（2008）在卤肉中加入抗氧化剂，如维生素 C、维生素 E、BHA，发现均能有效抑制 COPs 形成，其中 BHA 的抑制作用最明显。Xu 等（2009）观察到添加 200mg/kg 天然或合成抗氧化剂可抑制胆固醇在 180℃下氧化。但他们发现天然抗氧化剂（如维生素 E、槲皮素和绿茶儿茶素）比 BHT 抑制胆固醇氧化物生成的能力强。

Anna 等（2001）在深冻鸡肉中分别加入 α-生育酚（225mg/kg）和抗坏血酸（110mg/kg），发现 α-生育酚在生肉和熟肉中都减少了 COPs 的产生；而抗坏血酸则没有保护作用。而 Zanardi（2004）研究发现，发酵香肠中加入 0.03％抗坏血酸后，胆固醇氧化和脂肪氧化都有所降低。Lee（2008）对酱卤猪肉研究发现，加入 0.02％的抗坏血酸时猪肉中 COPs 产生量有所减少，而加入 0.1％的抗坏血酸时，猪肉中 COPs 含量降低更多；加入 0.02％的维生素 E 时，猪肉中 COPs 有所减少，但加入 0.1％的维生素 E 时，COPs 却有所升高，其原因可能是，抗氧化剂的剂量与其效应有关，在一定浓度范围内时，抗氧化能力随浓度升高而升高，超过此范围即可能起到促氧化作用。

2. 内源添加

通过在饲料中补充抗氧化剂，可以大大提高动物骨骼肌中抗氧化物质的含量。这些动物宰杀后制成的肉制品中内源性抗氧化物质的含量也可以大大提高，从而可以增强肌肉食品的抗氧化稳定性。与在加工时加入的外源性抗氧化剂相比，内源性抗氧化剂在肉制品内部分布均匀，抗氧化能力强，安全性高。

有实验表明，喂食了含维生素 E 和油酸添加剂饲料的猪，其猪肉制品中胆固醇氧化物含量比对照组低。

此外，饲料中添加生育酚能显著减少预煮肉制品储藏过程中胆固醇氧化物的生成。Monahan 等（1992）在每千克猪饲料中添加 100mg 或 200mg 生育酚乙酸酯，其预煮猪肉产品经冷藏 4 天后，生成的胆固醇氧化物总量比对照样分别减少 12.2％和 12.4％。Engeseth 等（1993）在每头牛每天的饲料中添加 500mg 生育酚乙酸酯，其预煮牛肉产品经冷藏 4 天后，生成的胆固醇氧化物总量比对照样减少 65％。Galvin 等（1998）在每千克鸡饲料中添加 200mg 或 800mg 生育酚乙酸酯，其预煮鸡胸肉产品经冷藏 12 天后，生成的胆固醇氧化物总量比对照样分别减少

41%和69%；其预煮鸡腿肉产品经冷藏12天后，生成的胆固醇氧化物总量比对照样分别减少50%和72%。

参 考 文 献

[1] 钱烨，彭增起，周光宏.干腌火腿中胆固醇氧化物含量研究 [J] .食品科技，2017，42（5）：116-119.

[2] Broncano J M，Petrón M J，Parra V，et al. Effect of different cooking methods on lipid oxidation and formation of free cholesterol oxidation products (COPs) in Latissimus dorsi muscle of Iberian pigs [J]. Meat Science，2009，83（3）：431-437.

[3] Lee H W，Johntung Chien A，Chen B H. Formation of Cholesterol Oxidation Products in Marinated Foods during Heating [J] . Journal of Agricultural & Food Chemistry，2006，54（13）：4873-4879.

[4] Vestergaard C S，Parolari G. Lipid and cholesterol oxidation products in dry-cured ham. [J] . Meat Science，1999，52（4）：397-401.

[5] Hur S J，Park G B，Joo S T. Formation of cholesterol oxidation products (COPs) in animal products [J] . Food Control，2007，18（8）：939-947.

[6] Al-Saghir S，Thurner K，Wagner K H，et al. Effects of different cooking procedures on lipid quality and cholesterol oxidation of farmed salmon fish (Salmo salar) [J] . Journal of Agricultural & Food Chemistry 2004，52（16）：5290-5296.

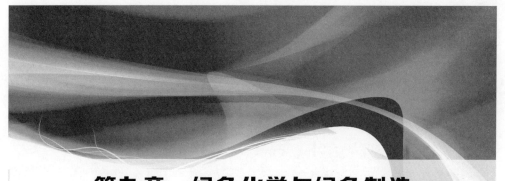

第九章　绿色化学与绿色制造

随着社会经济的发展和科技的进步，人们逐渐意识到一些生产方式带来了严重的环境污染，威胁着人类的健康和生存。为了找到对环境友好、健康友好的可持续发展方式，人类经过了大约 30 多年的探索，提出了"绿色化学"，并受到了包括我国在内的世界各国的高度重视和积极响应。绿色化学和绿色化工工程在机械、电子和化工等工业领域率先得到了发展，也必将对食品科学和食品工业的可持续发展带来前所未有的机遇。

第一节　绿色化学

一、原子经济性

（一）原子经济性概念

绿色化学是指化学反应方法和过程以"原子经济性"为基本原则，即在获取新物质的化学反应中应充分利用参与反应的每个原料原子，实现"零排放"的化学。"原子经济性"的概念最早于 1991 年美国著名有机化学家 Barry Trost 教授提出，他认为，高效的有机合成反应应最大限度地利用原料分子中的每一个原子，使之结合到目标产物分子中（如完全的加成反应，A＋B→C），即不产生副产物或废弃物，并提出，原料分子转化为产物分子的百分比可用来估算不同工艺路线的原子利用程度。原子经济性使得化学反应可以在有效地利用原材料的同时也降低了污染物的排放，满足了对环境保护的要求。当前，绿色化学已成为大宗基本有机原料的研究和生产的热点。

(二) 原子经济性反应

从原子经济性的概念出发，一个有效的化学反应，不但要有高度的选择性，而且必须具有较好的原子经济性，也就是说，这个化学反应应具备两个显著的特点：一是最大限度地利用原料；二是最大限度地减少废物的排放和污染。原子经济性可以用原子利用率来衡量，公式如下：

$$原子利用率 = \frac{目标产物的相对分子质量}{化学反应计量式中反应物的相对分子质量总和} \times 100\%$$

一个化学反应的原子经济性越高，原料中的物质进入目标产物的量就越多。原料物质中的原子百分之百地转化为目标产物的化学反应即为理想的原子经济性反应。符合理想的原子经济性的化学反应主要有加成反应和重排反应。加成反应就是两个分子或多个分子相加而成为一个分子的反应，它在有机合成中得到广泛应用。完全的加成反应几乎没有副产物，所以原子经济性很高。常见的有羰基加成、环加成和烯炔烃加成，其反应的通式为 A＋B→C。而重排反应是指化学键的断裂和形成都发生在同一个分子中。反应会引起组成分子的原子的配置方式发生改变，最后成为组成相同而结构却不同的新分子。如美拉德反应中级阶段的 Amadori 重排和 Heynes 重排等。重排反应也是理想的原子经济反应，其反应的通式为 A→B。

然而并非所有的化学反应都符合理想的原子经济性的特点，如取代反应、消除反应。取代反应是有机化合物分子中的原子或基团被其他原子或基团所取代的反应，如烷基化、芳基化、酰基化反应等。若一个分子中的某些原子或基团被另一个分子中的某些原子或基团替换，则离去基团成为该反应中的一个副产物（或废弃物），因而降低了该转化过程中的原子经济性。而消除反应是从有机化合物分子中相近的两个碳原子上除去两个原子或基团，生成不饱和化合物的反应。如糖受强酸和热的作用发生脱水反应生成环状结构体或双键化合物，肉类中的天冬氨酸与还原糖的美拉德反应产物及其后续产物经脱氨基作用形成丙烯酰胺等都是消除反应。消除反应是通过消去基质的原子来产生最终产物，被消去的原子成为副产物。因此，消除反应不是理想的原子经济性反应。

二、绿色化学

(一) 绿色化学的含义

1996 年联合国环境规划署对绿色化学给予了明确定义："用化学技术和方法去减少或消灭那些对人类健康或环境有害的原料、产物、副产物、溶剂和试剂的生产和应用"。绿色化学即是用化学的技术和方法去减少或消灭那些对人类健康、生态环境有害的原料、催化剂、溶剂和试剂、产物、副产物等的使用和产生。绿色化学的理想在于不再使用有毒、有害的物质，不再产生废物，不再处理废物。

（二）绿色化学的十二条原则

1998 年，Anastas 在《Green chemistry：Theory and practice》中提出了绿色化学的十二条原则，即预防污染、提高原子经济性、提倡对环境无害的化学合成方法、设计安全的化学品、使用无毒无害的溶剂和助剂、合理使用和节省能源、原料可再生而非耗尽、减少衍生物的生成、开发新型催化剂、设计可降解材料、加强预防污染中的实时分析、防止意外事故的安全工艺。十二原则涉及化学反应中的原料、工艺、产品等各个方面，其应用已不再局限在化学化工领域，而是扩展到人类生产的所有领域，如食品、医药等。

绿色化学的研究内容包括 4 个基本要素：最终产品、原材料、试剂、反应条件。具体而言，就是使用无毒无害原料、溶剂和催化剂，提高反应过程中的原子经济性，产品中无致癌、致突物质。

第二节　绿色制造

继绿色化学的兴起，绿色制造也应运而生，且在化学工业、机械工业、电子工业、制药工业、纺织工业、印染工业、农药生产等工业得到率先发展。食品工业是与公众的膳食营养和饮食安全息息相关的国民健康产业。现代食品加工和绿色制造不仅是拉动国民经济发展的新兴产业和新的经济增长点，而且是引领和带动现代农业发展的新动力，是实现现代食品工业可持续发展的重要支撑。实施绿色制造工程是加快推动生产方式转变、推动工业转型升级、实现消费升级的有效途径。

一、绿色制造的特点、工艺和发展

（一）绿色制造的特点

人类认识到传统制造对环境和人类健康的风险经历了一个漫长而曲折的发展过程。为了消除或降低这些风险，人类开始寻求对人类健康友好，对生存环境友好的制造方式。绿色制造是一种综合考虑人们需求、环境影响、资源效率和企业效益的现代化制造模式，产品在其整个生命周期中对人类健康无害、对自然环境无害或者危害极小、资源利用率高、能源消耗低。绿色制造的两个基本点是对人类健康友好，对生存环境友好，也是构成绿色制造的两个基本要素。

绿色制造包括绿色设计、绿色工艺、绿色包装、绿色使用、清洁生产和绿色回收等。从技术上来看，绿色制造包括绿色产品设计、绿色制造工艺、产品回收与循环利用。从生产上来看，绿色制造又是精益生产、柔性生产的延伸与发展，正在影响和引导当今制造技术的发展理念和方向。

（二）绿色制造工艺

绿色制造涉及三方面的工艺：节约资源型工艺、节省能源型工艺和环保型工艺。节约资源型工艺是在生产过程中简化工艺系统组成、节省原材料消耗的工艺。它可以提高材料的利用率，减少材料浪费，减少废弃物排放，从而减少对环境的污染；加工过程中要消耗大量的能量，这些能量一部分转化为有用功，而大部分则转化为其他能量形式而消耗掉，消耗掉的能量会产生噪声、污染环境等。而节省能源型工艺要求在生产的生命周期中尽可能采用清洁型可再生能源（如太阳能、风能、水能、地热能），既可减少能源的浪费，又对环境无害；生产过程中除目标产品还会生成废液、废气、废渣、噪声等污染物，环保型工艺技术就是通过一定的工艺环节，使这些物质尽可能减少或完全消除。最为有效的方法是在工艺设计阶段全面考虑，积极预防污染的产生，有时也同时增加末端治理技术。

（三）绿色制造的发展

为了发展绿色制造，近年来，美国、加拿大、英国、德国、日本等相继建立了产品标志制度，凡产品标有"绿色标志"图形的，表明该产品从生产到使用以及回收的整个过程都符合环境保护的要求，对生态环境无害或危害极少，并利于资源的再生和回收，如德国的"蓝色天使"、美国的"能源之星"、日本的"环境友好产品"等，涉及领域包括机械、电子、制药、纺织、染料、造纸工业和杀虫剂等。我国对绿色制造技术也进行了大量的研究及实践，如清洁生产技术、环境绿色技术评价体系、机电产品绿色设计理论及方法、可回收性绿色设计技术、绿色制造的集成运行模式和实用评估技术等。我国一些企业和研究机构在寻求传统制造业新的发展思路的过程中，也积极开展了绿色制造的相关研究，如肉制品"四非"制造技术（非烟熏、非油炸、非烧烤、非卤煮）、机电产品绿色设计理论及方法、可回收性绿色设计技术、清洁生产技术、绿色制造的集成运行模式和实用评估技术等，为绿色制造技术的发展奠定了基础，也为扩大绿色制造技术在其他工业门类中的应用提供了良好参考。

二、食品绿色制造研究范畴

食品绿色制造研究主要针对食用农产品加工产业仍处在高能耗、高水耗、高排放和高污染的境况，在食用农产品储运技术与食品物流的信息化、传热传质技术、食品工程与加工技术、传统食品工业化与智能化、新型产品创制、专业化关键装备创制与成套技术集成等方面，开展食品绿色制造技术体系研究，开发节能降耗、减排低碳和资源高效利用的绿色制造与现代加工新技术，促进产业生产方式的根本转变。

（一）储运加工应用基础研究

1. 食用农产品储运过程中品质控制研究

研究食用农产品收获后品质变化规律，开发绿色、节能和高效的食用农产品冷却保鲜与品质安全控制关键技术与装备。玉米、花生等储藏不当会产生黄曲霉毒素，而黄曲霉毒素已被世界卫生组织列为已知最强的致癌毒素，不但造成了花生的浪费，还会污染坏境、危害健康。所以研究温度、湿度、气体等环境因子对产品储藏过程中品质劣变和腐烂损耗的生物学机制至关重要。食品在运输过程中，由于机械损伤、环境温度等的变化，造成食品货架期品质变差，因此需要从温度、时间等方面确定不同产品物流环境适宜参数及运输条件，利用现代储运技术保持食品在储运中的品质，减少储运期间的损失。

2. 食用农产品加工过程中品质控制研究

研究果蔬、畜禽产品、水产品和谷物等在加工过程中碳水化合物、脂质、蛋白质等养分和生物活性物质的物理化学变化，揭示结构与功能之间的关系；研究加工方式对食品主要组分结构与功能的影响及控制机理，阐明食品组分结构与功能特性间的变化规律，以及与食品色香味和质构间的内在联系；通过技术创新，在保持传统特色风味的基础上，最大限度地减少食品在加工过程中有害物质的生成。

（二）绿色工程技术研究与装备创制

研究加热过程中不同介质及其温度对物料组分的释放，以及物料对介质中热量和组分的吸收；探索在这个动态平衡中，物料和介质相互作用而形成有益物质和有害物质的规律；揭示在传质过程中，物料和介质中有害物质和有益物质之间的迁移变化规律；研究不同加热方式以及加热温度、时间等特征参数对物料组分变化、物料水分活度、色泽、香味物质和有害物质形成的影响，揭示传热传质条件变化与有害物质含量的内在联系；揭示在传热传质期间，随着温度升高和时间延长，食品物料组分发生物理变化、生物变化和化学变化的关系；正确理解食品物料和工程单元操作之间的相互作用，控制食品各组分之间的化学互作，改进工艺水平；研究智能化技术，创新关键技术与装备，为有效减少或消除食品加工过程中 PM2.5 排放和有害物质的产生提供依据。

（三）食品添加物研究及开发

针对食品添加物制造的关键环节，研究天然动植物活性成分、天然增稠剂、乳化剂和稳定剂、天然抗氧化剂和防腐保鲜剂的分离制备技术；探索研究合成食品香料香精、色素、乳化剂和稳定剂、食品抗氧化剂、防腐保鲜剂的绿色制造的关键技术；研究食品添加物组分之间以及与食品物料组分在食品加工过程中的相互作用，有效减少或消除加工过程中有害物质的形成。

（四）食品有害物质的监控

开发食品加工过程中有害物质的监控技术及快速检测技术与仪器仪表，建立食品绿色制造操作规范、加工过程中产生的食源性致突致癌物质残留限量等标准。

参 考 文 献

［1］ Paul T. Anastas，John C. Warner. Green chemistry：Theory and practice. New York：Oxford University Press，USA. 1998.

［2］ Celik D，Yıldız M，Celik D，et al. Investigation of hydrogen production methods in accordance with green chemistry principles ［J］. International Journal of Hydrogen Energy，2017.

［3］ Anastas P T，Hammond D G. Chapter 3-The Role of Green Chemistry in Reducing Risk ［J］. Inherent Safety at Chemical Sites，2016：17-22.

［4］ Lewandowski T A. Green Chemistry ［J］. Encyclopedia of Toxicology，2014，36（5）：798-799.

［5］ Gałuszka A，Migaszewski Z，Namieśnik J. The 12 principles of green analytical chemistry and the significance mnemonic of green analytical practices ［J］. Trac Trends in Analytical Chemistry，2013，50：78-84.

［6］ Lima R N，Porto A L M. Facile Synthesis of New Quinoxalines from Ethyl Gallate by Green Chemistry Protocol ［J］. Tetrahedron Letters，2017，58：825-828.

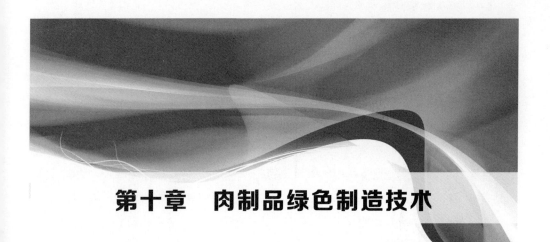

第十章　肉制品绿色制造技术

第一节　加工肉制品绿色制造概述

蛋白质是由氨基酸组成，蛋白质营养价值决定于各种氨基酸的比例。肉类蛋白质的氨基酸组成与人体非常接近，含有人体生长发育和维持需要的所有必需氨基酸，是全价蛋白。氨基酸利用率决定于加热温度，加热温度高则利用率低，如牛肉中的氨基酸，加热 70℃时其利用率为 90％，加热温度高达 160℃时则利用率只有50％。在降低营养价值的同时，高温加热还会产生有害物质。早在 20 世纪 90 年代，世界癌症研究基金会专家组就指出，肉类经由油炸、烧烤或烟熏后，会产生食源性致癌致突物，其含量差异很大。因而，专家组提出，没有令人信服的证据支持现有油炸、烟熏、烧烤等加热方法能改变这种致癌风险。世界卫生组织国际癌症研究机构（IARC，2015）基于肌肉食品传统加热技术获得的资料，对红肉及加工肉制品的致癌性进行了评价，报告将牛肉、羊肉、猪肉等红肉列为"较可能致癌物"（2A 类致癌物），将肠类制品、腌制火腿、培根等加工肉制品列为致癌物（1 类致癌物）。必须指出的是，食源性致癌致突物的形成主要决定于肉类食品的加热技术。为了减少或消除由油炸、烟熏、烧烤等传统加热方法对环境和健康带来的风险，肉制品绿色制造技术研究和应用正在日益受到研究者和生产者的广泛关注。

一、加工肉制品绿色制造的两个基本要素

绿色制造的两个基本点是对人类健康友好，对生存环境友好，也是构成绿色制造的两个基本要素。

(一) 对人类健康友好

营养、健康和安全是保证加工肉制品健康消费的重要前提。传统特色肉制品一直深受消费者的青睐，而其加工方式主要涉及烧烤、油炸、烟熏、卤煮、煎炸等工艺，加热温度通常在 160～250℃。肉中的天然组分蛋白质、肽类、氨基酸、还原糖、脂肪、维生素等发生降解反应和美拉德反应（双刃剑），在赋予肉制品良好色泽风味的同时，也不可避免地导致有害物质的产生，如 3,4-苯并芘、杂环胺、反式脂肪酸、甲醛、胆固醇氧化物、油脂氧化物等。其一，肉类高温油炸会不同程度地产生杂环胺和反式脂肪酸等，其中，许多杂环胺类化合物属于对人类"很可能致癌物（2A 级）"，或"潜在致癌物（2B 级）"。油炸产生的油烟排入大气，造成环境污染。其二是烧烤和烟熏。经常食用熏制及烧烤牛肉、羊肉、猪肉、鱼肉等肉类食品，可使摄入多环芳烃化合物、杂环胺化合物等的概率大大增加。其三是老卤，即老汤。随着老卤使用次数的增加，酱卤肉制品中杂环胺含量和胆固醇氧化物含量也不断提高。绿色制造是一种环保和健康的现代化制造方式，能最大限度地降低加工过程中产生的有害物，生产对人类和环境有益的食品。

(二) 对环境友好

油炸、烧烤和烟熏等传统加工方式会向大气排放大量 PM2.5（细颗粒物）和甲醛等。食品工业和餐饮业采用的传统的油炸和烧烤加热方法排放的 PM2.5 质量浓度高达 1800～2440μg/m³，甲醛质量浓度达 0.167～0.270mg/m³。而且，这类 PM2.5 颗粒物中还携带高浓度的 3,4-苯并芘和杂环胺等有害物质。据不完全估计，北京周边地区每年因烧鸡生产就会排放 200t 细颗粒物。另一方面，厨房油烟也不容忽视，虽然厨房油烟净化器能过滤掉大部分油烟物质，但是对于 PM2.5 而言，净化器效果并不理想。人们长期暴露于高温油炸油烟、烧烤油烟和厨房小环境油烟，使人们罹患肺癌的风险增加 2～3 倍。

绿色化学的根本目标之一，就是运用绿色化学理论，开展绿色制造技术的研究与应用，最大限度地减少 PM2.5、有害物质和有害气体的排放，实现食品工业的可持续发展。

二、加工肉制品绿色制造

绿色制造技术是指利用绿色化学原理，对传统工艺进行改造，是现代食品科学发展的必然趋势。加工肉制品绿色制造是指以优质肉为原料，利用绿色化学原理和绿色化工手段，对产品进行绿色工艺设计，从而使产品在加工、包装、储运、销售过程中，把对人体健康和环境的危害降到最低，并使经济效益和社会效益得到协调优化的一种现代化制造方法或途径。开展加工肉制品绿色制造研究，要探索肌肉食品原料及其各种成分在加热过程中的化学变化，阐明主要组分的热变化机理和规律，揭示主要组分间的相互作用规律。肌肉食品原料和添加物的成分的热变化是非常复杂的，既产生对健康有益物质，又形成对健康有害的物质。研究热变化的目的就是要揭示主要组分在热变化中的内在联系，并使各种化学变化向人类期望的方向发生。

开展加工肉制品绿色制造研究，要探索加工过程中有害物质的形成机理和规律，弄清有害物质产生的必要条件和充要条件。氨基酸、还原糖及其混合物在不同的加热方式下并非都会产生杂环胺化合物，也并非在任何条件下都会产生人们不期望的物质。研究绿色制造的目的就是要揭示风味物质、色素物质和有害物质形成之间的内在联系，并在此基础上进行调控研究，开发关键技术。

开展加工肉制品绿色制造研究，要研究肌肉食品原料在加工过程中的物理变化，研究传热传质对肌肉食品原料形态变化的影响规律，揭示单向传质和双向传质过程中肌肉食品形态特征变化规律与风味形成、有害物质形成之间的规律，揭示传导、对流和辐射及其相对强度与风味形成、有害物质形成之间的规律。创新开发关键技术设备或操作单元，使肌肉食品原料在较低的温度下，产生人们期望的色泽、香气和味道，并有效减少或消除加工过程中有害物质的产生、PM2.5 和有害气体的排放。要利用现代智能技术和机械装备武装肉类加工业，最终实现加工肉制品的配方科学化、工艺现代化、生产标准化和产品健康化。

第二节　热力场干燥技术

场是物质存在的一种基本形式，如电场、磁场等，热力场是一种热能的一种存在形式，在热力场中能完成物料与介质的能量传递。热力场主要研究供热方式与环境的匹配关系，涉及供热原件的布置与形状、气流的状态与速度、温度等因素。干燥泛指从湿物料中除去水分或其他湿分的各种操作，属于一种热质传递过程的单元操作。热力场中热风流体与物料表层完成热质传递。在热力场中，热风流体带走物料表层的水分并提供加工的热能，通过综合控制热力场中温度、水分活度、湿度、对流风速等参数实现热力场的智能控制，为肉制品绿色制造技术提供技术支撑。

一、模型设计

肉制品加工中应用的传热传质数学模型旨在在既定的食品加工中尽可能准确地描述物理过程，进而数字化控制肉制品加工工艺及肉制品质量。特别地，在焙烤、烘烧烤等操作中，通过定义模型假说、建立模型方程、分析模型，预测模拟产出并与试验实测数据比较等，发现主要现象决定了产品产出的动态变化，耦合传热传质是引起这些主要现象的基础。

热力场干燥技术基于能量和质量守恒原则、多空介质理论建立数学模型。制定以下基本假设来制定热力场传热传质数模方程：脂肪运输和脂肪减少只发生在皮下脂肪层；皮肤上的外壳和毛囊结构不妨碍水和脂肪运送到表面；表面发生蒸发；除脂肪外，物质和能量平衡可以忽略水溶性物质；无内部发热。

热力场干燥模型见图 10-1。

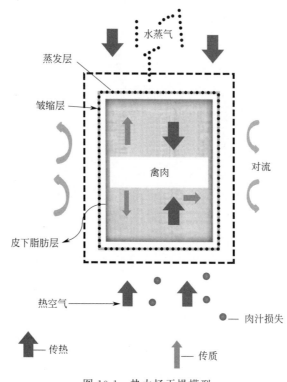

图 10-1　热力场干燥模型

二、传热传质中的能量平衡与物质平衡

肉制品在热力场干燥中传热传质示意图见图 10-2。

生肉的结构在烹饪或加工过程的初期时是完整的，水输送受到低渗透性的阻碍。然而，生肉在热加工期间，一方面水分逐渐流失、形成孔隙和通道等组织结构的变化。另一方面，热加工会导致肌肉蛋白质变性，从而使持水能力下降、蛋白质

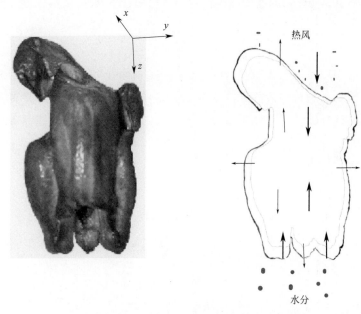

图 10-2　肉制品在热力场干燥中传热传质示意图

基质逐渐收缩。蛋白质基质的收缩最终导致肌肉内部产生压力梯度。肉的渗透性对中心的水通量的抵抗力要大于肉块表面的阻力。因而，肉的渗透性随着位置和时间的变化而变化，水沿着最小阻力的方向流动。

（1）肉制品热力场干燥中能量平衡公式

$$\rho_m c_{pm} \frac{\partial T}{\partial t} + \nabla(-k_m \nabla T) + \rho_w c_{pw} u_w \nabla T + \rho_f c_{pf} u_f \nabla T = 0$$

其中，ρ_m、ρ_w 和 ρ_f 分别是肉、水和脂肪的密度（kg/m³），k_m 是肉的热导率 [W/(m·℃)]，c_{pm}、c_{pw} 和 c_{pf} 分别是肉、水和脂肪的热容量 [J/(kg·℃)]，u_w 和 u_f 分别是水和脂肪的扩散速度（m/s），T 是温度（℃），t 是时间（s）。

（2）肉制品热力场干燥中物质平衡公式

$$\frac{\partial C_w}{\partial t} + \nabla(C_w u_w) = \nabla(D_w \nabla C_w)$$

$$\frac{\partial C_f}{\partial t} + \nabla(C_f u_f) = \nabla(D_f \nabla C_f)$$

其中，C_w 和 C_f 表示水分浓度和脂肪浓度（w/w），t 为时间，u_w 和 u_f 为水和脂肪的扩散速度（m/s），D_w 和 D_f 为水分扩散系数（m²/s）。

（3）水分活度公式　水分活度（A_w）对美拉德反应影响同样重要。A_w 可表示体系中可以参与反应的水组分，是美拉德反应产生的关键指标。利用有限元分析

法预测物料中 A_w 变化，并与实际数据比较，得出以下结论。

$$A_w = K \cdot \frac{\int dT_i \int dRh}{\int dS \int dT_r}$$

式中，K 为物料传热传质系数；T_i 为热力场中物料内部各部分温度；Rh 为热力场系统的相对湿度；S 为热力场中热风流速；T_r 为热力场中供热温度。

三、干燥期间品温变化规律

跟踪测定畜禽肉制品表面温度及内部温度在热力场干燥中变化规律，绘制参数变化趋势图。如图 10-3 所示，表面温度及内部温度随加工时间延长逐渐上升，在 30～60min 时温度升高迅速，在 80min 后，温度变化曲线趋于平缓。

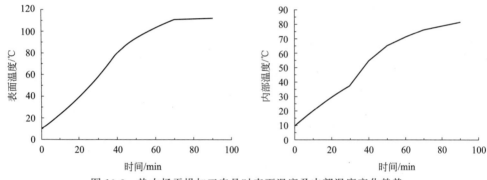

图 10-3　热力场干燥加工肉品时表面温度及内部温度变化趋势

将红度值变化曲线添加至鸭表面温度、内部温度及表皮水分活度三线图中（图 10-4），其中左侧坐标轴为温度轴，右侧坐标轴分别为水分活度与红度值坐标轴，虚线表示红度值，上面的实线表示鸭表面温度。在 30～60min 时间范围内红度值增长迅速，在 40～60min 时鸭表皮已完成基础上色。其中箭头标出的 40～60min 的时间范围内，表皮温度曲线与水分活度曲线的交点之后水分活度下降趋势明显，是美拉德反应剧烈发生造成的。在 40～60min 时间范围内水分活度条件属于适宜美拉德反应的条件，图 10-4 中标示出的阴影区域即为可获得较理想产品的温度与水分活度条件。

由图 10-4 中可以看出在 40min 后水分活度值下降趋势明显，在表皮达到 80℃左右、表皮水分活度降至 0.97 以下时美拉德反应向着绿色制造所需的方向进行。在表皮温度达到 110℃左右、水分活度降至 0.94 左右时表皮拥有良好的色泽并产生令人愉悦的香气，此时内部温度达到 75℃满足熟制条件。标注的阴影区域中，水分活度

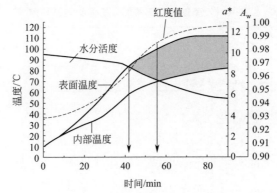

图 10-4　热力场干燥加工禽肉时温度、水分活度及 a^* 变化趋势

在 $0.955\sim0.965$ 之间、表面温度在 $80\sim100℃$ 间为美拉德反应适宜条件区域，因为在此区域表皮水分活度下降趋势明显且表皮的红度值 a^* 在此区域周围上升趋势明显，在热力场干燥加工后期表皮温度与水分活度分布为 $110℃$ 及 0.945 左右。

第三节　热力场干燥下肉制品色泽和风味控制技术

一、美拉德反应的定向控制技术

美拉德反应是一把双刃剑。一方面，美拉德反应会产生人们期望的化合物，使食品产生某些独特的色、香、味，同时又能增强食品的防腐性、抗氧化性；另一方面，有些美拉德反应产物，如杂环胺、丙烯酰胺等，对肉制品的安全构成隐患。肉制品绿色制造加工技术，就是要把美拉德反应朝着有利的方向发生。

（一）肉制品加工中美拉德反应产生的杂环胺

氨基酸和还原糖的种类决定着杂环胺的生成种类。研究证实，精氨酸、赖氨酸、丝氨酸或谷氨酰胺与葡萄糖的美拉德反应产物具有遗传毒性，能够引起鼠伤寒沙门氏菌 TA98 和 TA100 发生诱变。甘氨酸、丙氨酸、缬氨酸、亮氨酸、异亮氨酸、苯丙氨酸、苏氨酸，半胱氨酸、蛋氨酸、脯氨酸与葡萄糖同时加热的反应产物同样具有致突变性。牛肉汤加热后产生 IQ、IQx、MeIQ、MeIQx、4,8-DiMeIQx、PhIP、MeAαC、7,8-DiMeIQx、AαC、Trp-P-1、Trp-P-2。猪肉汤加热后产生的杂环胺有 PhIP、DMIP、TMIP、IQx、IFP MeIQx、4,8-DiMeIQx。鸡肉汤加热产生的杂环胺种类则是 PhIP、DMIP、TMIP、MeIQx、4,8-DiMeIQx。美拉德反应的部分前体物与杂环胺见表 10-1。

表 10-1 美拉德反应的部分前体物与杂环胺

前体物	杂环胺	前体物	杂环胺
苯丙氨酸、葡萄糖、肌酐	Phe-P-1	甘氨酸、果糖、肌酐	IQ、MeIQx
甘氨酸、葡萄糖、肌酐	8-MeIQ、MeIQx	甘氨酸、葡萄糖、肌酸	MeIQx、4,8-DiMeIQx
丙氨酸、果糖、肌酐	4-MeIQ、4,8-DiMeIQx	苏氨酸、葡萄糖、肌酸	MeIQx、DiMeIQx

（二）期望的美拉德反应

热力场干燥技术为美拉德反应提供了较低的温度条件。生产上，还要选择合适的反应底物，以期获得所期望的色泽和风味，尽可能减少有害物质的形成。D-木糖与甘氨酸反应生成蓝色素。精氨酸与呋喃-2-羧醛反应、戊糖和己糖与某些氨基酸的反应可产生疏水性的红褐色和红色化合物。美拉德反应产生的类黑素及其前体物具有很强的抗脂肪氧化活性，是抑制肉制品陈腐味的重要抗氧化剂。碱性氨基酸、精氨酸、组氨酸、赖氨酸可与还原糖可形成抗氧化性很强的化合物。在 pH 值 7～9 时形成的产物抗氧化性最强，颜色强度最高。组氨酸和葡萄糖的产物可阻止陈腐味的产生。有些美拉德反应产物，如麦芽酮和还原酸，可有效地抑制牛肉制品陈腐味的产生。虽然有些美拉德反应产物是无色的，但也有较好的抗氧化性。葡萄糖与甘氨酸、葡萄糖与亮氨酸反应能形成良好的抗氧化产物，组氨酸和葡萄糖在 100℃下反应 2h 所形成的美拉德反应产物可抑制牛肉、猪肉制品陈腐味的形成。然而，色氨酸、酪氨酸、天冬氨酸、天冬酰胺、谷氨酸或胱氨酸与葡萄糖同时加热的反应产物不具有致突变性。所以，选择性地组合氨基酸和还原糖，既能获得良好色泽和风味，又能避免有害杂环胺等物质的生成，从而达到定向控制美拉德反应的目的。

二、肉制品陈腐味抑制技术

熟肉制品及调制肉制品在冷藏期间产生的陈腐味一直是肉类工业的一个重大科学技术问题。陈腐味是肉制品产生的一种令人不愉快异味，是指熟肉制品冷藏过程中因脂质氧化及蛋白质氧化而引起的风味劣变。

（一）陈腐味的形成

通常认为，任何破坏肌肉组织完整性的加工方法，如加热、斩拌、剔骨、重组或冷冻都会导致陈腐味的产生。陈腐味的形成是一个动态过程，主要基于肉的氧化作用。因此，陈腐味产生的机理及如何抑制陈腐味现象的发生是肉制品研究者关注的焦点问题。陈腐味的形成主要包括脂质氧化和蛋白质氧化。

1. 陈腐味与脂质氧化

陈腐味的产生主要由脂质氧化引起。肉中的脂肪主要包括肌内脂肪和肌间脂

肉制品绿色制造技术——理论与应用

肪，它们都含有饱和脂肪酸和不饱和脂肪酸。膜磷脂的不饱和脂肪酸含量更高，因此更容易发生氧化。肉在加工处理时，细胞膜和肌肉组织的完整性被破坏，细胞内含物包括氧化催化剂亚铁血红素、非血红素铁和细胞膜中的磷脂被释放，不饱和脂肪酸暴露而易被氧化。因此，陈腐味现象在肉制品加热后的几个小时内即产生，而生肉则需要数天才会产生陈腐味。有研究表明陈腐味产生过程中，皮下脂肪可产生近 50 种挥发性化合物，而肌内磷脂可产生 200 多种挥发性化合物，这表明磷脂的氧化是陈腐味产生过程中异味物质的主要来源。

冷藏期间熟肉陈腐味的产生与肉中不饱和脂肪酸（油酸、亚油酸、亚麻酸等）氧化产生低分子的醛类（$C_3 \sim C_{12}$）密切相关。肉中含有的不饱和脂肪酸含量越高，肉类越容易氧化产生陈腐味。不饱和脂肪酸发生自动氧化生成脂肪过氧化物，再裂解产生戊醛、己醛、戊基呋喃、2-戊基呋喃、2-辛烯醛、2,3-辛二酮和 E,E-2,4-癸二烯醛等短链挥发性化合物，这些挥发性脂质氧化产物可以作为陈腐味产生的特征性风味物质。当冷藏后的熟肉再次加热，挥发性异味物质受热，分子运动加强，使人察觉到明显的不愉悦的陈腐味。己醛是被广泛用作肉制品脂肪氧化及陈腐味的指示物，此外，表征丙二醛（MDA）含量的 2-硫代巴比妥酸值（TBARS），揭示纯不饱和脂肪酸氧化体系早期氧化情况的共轭二烯值以及衡量脂肪初级氧化产物含量的过氧化值（POV）等也可以作为评价陈腐味的指示物。

2. 陈腐味与蛋白质氧化

最初人们普遍认为陈腐味的产生仅与脂肪氧化有关，但从 20 世纪 80 年代开始许多研究人员证实蛋白降解反应也同样影响陈腐味的产生。肉中不稳定的含硫化合物（包括生成二硫键的蛋白质以及含硫杂环化合物）的降解均可导致冷藏过程中肉香味的减少或消失。研究表明储藏过程中异味的强弱与蛋白质氧化过程中形成的羰基含量呈正相关，也可能与对肉香味有贡献的挥发性物质含量的减少有关。蛋白质氧化可以降低肉类风味化合物的含量，而脂质氧化产生的异味风味化合物可以覆盖正在消失的肉类风味化合物，最终肉制品呈现出异味。在冷藏前期，含硫杂环化合物的变化可能是引起肉香味减少或消失的主要原因；冷藏后期，陈腐味的产生已很明显，此时脂质氧化产生的异味挥发物对肉香味的掩盖作用是异味产生的主要原因。

（二）陈腐味的抑制

目前对肉制品陈腐味的控制主要是通过在肉制品中加入化学合成的抗氧化剂或具有抗氧化活性的天然提取物以减少或阻止陈腐味的发生。化学合成的抗氧化剂有叔丁基对苯二酚、丁基羟基茴香醚、二丁基羟基甲苯和没食子酸丙酯。然而随着对合成抗氧化剂安全性问题关注度的提升，天然抗氧化物越来越多的被用于抑制陈腐味的发生。

母源性有机硒和蛋氨酸的添加能够通过影响脂肪氧化和蛋白质氧化抑制陈腐味的形成。①对脂肪氧化的影响　当母源性有机硒的补充量为 0.73mg/kg 时，仔鸡腿肉的 TBARS 含量随着蛋氨酸补充量的升高而显著降低；同时，当蛋氨酸的补充量为 0.54％时，仔鸡腿肉的 TBARS 含量也随着有机硒补充量的增加而显著降低。②对蛋白质氧化的影响　当母源性硒添加量为 0.6mg/kg 时，随着蛋氨酸添加量的增加，子代鸡胸肉的蛋白质羰基值显著降低，谷胱甘肽过氧化物酶活力和肌浆中谷胱甘肽含量显著升高，羟自由基抑制能力显著升高，蛋白质氧化程度显著降低。③对挥发性氧化产物含量的影响　当母源性有机硒添加量为 0.73mg/kg 时，仔鸡腿肉 4℃冷藏 6h 后挥发性氧化产物总量、己醛含量、庚醛含量、1-戊醇含量及 1-己醇含量均随着蛋氨酸添加量的增加而显著降低，并且发现母源性有机硒和蛋氨酸对陈腐味形成初期（6h）仔鸡腿肉中己醛含量存在互作效应，高硒高蛋氨酸与低硒低蛋氨酸处理组的仔鸡腿肉中己醛含量最低。由此可知，通过调控母源性有机硒和蛋氨酸水平，能显著地改善仔鸡肉的氧化稳定性，有效抑制陈腐味的产生。

蜂花粉和花椒叶提取物能抑制陈腐味形成。油菜蜂花粉提取物具有较强的抑制萨拉米脂肪氧化的能力。添加 0.05％和 1％的油菜蜂花粉提取物可以显著降低萨拉米的共轭二烯值，比对照组分别降低了 10.10 和 12.53％；同样浓度的油菜蜂花粉提取物也可以有效地降低萨拉米加工过程中的 POV 值，相比对照组分别降低了 21.75％和 23％。在萨拉米加工后期及成品中，蜂花粉能够降低萨拉米的 TBARS 值，相比于对照组，添加 0.05％和 1％的油菜蜂花粉提取物能够显著降低 TBARS 值，分别降低了 22.48％和 34.07％。因此，油菜蜂花粉提取物可作为优良的天然抗氧化剂应用于肉制品加工中。在白鲢咸鱼的加工过程中，添加 0.045％花椒叶提取物可以显著降低加工过程中共轭二烯值，起到抑制不饱和脂肪酸早期氧化的作用；同时，添加花椒叶提取物会显著降低白鲢咸鱼背侧肌和腹侧肌在整个加工过程中的 TBARS 值，在终产品中对照组的 TBARS 值分别是添加 0.015％、0.030％和 0.045％花椒叶提取物处理组的 1.43、1.98 和 2.61 倍，表明花椒叶提取物的添加有效地抑制了白鲢咸鱼的脂肪氧化。另外，添加花椒叶提取物后，背侧肌和腹侧肌的己醛含量均随花椒叶提取物添加量的增大而减小，花椒叶提取物对于抑制白鲢咸鱼多不饱和脂肪酸的过氧化反应有显著效果（$P < 0.05$），这表明花椒叶提取物对陈腐味的产生有一定的抑制作用。当白鲢咸鱼背侧肌的花椒叶提取物的添加量为 0.030％、腹侧肌为 0.045％时，可以显著降低加工过程中己醛含量（$P < 0.05$），

说明添加一定含量的花椒叶提取物能够有效抑制多不饱和脂肪酸的过氧化反应，从而起到抑制陈腐味产生的作用。

第四节　加工肉制品绿色制造之非油炸技术

油炸食品是我国的传统食品之一，逢年过节的炸麻花、炸春卷、炸丸子，每天早餐所食用的油条、油饼、面窝，儿童喜欢食用的洋快餐中的炸薯条、炸面包、炸鸡翅以及零食里的炸薯片、油炸饼干等，均为油炸食品。油炸食品因其金黄色泽、酥脆质构、特有风味与口感，能增进食欲，这使得油炸食品成为国内外消费者广泛接受并难以割舍的一大类食品。但是近年来的研究表明，油炸食品安全性存在很大的问题，经常食用油炸食品对身体健康极为不利。如油在高温下反复使用会产生反式脂肪酸以及丙烯酰胺，油炸的油烟中含有 3,4-苯并芘、甲醛等有害物质。这些物质均为直接的或潜在的致癌致畸物，严重威胁着人类的健康。肉制品绿色制造技术是采用优质原料，采用绿色化学原理、绿色化工手段，对产品进行绿色工艺加工，从而把对人体和环境的危害降到最低。绿色制造技术采用非油炸工艺，在较低温度下上色增香的同时，大大提高产品的安全性，符合消费者健康安全的饮食需求，为加工肉制品的绿色制造开创了新的途径。

一、非油炸工艺

（一）一般工艺流程

原料的选择→清洗→盐渍入味→热力场干燥→冷却→成品
　　　　　　　　　　↑　　　　↑
　　　　　　　　料包底物　风味底物

（二）酶解液制备条件

以鸡胸肉为原料制备蛋白酶解液，复合蛋白酶（Protamex，P）和复合风味蛋白酶（Flavourzyme，F）两种酶进行双酶水解，以其提高水解速度，缩短水解时间，可以在美拉德反应中提高产品的风味，其也为鸡胸肉深加工提供一条新思路，提高其附加值。采用中心组合试验设计，以水解度（Degree of Hydrolysis，DH）为优化指标，分别对酶解时间、温度、加酶量及 P∶F 比例等试验条件进行优化，各因素对 DH 的影响如下。

1. 酶比

复合蛋白酶与风味蛋白酶的比例是影响酶解液水解度的显著影响因子（$P <$

0.05）。当温度为 55℃，时间为 5h，随着 P/F 值的增大，水解度增大，当升到 1.25 左右后，上升的趋势开始缓慢。复合蛋白酶的水解能力较强，而复合风味蛋白酶主要起到一些修饰和去苦作用，所以复合蛋白酶比风味蛋白酶多 25％时达到最大的水解度。

2. 加酶量

加酶量对酶解液水解的影响也是显著的（$P < 0.05$）。当温度为 55℃，时间为 5h，随着加酶量增加，DH 呈上升增大趋势。酶的添加量从 1％升到 3％左右时，DH 上升迅速，说明添加的酶量是高效的；当继续增大酶的添加量，DH 上升则缓慢。从经济的角度出发，应选择的添加量为 3％左右。

3. 酶解温度

温度对酶催化反应的影响是多方面的，包括对酶催化反应的反应速度和对酶稳定性的影响，因而酶反应进行的程度和温度密切相关。当时间为 5h，P：F 为 1 时，温度从 50℃上升到 52℃左右时，DH 有所上升，说明这时的温度是复合蛋白酶和风味蛋白酶在一起时的最佳活性温度；当温度继续升高，DH 反呈下降趋势，可能是该温度影响酶活性，降低了其催化反应的能力。

4. 酶解时间

酶解时间也影响酶解的最终结果，当温度为 55℃，P：F 为 1，反应时间从 3h 到 7h，DH 有大幅的增高趋势，且肉腥味也逐渐减少。同时，水解时间太长，可能会产生副反应，使酶解液产生苦味，因此酶解时间也不能过长。

最终得出酶解温度为 56.46℃，时间为 6.9h，P：F 为 1.31，加酶量为 3.07％时，可以得到较大的 DH 值。经验证，所得 DH 为 31.17，达到了理想的目标。

（三）风味料包制备

通过蛋白质酶解技术和美拉德反应原理，研制风味料包使其改善鸡肉产品的色泽和风味。将蛋白酶解液，加上不同种类和添加量的还原糖、氨基酸等反应前体物质，采用 Plackett-Burman 试验设计分析，对风味料包的风味进行逐步回归分析，得到热反应风味料包风味为响应值的最优回归方程为：

$$Y（风味）= -8.15 + 3.12D + 10.48B + 0.06J \qquad R^2 = 0.9048$$

式中，D 为丙氨酸含量，B 为谷氨酸钠含量，J 为温度。

由方差分析表 10-2 可以看出，所得回归方程达到极显著（$P < 0.01$），失拟性检验不显著（$P > 0.05$），说明该回归方程在被研究的整个回归区域拟合得很好。决定系数 $R^2 = 0.9048$，表明 90.48％的试验数据的变异性可用此回归模型来解释。由偏回归系数及显著性检验可知，影响美拉德反应风味的主要影响因子是谷氨酸钠、丙氨酸、温度。剩余各因子由于影响不显著，且个别对风味料包的色泽或风味还有负影响，故而舍去。

表 10-2　风味料包风味偏回归系数及显著性检验

模型项	回归系数	标准误差	t 值	P 值
截距	−8.1481	2.1868	−3.73	0.0058
丙氨酸含量	3.1157	0.5516	5.65	0.0005
谷氨酸钠含量	10.4803	2.3641	4.43	0.0022
温度	0.0607	0.0165	3.67	0.0063

谷氨酸钠、丙氨酸以及鸡肉酶解物为美拉德反应提供了氨基，半胱氨酸盐酸盐也是美拉德反应的氨基来源之一，且与硫胺素都是含硫化合物，为肉香味提供前提物质；木糖、葡萄糖、麦芽糖和乳糖为美拉德反应提供了必不可少的羰基。谷氨酸在反应条件下主要产生的焦香味对产物的风味起到补充和强化作用。温度在很大程度上决定反应的路线，对最终产物的香型有决定性作用。温度的升高有利于美拉德反应，较高的温度不仅加速各种化学反应，而且增加肉中游离氨基酸和其他风味前体物的释放速度。在 130℃下反应，产生了较强的肉香味，但也产生了较重的焦煳味和异味；90℃产品的肉味较淡，考虑温度对风味的影响程度，选择反应温度为120℃。反应 40min 时间太短，可能反应不完全，产生的肉香味淡；90min 可能又反应过度，产生过多的异味物质，产物焦煳味和不愉快气味较强。从试验结果看时间对褐变程度的影响贡献大小，选择反应时间为 60min。

二、肉制品的非油炸工艺

(一) 禽类非油炸工艺

根据不同禽类肉制品种类所制备的料包有一定差异。

1. 制备风味料包

将 L-半胱氨酸盐酸盐、D-木糖、盐酸硫胺素和重蒸水按质量比 10∶1∶3∶1 混合，充分溶解后制得风味料包。

2. 制备腌制料包

将砂仁、良姜、白芷、丁香、草果、桂皮、陈皮、豆蔻、食盐和谷氨酸钠按一定比例混合后加水武火煮沸，文火维持煮沸状态 2.5h，加入风味料包继续煮沸 0.5h。

3. 热力场干燥

将白条三黄鸡在 4℃解冻，清洗干净后放入腌制液中置于 0～5℃腌制 10h，热力场进行三段干燥。阶段Ⅰ：50℃干燥20min，风味料包按体积比3∶2稀释后喷淋表面，继续干燥10min，第二次喷淋风味料包。阶段Ⅱ：升温至100℃，保持20min。阶段Ⅲ：升温至130℃，保持30min，真空包装后杀菌冷却，即为成品。

新工艺制备的非油炸鸡肉产品，能有效提高鸡肉制品的色泽和风味，显著减少致癌物质3,4-苯并芘的产生，提高鸡肉制品的安全卫生和使用品质，有利于提高相关企业的经济效益，加快我国肉鸡养殖业的发展。

(二) 鱼类非油炸工艺

熏鱼也称"油爆鱼"，是较高档的水产熟制品之一。传统的油炸加工方式，温度变化幅度较大，常发生炸不透或炸焦的现象，产品品质不均一，且传统油炸油温通常高于160℃。国内外大量的研究表明，经过高温油炸的肉制品含有一定的致癌物质，比如3,4-苯并芘等多环芳烃类物质和杂环胺类物质。此外，食用油的长期加热会产生反式脂肪酸，对人体的健康造成很大的威胁。随着人们生活水平的提高，人们越来越关注饮食的安全，生产健康的鱼肉制品，替代传统油炸的新型加工方式势在必行。熏鱼绿色制造技术采用非油炸工艺，在较低温度下上色增香的同时，大大提高产品的安全性，符合消费者健康安全的饮食需求，为水产品的绿色制造开创了新的途径。

绿色制造熏鱼的加工工艺主要由两部分组成，第一部分是干燥阶段，在此阶段产品失去部分水分，有利于产品的着色以及产品形态的形成；第二阶段是着色阶段，此时向干燥后的鱼饼喷淋风味料包对产品进行着色和增香。通过采用BBD响应面试验设计优化，最终得出的绿色制造熏鱼的加工条件：食盐浓度为8%，干燥温度为85℃，干燥时间为97min，着色温度132℃。

三、非油炸肉制品的特点

(一) 感官特点

通过感官评定和色度仪测定，绿色制造熏鱼颜色与传统熏鱼均差异不明显；通过感官评定和SPME-GC-MS技术，对绿色制造熏鱼和传统熏鱼在风味上进行检测。从绿色制造熏鱼中检测出40种挥发性风味物质。风味物质以醇类、酯类化合物为主，这些物质与醛类、烃类、酮类、呋喃类、酸类、醚类、噻唑类化合物共同构成了良好的风味。风味感官评定结果也显示绿色制造熏鱼的风味独特，具有熏鱼的特有风味。

(二) 主要营养成分分析

分别对比了绿色制造熏鱼与传统熏鱼样品中主要营养成分的含量（表10-3）。从表中可以看出，绿色制造熏鱼中水分含量、脂肪含量与传统熏鱼样品均有显著差异，脂肪含量低于传统熏鱼，蛋白质含量与传统熏鱼无显著差异。这表明采用绿色制造非油炸工艺制作的肉制品在主要营养成分方面有显著性优势，保证了消费者营养健康饮食。

表 10-3　绿色制造熏鱼与传统熏鱼样品中主要营养成分分析

样品	水分/%	脂肪/%	蛋白质/%	灰分/%
传统熏鱼 1	56.51	11.20	22.61	5.44
传统熏鱼 2	43.15	21.51	27.37	6.35
传统熏鱼 3	54.47	11.92	21.27	5.47
试验样品	60.58	5.89	25.66	5.97
绿色制造熏鱼	60.50	5.39	24.66	5.62

（三）有害物质含量

在绿色制造熏鱼中仅检出 Norharman 这一种杂环胺，含量为 1.48ng/g，比传统熏鱼中下降 75.90%～98.03%；采用 GB/T 22110—2008 测定食品中反式脂肪酸的方法，绿色制造熏鱼中反式脂肪酸未检出。

第五节　加工肉制品绿色制造之非卤煮技术

传统酱卤肉制品加热方式是煮制，或老卤煮制。加工肉制品绿色制造，则利用非卤煮工艺，采用盐渍入味和热力场干燥技术，保证畜禽肉制品传统的风味，同时极大降低了产品中有害物质的形成。

一、工艺流程

原料选择→清洗→腌制入味→冲淋→热力场干燥→冷却→成品

二、腌制入味

（一）香辛料的选择

香辛料富含多酚类物质，而且具有独特的气味，常用于酱卤肉制品等肉制品的加工。前人研究各种抗氧化剂或者植物提取物对杂环胺含量的影响主要集中在模型体系或锅煎、油炸、烧烤等加工方式。抗氧化剂或香辛料等添加物对杂环胺形成的抑制或者是促进作用受肉的种类、添加浓度、加工方式等多种因素的影响。各地根据口味不同会在酱卤肉制品煮制过程中添加不同种类和浓度的香辛料，而不同浓度的香辛料的添加对酱卤肉制品中杂环胺含量的影响是值得关注的。一般地，酱卤肉制品在加工过程中通常会加入料酒、白酒等含乙醇的作料以增香入味，而乙醇在之前的研究中被证明会影响杂环胺的形成。酱卤肉制品的加热是采用水煮方式，而对于香辛料在水煮条件下杂环胺种类和含量的影响也是值得研究的。笔者测定了常见的 20 种香辛料水提物的总酚含量与抗氧化能力，并选出其中多酚含量较高、抗氧化作用较强的 5 种香辛料，研究其对酱牛肉中杂环胺含量的影响。选取的 20 种香辛料分别为肉豆蔻、丁香、八角、黑胡椒、荜拨、红花椒、青花椒、桂皮、桂丁、香叶、香菜籽、孜然、白芷、小茴香、草果、砂仁、白豆蔻、良姜、山奈。

（二）20 种香辛料水提物的抗氧化性与 ABTS$^+$·清除能力

香辛料用高速搅拌机粉碎后过 40 目筛，取 0.5g 粉末置于 25mL 具塞具刻度大试管中，用蒸馏水定容后在沸水浴条件下提取 30min。提取液于 5000r/min 离心 3min，取上清液备用。不同香辛料水提物的总酚含量具有较大差异，如表 10-4 所示。丁香的总酚含量最高，达到 303.16mg/g，其次分别是红花椒、良姜、香叶和桂皮，这四种香辛料的总酚含量均在 50mg/g 以上。其他香辛料的总酚含量相对较低，特别是肉豆蔻、荜拨、香菜籽和山奈，均低于 10mg/g。总体而言，樟科和芸香科的香辛料含总酚较多，平均含量为 49.44mg/g 和 48.80mg/g；其次是八角科、姜科（良姜除外）和伞形科香辛料，平均总酚含量分别为 32.86mg/g、23.60mg/g、13.06mg/g；胡椒科和肉豆蔻科香辛料水提物总酚含量较低，平均分别仅为 9.33mg/g 和 7.17mg/g。与总酚含量相对应，丁香、红花椒、桂皮、良姜和香叶 5 种香辛料对 2,2-联氮-二（3-乙基-苯并噻唑-6-磺酸）二铵离子（ABTS$^+$·）的清除率较高，均高于 40%，其他香辛料具有较低的 ABTS$^+$·清除能力，特别是肉豆蔻、荜拨、香菜籽、砂仁和山奈，仅为 2.11%～6.67%。总酚含量与对 ABTS$^+$·清除能力呈显著正相关（$P<0.01$），相关系数为 0.973；两者之间的线性拟合曲线如图 10-5 所示。由于丁香、红花椒、桂皮、良姜和香叶 5 种香辛料总酚含量较高、抗氧化能力较强，因此选取这 5 种进一步研究其对酱牛肉杂环胺含量的影响。

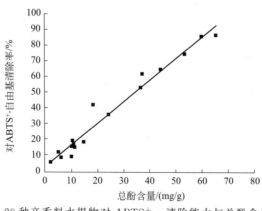

图 10-5　20 种辛香料水提物对 ABTS$^+$·清除能力与总酚含量的关系

表10-4　20种香辛料的产地、植物学分类、水提物的抗氧化性与对 ABTS⁺·清除能力

香辛料	产地	植物学分类	总酚含量/(mg/g)	ABTS⁺·清除率/%
肉豆蔻	云南	肉豆蔻科	7.17 ± 0.31^{kl}	6.67 ± 1.41^{kl}
丁香	广西	桃金娘科	303.16 ± 6.48^{a}	100.00 ± 0.00^{a}
八角	广西	八角科	32.86 ± 0.50^{e}	33.78 ± 0.63^{e}
黑胡椒	云南	胡椒科	12.00 ± 0.27^{ij}	10.06 ± 0.24^{i}
荜拨	云南	胡椒科	6.650 ± 0.11^{l}	5.11 ± 0.31^{l}
红花椒	四川	芸香科	68.71 ± 1.66^{b}	53.00 ± 1.41^{c}
青花椒	四川	芸香科	28.89 ± 2.09^{f}	23.67 ± 0.79^{g}
桂皮	广东	樟科	57.71 ± 1.08^{d}	56.39 ± 0.86^{b}
桂丁	广东	樟科	30.06 ± 2.60^{ef}	28.50 ± 0.86^{f}
香叶	广西	樟科	60.56 ± 1.22^{d}	42.11 ± 0.79^{d}
香菜籽	江苏	伞形科	8.47 ± 0.02^{jkl}	5.33 ± 0.63^{l}
小茴香	甘肃	伞形科	13.91 ± 0.11^{i}	8.50 ± 0.55^{ij}
白芷	云南	伞形科	11.60 ± 0.00^{ij}	15.61 ± 1.34^{h}
孜然	新疆	伞形科	20.74 ± 0.36^{h}	16.39 ± 0.24^{h}
香果	云南	伞形科	10.82 ± 0.07^{ijk}	9.06 ± 0.55^{ij}
草果	广西	姜科	24.77 ± 1.01^{g}	24.44 ± 0.63^{g}
砂仁	广西	姜科	12.80 ± 0.20^{i}	6.11 ± 0.47^{kl}
白豆蔻	广西	姜科	13.12 ± 0.22^{i}	7.50 ± 1.02^{jk}
良姜	广东	姜科	64.99 ± 0.14^{c}	56.61 ± 0.55^{b}
山奈	广西	姜科	2.35 ± 0.08^{m}	2.11 ± 0.47^{m}

注：数值表示为平均数±标准差，同一列中上标字母不同表示差异显著（$P<0.05$）。

（三）腌制入味

根据不同地区消费者的习惯，选择不同种类和比例的香辛料配比，制备香辛料料包底物。同时选取优质原料肉，冷水洗净体内残留组织及血液，洗好后放入冷水中浸泡2h左右，清除体内的血，使肌肉洁白，备用。腌制过程采用静置腌制或者滚揉腌制的方法。

三、热力场干燥

将滚揉后的产品分三阶段进行热力场干燥，热力场干燥工艺如下。

Ⅰ阶段：循环热风温度 40～60℃，风速为 1～3m/s，干燥 0.5～1.0h；Ⅰ阶段后向产品肉表皮喷淋护色剂。

Ⅱ阶段：循环热风温度 90～100℃，风速为 4～8m/s，干燥 15～45min。

Ⅲ阶段：循环热风温度 110～120℃，风速为 6～10m/s，干燥 20～40min。

采用循环热力场干燥技术，分三阶段对肉制品进行干燥。在节约时间的同时，能够通过控制热风速度和温度。注射保水剂以及添加护色剂，调控了原料肉表皮的温湿度以及一定时间内调控了原料肉和表皮的质构和色泽，使其经过高温灭菌后仍

能保持脆嫩口感。

四、非卤煮肉制品的特点

（一）感官特点

采用非卤煮工艺制作的加工肉制品，摒弃了传统盐水肉制品（如盐水鸭）重复使用老卤的方法。非卤煮工艺采用干腌、滚揉相结合的方式，将不同香辛料的香味渗透到鸭肉里面，满足了不同地区消费者的需求，同时保证了盐水肉制品传统的特色风味，色香味俱佳。

（二）有害物质含量

采用非卤煮新工艺制作的加工肉制品中的有害物质含量大大降低，其中主要致癌物质杂环胺类在传统盐水肉制品（如盐水鸭）中的总量为 $20.89 \sim 108 \mu g/kg$，而在非卤煮工艺制作的加工肉制品中杂环胺总量为 $0.98 \sim 1.5 \mu g/kg$，并且有多种杂环胺未检出，大大降低了肉制品中有害物质的含量，有益于人体健康。

第六节　加工肉制品绿色制造之非烧烤技术

一、烧烤与烧烤风味

（一）烧烤的定义

烧烤在欧美又被称作"BBQ（barbecue）"，是欧美国家最为主要的肉品加热方式。烧烤文化在我国的发展更是源远流长，在汉代期间就有民间炙烤羊肉串的记载。

《肉品科学百科全书》（2004）中提到：烧烤是一种以直接辐射热加热肉的干热方式。热源可以为烤箱、电烧烤器或户外烤架，并且肉可放在热源的上方或者下方。烧烤时烤箱的温度分为两种，一种是一直维持在 $150 \sim 160℃$；另一种是开始时温度高达 $250℃$，之后降到 $150℃$。在烤制期间，由于美拉德反应的发生导致肉的表面出现棕褐色。

欧美国家根据烧烤热源的不同，将烧烤称之为"Broiling"、"Grilling"或"Roasting"。热源在肉的周围，肉随转轴单向旋转，这种靠辐射热加热的烧烤方式称为"Broiling"；主要以直接辐射热为加热方式，以烤架、烤盘为加热工具，被用来快速加热肉制品的烧烤方式称为"Grilling"；以明火、烤箱等其他方式为热源，使周围空气达到 $150℃$ 以上，这种烧烤方式称为"Roasting"。

综上所述，烧烤是以空气或燃料为热源，直接或间接加热食物，温度至少在

150℃以上，一般在190～260℃之间，在此温度条件下发生焦化反应和美拉德反应产生特有烤香味和色泽的一种加热方式。

（二）烧烤风味物质的形成

烧烤风味的形成机理主要是由肉中的天然组分在加热条件下发生美拉德反应而产生的，烧烤风味不是由一种风味物质组成，而是由多种风味物质综合作用而形成的，主要包括含氮、硫、氧等的杂环化合物，如吡嗪、吡啶、呋喃、吡咯等。

1. 烧烤风味的前体物质

风味前体物质，即为原料肉中能够在热加工过程中产生一定挥发性肉香风味物质的组分。根据目前国内外的一些研究报道，风味前体物质主要包括水溶性的风味前体物质和非水溶性的风味前体物质两大类。

其中水溶性的风味前体物质主要包括蛋白质、多肽、游离氨基酸类（组氨酸、谷氨酸、丙氨酸、天冬氨酸等）和碳水化合物（葡萄糖、果糖、麦芽糖等）。其他水溶性的风味前体物质主要包括核苷酸和硫胺素。核苷酸类主要指肌苷-5-磷酸盐（IMP）和鸟苷-5-磷酸盐（GMP）。硫胺素分子内包含一个噻吩基，本身并无嗅感，但在加热条件下能形成挥发性物质，产生肉类风味。其热降解产物非常复杂，主要为含硫化合物，如噻吩类、嘧啶类、呋喃类、噻唑类、其他含硫化合物等。

另外，非水溶性前体物质主要为脂质类。肉中的脂类包括肌内脂肪和肌间脂肪，前者主要由甘油三酯组成，后者主要由磷脂组成。Mottram等人研究了甘油三酯和磷脂对加工肉制品风味物质的影响，结果表明，相比甘油三酯，磷脂对肉品风味的形成做出了更重要的贡献，而磷脂中实际起作用的组分则是不饱和脂肪酸。这些不饱和脂肪酸极容易被氧化，进而降解产生一系列小分子产物，这些中间产物又能进一步分解，或参与美拉德反应，从而产生许多脂肪烃、醇类、醛类、酮类、酸类、内酯类、吡啶类、吡嗪类、噻吩类、噻唑类、呋喃类等。

2. 烧烤风味的形成

（1）美拉德反应产生的烧烤风味物质　美拉德反应对食品质量有着至关重要的作用，尤其是对于加热的食品，它赋予食品良好的色泽、风味，同时影响食品的营养价值。在美拉德反应的末期，会生成吡啶、吡嗪、吡咯、噻吩、噻唑等杂环化合物，而这些杂环化合物正是烤肉风味形成的重要贡献者。

风味物质的形成主要取决于氨基酸和还原糖的种类、反应温度、时间、pH值、水分含量或水分活度。总体来说，氨基酸和还原糖的种类决定所产生的风味物质的类型，而其他外在因素则影响美拉德反应的机制。就肉类风味而言，半胱氨酸和核糖反应主要产生含硫化合物。脯氨酸主要产生典型的面包、谷物和爆米花风味。

（2）氨基酸和肽热降解作用产生的烧烤风味物质　肉制品中的氨基酸和肽类物质含量丰富，且具有热不稳定性，分解形成醛类、甲基醇、烃类、乙基醇等，这些物质的形成主要是通过脱羧、脱氨基、脱氢或脱羰基反应进行的。反应生成的一些关键化合物，如3-甲基丁酮、苯乙醛、1,4-二戊醛、α-氨基羰基化合物等，具有较高的活性，在一定条件下可以相互作用、相互反应产生一系列具有良好嗅感的风味物质，对食品最终风味形成具有重要的作用。比较典型的热解风味前体物质有苏氨酸、赖氨酸、丝氨酸、甘氨酸等，加热分解主要产生吡嗪和吡咯类化合物，具有一定的烘烤香气以及熟肉香气，其中吡嗪被认为是烧烤风味的特征性物质；杂环类氨基酸主要是指脯氨酸和羟脯氨酸，这两种氨基酸热解后主要形成含氮杂环类化合物，如吡咯和吡啶类，呈面包香、饼干香及谷物香；若有硫元素的存在，这些物质还可以进一步形成硫化物，包括含杂环的和不含杂环的，且都具有肉类特征性气味。

（3）硫胺素降解产生的烧烤风味物质　硫胺素（维生素 B_1），被认为是肉制品热加工风味产生的来源之一，主要产生一些风味中间体物质或终产物。硫胺素的反应受 pH 值影响较大，pH 值为9时，噻唑和吡啶是主要产物；pH 值为5和7时，生成肉香味很浓的挥发性物质，如噻吩类化合物。研究报道表明，硫胺素热降解产物主要包括4-甲基-5-（-2-羟乙基）-噻唑，该物质在后续反应中继续形成噻唑或其他硫化物，如5-羟基-3-巯基乙醇，继而生成噻吩类和呋喃类物质。其他硫化物如3-巯基-2-戊酮、2-甲基呋喃-3-硫醇等，具有煮肉或烤肉的气味。

（4）脂类物质降解产生的烧烤风味物质　脂质是食品中最不稳定的成分，很多有关肉类风味的研究表明，熟肉制品挥发性香气物质中，60％来自脂类氧化。除了美拉德反应之外，脂质氧化是食品体系及风味形成过程中另一个极为重要的反应。对于肉制品而言，有50％的风味物质都是由脂质衍生而来，其形成机理是在热诱导下，脂质氧化的酰基链发生氧化、聚合等反应。很多时候肉制品中的脂质反应不是单独完成的，而是跟美拉德反应产物交联反应，形成更为丰富的物质。

磷脂是原料肉中典型的脂类，在美拉德反应体系中对肉香味的形成起重要作用。有研究表明，去除甘油三酯的肉样与未去除甘油三酯的肉样在风味感官评价上没有明显区别，但去除磷脂和未去除磷脂的肉样在风味感官评价上却有显著区别。原因就在于磷脂与甘油三酯比较，含有较多不饱和脂肪酸，不饱和脂肪酸比饱和脂肪酸更容易发生自动降解，进而分解成酮、醛、酸等有机挥发性物质，而这些反应是肉类风味形成的重要基础。

（5）香辛料对烧烤风味的影响　香辛料或调香料，添加到肉制品中，能赋予或增强产品的风味，或促进食欲、促进消化。常用的香辛料很多，主要包括八角茴香（也称八角）、小茴香、肉蔻、白芷、陈皮、草果、桂皮、丁香、砂仁、山奈、胡椒、花椒、月桂叶、蒜、姜黄、葱、生姜、辣椒等。有关研究者利用固相萃取-气质联用的方法，鉴定了烤香猪中的挥发性风味物质，有 86 种含量丰富，其中含量最多的是来源于脂质降解产生的醛类物质，其次就是由香辛料产生的氧化苯类物质、丁香油酚、1-(4-甲基苯酚)-2-丙酮、草蒿脑、茴香脑、肉桂酸乙酯等。

二、非烧烤工艺

烧烤加热的温度至少在 150℃以上（一般在 190～260℃）才能产生烧烤风味和色泽。而非烧烤工艺，是肉在 110～120℃范围内的热力场干燥条件下，基于美拉德反应定向控制的基本原理，使原料肉中的烤香味前体物与底物混合物产生良好的色泽和特殊的烧烤风味的过程。

（一）一般工艺流程

原料的选择→清洗→切块→腌制入味→沥干→热力场干燥→冷却→成品
　　　　　　　　　　　　↑料包底物　　　　　↑风味底物

（二）料包底物的制备

几乎大部分的肉制品在加工过程中都会经过腌制这一工序，当然烧烤肉制品也不例外，其最终目的是增加肉的风味，稳定产品的感官特性。在肉制品的腌制过程中硝酸盐和亚硝酸盐是最主要的腌制剂，除此之外，根据不同的产品，在腌制过程中还加入食盐、香辛料、磷酸盐、葡萄糖、维生素 C 等，以形成不同的风味。

肉制品在烧烤之前也要经过适当的前处理。对于烤牛肉腌制剂，盐糖比例、香辛料对最后的烤制产品风味有很大的影响。一般来说，当盐糖比例为 1∶0.4 时烧烤牛肉制品的咸度适中，口味佳，感官品质最好，适合大多数人的口味习惯，有较高的接受度；烧烤牛肉常用的香辛料种类有孜然、胡椒、陈皮、甘草、生姜、八角、山奈、肉蔻、砂仁。香辛料的添加比例并不是越高越好，随着香辛料比例的增加烤牛肉制品的品质风味呈现先上升后下降的趋势。有研究表明，当复合香辛料的添加比例为原料肉的 4％时，牛肉制品的感官特性较好，质构和口感都达到最佳水平。

（三）烧烤风味底物的制备

1. 烤牛肉风味底物的研究

首先制备牛肉酶解液，制备条件为牛肉糜 10g、底物浓度 30％左右、酶解温度

50℃、pH6.5、风味蛋白酶∶复合蛋白酶＝1∶1、加酶量质量分数8％、酶解时间5h。然后在牛肉酶解液的基础上，用葡萄糖、甘氨酸、硫胺素设计析因试验（表10-5～表10-7）。

表 10-5　因素水平表

水平	因素		
	葡萄糖/g	甘氨酸/g	硫胺素/g
−1	0.5	0.4	0.3
1	1.0	0.8	0.6

表 10-6　褐变程度方差分析

来源	平方和	自由度	均方	F 值	p 值
葡萄糖	0.019	1	0.019	527.736	0.000
甘氨酸	0.063	1	0.063	1715.315	0.000
硫胺素	0.002	1	0.002	62.481	0.000
葡萄糖×甘氨酸	0.004	1	0.004	111.078	0.000
葡萄糖×硫胺素	7.225×10^{-5}	1	7.225×10^{-5}	1.959	0.199
甘氨酸×硫胺素	0.001	1	0.001	32.278	0.000
葡萄糖×甘氨酸×硫胺素	1.600×10^{-5}	1	1.600×10^{-5}	0.434	0.529
误差	3.000×10^{-4}	8	3.688×10^{-5}		
总和	0.091	15			

表 10-7　烤牛肉香气方差分析

来源	平方和	自由度	均方	F 值	p 值
葡萄糖	3.151	1	3.151	22.622	0.001
甘氨酸	10.208	1	10.208	73.294	0.000
硫胺素	0.051	1	0.051	0.363	0.563
葡萄糖×甘氨酸	2.059	1	2.059	14.785	0.005
葡萄糖×硫胺素	0.065	1	0.065	0.467	0.514
甘氨酸×硫胺素	0.004	1	0.004	0.030	0.866
葡萄糖×甘氨酸×硫胺素	0.038	1	0.038	0.273	0.615
误差	1.114	8	0.139		
总和	16.690	15			

通过析因试验得出，当葡萄糖、甘氨酸为高水平，硫胺素为低水平时，吸光度为最大值，此时褐变程度相比于其他试验组要高。对析因试验结果进行方差分析，如表10-6所示，三个因素葡萄糖、甘氨酸、硫胺素对褐变程度都有显著影响（$P<0.05$）；葡萄糖与甘氨酸、甘氨酸与硫胺素之间存在交互作用且对褐变程度影响显著（$P<0.05$）；葡萄糖、硫胺素之间，葡萄糖、甘氨酸、硫胺素三者之间不存在交互作用或交互作用不显著（$P>0.05$）。将三个因素按照对褐变程度影响的重要程度分类，由 F 值大小可知，甘氨酸是最主要因素，葡萄糖为主要因素，硫胺

素为次要因素。同时，葡萄糖、甘氨酸的含量变化对感官品质的影响较为显著（$P<0.05$），而硫胺素对其影响不显著（$P>0.05$）；葡萄糖、甘氨酸之间存在交互作用且对感官品质影响显著（$P<0.05$）；葡萄糖与硫胺素、甘氨酸与硫胺素之间，葡萄糖、甘氨酸、硫胺素三者之间在对反应液感官品质的影响不存在交互作用或交互作用不显著（$P>0.05$）。将三个因素按照对感官品质影响的重要程度分类，由F值大小可知，甘氨酸是最主要因素，葡萄糖为主要因素，硫胺素为非主要因素。因此确定底物混合物的最优配比为：牛肉酶解液20g、葡萄糖1.0g、甘氨酸0.8g、硫胺素0.3g，于120℃、pH7.5条件下反应90min。

通过气相色谱-质谱法分析结果表明，在该模型体系烤牛肉特征风味物质中，2-甲基-3-呋喃硫醇、2-甲基四氢噻吩-3-酮和双（2-甲基-3-呋喃基）二硫相对含量较高。该模型体系褐变程度高，吸光度达到最高值，通过感官评定表明，其肉香纯正，烤牛肉风味浓郁。

2. 烤猪肉风味底物的研究

通过测定猪肉烤制前后主要前体物质游离氨基酸、还原糖、硫胺素等含量的变化，寻找出烤制前后含量变化比较大、且认为是对烧烤风味贡献较大的前体物质。通过研究发现，猪肉前体物质苏氨酸、丙氨酸、赖氨酸、半胱氨酸、硫胺素、还原糖等在烤制前后含量变化相对较大，因此推断出这些前体物质对于烤肉风味的形成有重要影响。

采用制备牛肉风味底物的类似方法，选取苏氨酸、丙氨酸、赖氨酸、半胱氨酸、硫胺素、核糖和葡萄糖7种前体物，并筛选能产生明显猪肉烧烤风味的物质，最终得出一种能在110～120℃条件下产生烧烤猪肉风味的底物混合物和加工条件。烤猪肉风味底物混合物组成成分：葡萄糖1.00g，核糖1.82g，赖氨酸为1.40g，硫胺素盐酸盐2.00g，半胱氨酸盐酸盐0.20g，苏氨酸0.80g，丙氨酸0.10g。加工条件为时间120min、pH7.0、温度128℃。该体系中，丙氨酸作为小分子氨基酸，有较高的反应活性，对美拉德反应可作为中介物质与其他中间产物发生反应，生成风味物质。这些模型体系中的氨基酸在美拉德反应中具有较高的活性，容易与葡萄糖和肌酸酐的中间产物形成羰基化合物，并进一步形成非杂环化合物。碱性条件有利于含氮、硫、氧等杂环化合物的形成。

（四）非烧烤的工艺参数

1. 烤猪肉的非烧烤工艺

料包底物混合物配方（按肉重计）：白糖1.0%、孜然粉0.2%、胡椒粉0.1%、陈皮粉0.1%、甘草粉0.1%、生姜粉0.1%、八角粉0.2%、山奈粉

0.1％、肉蔻粉 0.1％、砂仁粉 0.1％，加盐量 1.5％。

首先将整理好的原料肉按配方要求进行浸渍入味，或滚揉，然后进行热力场干燥。第一阶段干燥温度 80℃（40min），然后按肉重喷淋风味底物混合物 8％，混合物浓度 80％。第二阶段干燥温度 110～120℃（30min）。

2. 烤羊肉的非烧烤工艺

羊肉的料包底物混合物配方（按肉重计）：生姜粉 0.2％、桂皮 0.15％、小茴香 0.1％、八角 0.2％、甘草 0.12％、山奈 0.1％、胡椒 0.15％、花椒 0.2％、孜然 3％、加糖量 1.5％、加盐量 1.8％。

将整理好的 6cm×8cm×8cm 的羊肉块按上述配方要求进行腌制入味，然后将其悬挂于热风干燥设备中进行阶段式干燥。第一阶段干燥温度 85℃（25min），之后将 5％的底物混合物均匀喷淋在羊肉表面，其浓度为 60％。第二阶段干燥温度 115℃（50min）。底物混合物在干燥的第二阶段定向发生美拉德反应，产生烤羊肉特有的香气和色泽。

3. 烤鸭肉的非烧烤工艺

鸭肉的料包底物混合物配方（按肉重计）：八角 0.1％、小茴香 0.2％、桂皮 0.15％、丁香 0.1％、花椒 0.15％、食盐 6％，0～4℃腌制 8h。

原料采用樱桃谷鸭，经腌渍处理后沥干水分，然后将其悬挂于热风干燥设备中进行阶段式干燥。采用三阶段模式：第一阶段为干燥阶段，其参数为 80℃、20min，目的是降低鸭表皮水分活度，为定向美拉德反应做准备；第二阶段为干燥反应阶段，参数为 100℃、20min，此阶段风味料包在鸭表皮发生初始反应，目的为实现最终产色增香；第三阶段为干燥熟制阶段，参数为 120℃、30min，目的为完成最终产色增香效果，并将烤鸭熟制。

三、非烧烤肉制品的特点

（一）感官特点

采用非烧烤工艺制作的烤牛肉在加工过程中能够产生诱人的色泽和明显的烧烤风味，因牛肉属于红肉，且表层脂肪含量极少，美拉德反应液对其表面色泽的影响不显著，因此对于加工后牛肉色泽的变化研究较少。而在烤猪肉方面的研究当中发现，采用干燥工艺制作的烤猪肉，其 L^* 值（亮度值）和 b^* 值（黄度值）显著性增加，但 a^* 值并无显著性影响；在质构方面，采用非烧烤工艺制作的烤肉制品相比于传统烤肉在硬度方面显著性降低。

总而言之，非烧烤的干燥工艺相比于传统烧烤，能够保持传统烤肉的色泽和质构品质，具有良好的烤香风味，具有传统特色烧烤产品的感官品质。

(二) 安全方面的特点

1. 3,4-苯并芘

3,4-苯并芘很大程度上受加工方式的影响，加工方式如烟熏、烧烤、架烤、卤煮、油炸等都可能产生 3,4-苯并芘。在烧烤过程中，原料肉中的脂肪在高温（＞200℃）条件下可产生 3,4-苯并芘。尤其是在 700℃ 以上的高温下，其他有机物质如蛋白质和碳水化合物也会分解产生 3,4-苯并芘。四种不同加工方式的烤肉 3,4-苯并芘含量见图 10-6。

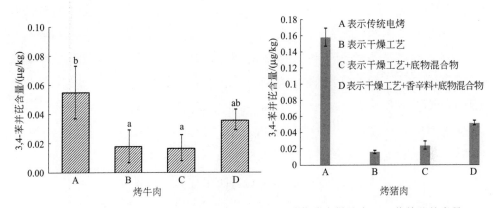

图 10-6　四种烤牛肉样品中 3,4-苯并芘的含量及四种烤猪肉样品中 3,4-苯并芘的含量

从图 10-6 中可以看出，传统烤牛肉中 3,4-苯并芘含量最大为 0.055μg/kg，与 B、C 组 3,4-苯并芘含量相比差异显著（$P<0.05$）；B、C 组中的 3,4-苯并芘含量差异不显著；添加底物混合物和香辛料的烤牛肉中的 3,4-苯并芘含量为 0.036μg/kg，略高于不添加香辛料的烤牛肉；烤猪肉中 A、B、C、D 组中的 3,4-苯并芘的含量分别为 0.158μg/kg、0.016μg/kg、0.024μg/kg、0.052μg/kg，B、C、D 三组相比于 A 组都具有显著性降低，而 C 组与 B 组相比差异不显著（$P>0.05$），可见底物混合物的添加并不明显增加 3,4-苯并芘的生成；D 组相比 B 组显著增加（$P<0.05$），相比 C 组略有增加，但变化不明显（$P>0.05$），可见底物混合物和香辛料的同时添加增加了 3,4-苯并芘的生成。

但是不论哪种工艺，3,4-苯并芘的含量都远远小于国家限定 3,4-苯并芘在肉制品中的残留量标准（≤5μg/kg）。但从中可以得出一些结论：3,4-苯并芘的产生和原料肉的种类、脂肪含量有很大的关系；采用添加底物混合物加之干燥工艺后可以显著降低 3,4-苯并芘的生成量；而添加香辛料却增加 3,4-苯并芘的生成量。

2. 杂环胺

由于烧烤通常是在高温条件下进行的，因此很容易导致杂环胺的形成。Sigimura（1977）等人首先在直接以明火或炭火炙烤的烤鱼中发现强烈致突变物质——杂环胺，其活性远大于其所含有的 3,4-苯并芘的活性。后来，又陆续在烧烤鸡肉、鱼肉、鹿肉、鳝鱼等中检测到杂环胺。

如表 10-8 所示，原料肉的种类对烧烤后杂环胺的含量有很大的影响，烤牛肉中的杂环胺总量明显高于烤猪肉。在对烤猪肉的研究当中发现传统电烤下烤猪肉测得的杂环胺总量为 29.567μg/kg，干燥工艺＋反应液＋香辛料下测得的杂环胺含量为 1.202μg/kg，比传统工艺降低了 95.93%，表明温和条件下加工能够降低杂环胺的形成，且香辛料对杂环胺的形成有显著降低作用；而在对烤牛肉的研究中发现，电烤牛肉 A 中检测出 8 种杂环胺，总含量为 112.048μg/kg；烤牛肉 B 中共检测出 4 种杂环胺，总含量为 22.433μg/kg，其中 Norharman 含量最高；烤牛肉 C 共检出 7 种杂环胺，总含量为 60.749μg/kg；添加底物混合物和香辛料的烤牛肉 D 中检测出 5 种杂环胺，总含量为 38.628μg/kg。因此采用非烧烤工艺制作的烤肉，不仅杂环胺的种类大大降低，而且其总体含量也有大幅度的下降。

表 10-8　不同加工条件下烤猪肉和烤牛肉制品中杂环胺的总含量

杂环胺/(μg/kg)	样品			
	A 电烤	B 干燥工艺	C 干燥工艺＋反应液	D 干燥工艺＋反应液＋香辛料
烤猪肉总量	29.567	3.336	4.931	1.202
烤牛肉总量	112.048	22.433	60.749	38.628

第七节　加工肉制品绿色制造之非烟熏技术

烟熏肉制品在国内外均有悠久的历史。由于长期流传的饮食习惯，世界各地人们对不同浓度的烟熏味均有一定的爱好，在我国湖南、四川、重庆、贵州、云南等地对烟熏味尤其青睐。肉制品加工中传统的烟熏味获得方法是将木材、锯木屑等易发烟物料用电加热或炭火加热至烟点处产生大量浓烟熏制肉品，常在肉品经预干燥后进行。肉制品烟熏可以使肉制品脱水，赋予产品特殊的香味，改善肉的颜色，并且有一定的杀菌防腐和抗氧化作用，还能延长肉制品的保质期。但是传统烟熏肉制品在形成烟熏风味和色泽的同时，也受到了许多有害物质的污染，例如多环芳烃、甲醛等强致癌致畸物质。目前液熏法的广泛使用很好地避免了多环芳烃的污染，但目前市售烟熏液中大多仍含有甲醛，生产出的产品无法避免甲醛对人体造成的伤害。我国不允许在食品中使用甲醛。因此，研究出一种以安全烟熏液为核心的无甲醛、无3,4-苯并芘烟熏肉制品加工技术就显得尤为重要，能够实现在保持传统烟熏风味的同时不含有害物，做到真正的安全健康。

一、非烟熏工艺

（一）一般工艺流程

原料的选择与预处理→腌制→预热→干燥→烟熏→冷却→成品

（二）无3,4-苯并芘无甲醛烟熏液的制备

1. 烟熏液组分的确定

液熏法是在烟熏法的基础上发展起来的食品加工技术，它是用烟熏液替代气体烟进行熏制食品的一种方法。烟熏液具有和气体烟几乎相同的风味成分，但经过滤提纯除去了聚集在焦油液滴中的多环芳烃等有害物质。许多研究表明，采用烟熏液加工成的产品中多环芳烃含量显著低于采用传统烟熏方法加工而成的产品。然而目前市售的烟熏液由于其生产工艺特点，大多含有甲醛（6.27~61.22mg/L），用这种烟熏液生产出的产品会受到甲醛的污染。目前普遍认为熏烟以及烟熏液中的主要成分有酚类化合物、羰基类化合物、有机酸类化合物、醇类化合物以及酯类化合物等。一般酚类物质含量2.1%~2.5%，羰基化合物含量3.0%~4.5%，有机酸含量14%~15%。多位学者的研究中普遍出现的含量较高的物质有愈创木酚、4-甲基愈创木酚、丁香酚、4-甲基丁香酚、糠醛、5-甲基糠醛、2(5H)呋喃酮、甲基D环、乙酸、丙酸甲酯和丁酸乙酯。

2. 烟熏液各组分比例的确定

将愈创木酚、4-甲基愈创木酚、丁香酚、4-甲基丁香酚等物质按表10-9中比例进行复配选择，将按配方均匀设计表配制出的烟熏液稀释100倍后进行试验，主要对产品的色泽、烟熏风味及滋味进行感官评定，采用配方均匀实验获得回归方程为：

$$Y = 2.269 + 14.77X_4^2 + 12.578X_1 \cdot X_3 - 18.34X_1 \cdot X_4 + 34.01X_1 \cdot X_5$$
$$+ 22.89X_2 \cdot X_4 + 33.27X_6 \cdot X_7$$

$$R^2 = 0.917, P < 0.01$$

从方程中可以看出，4-甲基丁香酚（X_4）对评定结果有显著影响，而其他各种单一物质由于影响很小，均不显著，因此未进入方程；两种物质的交互作用对烟熏肉制品品质的形成有很大贡献，愈创木酚（X_1）和5-糠醛（X_5）交互作用的影响最大，其次为5-甲基糠醛（X_6）和食醋（X_7）交互作用的影响，影响相对较小的是愈创木酚（X_1）和丁香酚（X_3）的交互作用；对烟熏肉制品品质起负作用的

是愈创木酚（X_1）和 4-甲基丁香酚（X_4）的交互作用。方程中当 Y 达到极值（6.449）时，式中 $X_1 = 0.061$，$X_2 = 0.047$，$X_3 = 0.019$，$X_4 = 0.441$，$X_5 = 0.050$，$X_6 = 0.179$，$X_7 = 0.204$，即愈创木酚、4-甲基愈创木酚、丁香酚、4-甲基丁香酚、糠醛、5-甲基糠醛、食醋的含量分别为 0.061、0.047、0.019、0.441、0.050、0.179 和 0.204。此时的感官评分均值为 6.454，与预测值 6.449 之间的差异很小。采用电子鼻技术通过主成分分析和聚类分析所得出的结论与配方均匀实验感官评定的结果保持一致。最终得到绿色制造烟熏液的最佳配比为愈创木酚、4-甲基愈创木酚、丁香酚、4-甲基丁香酚、糠醛、5-甲基糠醛、乙酸的含量分别为 6.08%、4.67%、1.87%、44.07%、5.07%、17.90% 和 20.37%。

表 10-9　配方均匀试验设计

序号	愈创木酚 X_1	4-甲基愈创木酚 X_2	丁香酚 X_3	4-甲基丁香酚 X_4	5-糠醛 X_5	5-甲基糠醛 X_6	食醋 X_7	感官评分预测值 Y
1	0.439	0.147	0.097	0.051	0.022	0.023	0.222	3.2±0.549
2	0.326	0.095	0.046	0.246	0.055	0.051	0.182	3.2±0.414
3	0.266	0.047	0.398	0.023	0.084	0.063	0.12	3.9±0.325
4	0.224	0.005	0.156	0.184	0.203	0.107	0.122	4.8±0.735
5	0.191	0.251	0.033	0.006	0.36	0.094	0.065	5.1±1.015
6	0.163	0.138	0.312	0.074	0.005	0.222	0.087	4.4±0.480
7	0.139	0.07	0.137	0.357	0.035	0.222	0.041	4.4±0.674
8	0.119	0.017	0.036	0.086	0.17	0.554	0.018	3±0.309
9	0.1	0.339	0.208	0.122	0.084	0.005	0.143	3.9±0.109
10	0.083	0.176	0.108	0.02	0.326	0.045	0.241	3.5±0.650
11	0.068	0.092	0.02	0.183	0.524	0.032	0.081	4.2±0.549
12	0.054	0.032	0.289	0.429	0.009	0.076	0.111	5.4±0.874
13	0.04	0.48	0.059	0.055	0.056	0.165	0.145	3.5±0.269
14	0.028	0.218	0.006	0.297	0.122	0.216	0.113	5.4±0.578
15	0.016	0.117	0.236	0.035	0.247	0.273	0.077	3.2±0.229
16	0.005	0.048	0.095	0.221	0.382	0.226	0.023	3.8±0.229

二、肉制品的非烟熏工艺

（一）绿色制造烟熏乳化肠

1. 乳化肠的制备

将牛肉、烟熏液、亚硝酸盐以及食盐等原料在 3000 r/min 条件下斩拌 6min，灌制后将肠放入烘箱中在 60℃ 条件下加热 20min，再放入 80～90℃ 水中煮制 20min，喷洒 5% 的烟熏液后放入烘箱中加热，干燥过程中喷洒浓度为 5% 的烟熏液。

2. 烟熏液浓度的确定

烟熏液浓度主要影响产品的色泽与烟熏风味，其中羰基化合物被认为是烟熏色泽的最主要贡献者，羰基化合物的含量越高，烟熏液的着色能力越强。一般来说，浓度越大，烟熏液的着色能力则越强，但过了一定浓度后，其对颜色的影响会变小。且烟熏液过多会有一些苦味。从表 10-10 中可以看出，当烟熏液浓度≤8％时，L^* 先减小后增大；a^* 随着烟熏液浓度的增加呈先减小后增大的趋势；b^* 整体呈先减小后增大的趋势；感官评分随烟熏液浓度增加先增大后减小，8％处最大，达4.513。当烟熏液浓度达到10％后，感官评分 L^*、a^*、b^* 又开始下降。综合考虑，最佳的烟熏液浓度为8％。

表 10-10　烟熏液浓度对乳化肠品质的影响

烟熏液浓度	感官评分	L^*（亮度值）	a^*（红度值）	b^*（黄度值）
2％	3.811	29.139	16.324	16.943
4％	3.921	28.323	15.810	15.823
6％	4.167	31.180	16.434	17.312
8％	4.586	33.588	19.746	20.666
10％	3.967	26.923	14.189	13.487

（二）绿色制造烟熏腊肉

1. 腌制液的制备

配料有盐 3％、大葱 1％、姜 0.5％、大蒜 0.25％、八角 0.25％、花椒 0.2％、小茴香 0.1％、桂皮 0.08％、丁香 0.08％、砂仁 0.08％、肉蔻 0.05％、白糖 0.08％、甜面酱 0.25％、酱油 0.45％、醋 0.1％。加入 1.5 倍重量的水，大火煮制配料 3 h。冷却后弃残，肉坯与色味安全烟熏液放入滚揉机慢速滚揉 2～6h，温度控制在 0～4℃。

2. 预热、干燥、烟熏

预热是将烟熏箱内温度设定为 40℃，湿度为 90％，预热 2h；干燥是将烟熏箱升温到 70℃，维持湿度 40％，保持3h，以高温低湿的环境提高水分迁移速率；烟熏是用所述的色味安全烟熏液均匀喷洒于肉坯上进行熏制，温度 40℃，同时调整湿度为 60％，维持期间需再向肉坯上喷洒色味安全烟熏液，烟熏液的总用量为 8％。

3. 产品特点

该工艺烟熏腊肉脂肪颜色金黄，瘦肉深玫瑰红色，切面光泽、弹性好、有硬实感；烟熏味浓郁，咸淡适中，十分爽口。腊肉相关指标如下：瘦肉水分含量达25.20％，瘦肉部分红度值 a^* 为 27.56，瘦肉部分剪切力值为 20.03 N，总体感官评分为 9.4（感官评分从 1～10，口感、风味逐渐递增）。而对照试验组的传统腊肉相关指标如下：瘦肉水分含量达 35.21%，瘦肉部分红度值 a^* 为 19.32，瘦肉部分剪切力值为 44.12 N，总体感官评分为 8.2（感官评分从 1～10，口感、风味逐渐递增）。

（三）绿色制造烟熏牛肉

1. 腌制液的制备

配料有盐 3%、大葱 1%、姜 0.5%、大蒜 0.25%、八角 0.25%、花椒 0.2%、小茴香 0.4%、桂皮 0.08%、丁香 0.08%、砂仁 0.08%、肉蔻 0.05%、白糖 0.08%、甜面酱 0.25%、酱油 0.45%、醋 0.1%。加入 1.5 倍重量的水，大火煮制配料 2h。冷却后弃残，肉坯与色味安全烟熏液放入滚揉机慢速滚揉 2～6h，温度控制在 0～4℃。

2. 预热、干燥、烟熏

预热是将烟熏箱内温度设定为 50℃，湿度为 100%，预热 1h；干燥是将烟熏箱升温到 85℃，维持湿度 20%，保持 7h，以高温低湿的环境提高水分迁移速率（干燥时间还剩 2h 时，在牛肉上涂布一层香油，改善色泽，后继续干燥）；烟熏是用所述的色味安全烟熏液均匀喷洒于肉坯上进行熏制，温度 80℃，同时调整湿度为 70%，维持 60min（期间需再向肉坯上喷洒色味安全烟熏液），烟熏液的总用量为 8%。

3. 产品特点

该工艺烟熏牛肉色泽乌红，鲜嫩爽口、烟熏味浓郁。相关指标如下：水分含量 60.45%，红度值 a^* 为 29.73，剪切力值为 75.35 N，总体感官评分为 9.2（感官评分从 1～10，口感、风味逐渐递增）。而对照试验组的传统烟熏牛肉相关指标如下：水分含量 75.91%，红度值 a^* 为 20.83，剪切力值为 90.50 N，总体感官评分为 8.4（感官评分从 1～10，口感、风味逐渐递增）。

（四）绿色制造烟熏猪肚

将猪肚用醋、明矾搓洗去净污垢和黏液，再冲洗干净，再放入加有食品级碳酸钠的水中浸泡 5h，捞出沥干备用。

1. 腌渍液的制备

配料有盐 3%、大葱 1%、姜 0.5%、大蒜 0.25%、八角 0.25%、花椒 0.2%、小茴香 0.1%、桂皮 0.08%、丁香 0.08%、砂仁 0.08%、肉蔻 0.05%、白糖 0.08%、甜面酱 0.25%、酱油 0.45%、醋 0.1%。加入 1.5 倍重量的水，大火煮制配料 1.5h。冷却后弃残，发好的猪肚与色味安全烟熏液放入滚揉机慢速滚揉 2～4h，温度控制在 0～4℃。

2. 预热、干燥、烟熏

预热是将烟熏箱内温度设定为 50℃，湿度为 95%，预热 1.5h；干燥是将烟熏箱升温到 70℃，维持湿度 40%，保持 2h，以高温低湿的环境提高水分迁移速率（干燥 1h 后，在猪肚上涂布一层花生油，改善色泽，后继续干燥）；烟熏是用所述的色味安全烟熏液均匀喷洒于猪肚上进行熏制，温度 50℃，同时调整湿度为 70%，维持 60min（期间需再向肉坯上喷洒色味安全烟熏液），烟熏液的总用量为 8%。

3. 产品特点

该工艺烟熏猪肚表面暗红，爽滑可口、酥脆有弹性、烟熏味浓郁。相关指标如下：水分含量 41.03%，红度值 a^* 为 20.27，剪切力值为 12.32 N，总体感官评分为 9.1（感官评分从 1～10，口感、风味逐渐递增）。而对照试验组的传统烟熏牛肉相关指标如下：水分含量 57.23%，红度值 a^* 为 12.34，剪切力值为 16.79 N，总体感官评分为 8.3（感官评分从 1～10，口感、风味逐渐递增）。

三、非烟熏肉制品的特点

（一）感官特点

绿色制造非烟熏工艺制作的肉制品在色、香、味各方面与传统工艺烟熏肉制品基本一致，甚至更优。主要呈烟熏肉制品特有的红棕色或黄棕色的色泽，赋予烟熏肉制品特有的烟熏风味和滋味。与传统烟熏牛肉乳化肠相比，绿色制造非烟熏乳化肠挥发性风味物质中增加了 6 种酚类物质，其含量从 0 上升至 47.65%；烃类化合物的含量大幅度下降，从 18.82% 下降至 1.89%，种类也从 12 种降至 8 种；醇类物质种类基本不变，但含量从 10.36% 下降至 1.26%；醛酮类物质总体种类略有上升，含量基本保持不变；酸类、酯类物质含量下降，醚类物质含量上升；另外，绿色制造非烟熏乳化肠中还增加了两种呋喃类挥发性风味物质，含量为 1.59%。愈创木酚、4-甲基愈创木酚、2-乙氧基苯酚、4-甲氧基苯酚和 2，6-二甲氧基苯酚等酚类物质是烟熏乳化肠中主要的风味物质，与醛酮类、醇类、呋喃类以及酯类等化合物共同构成了良好的烟熏风味。同时，非烟熏工艺采用分段式干燥，提高了产品的品质，解决了传统工艺导致的肉制品表面结痂、干硬的问题，新工艺简化并优化了传统烟熏工艺，缩短了工艺时间，降低了生产成本，显著提高了产品品质。

（二）有害物质含量

采用国标规定方法分别对绿色制造非烟熏肉制品中的 3，4-苯并芘和甲醛含量进行检测，检测结果见表 10-11。

表 10-11　绿色制造非烟熏肉制品中有害物质含量对比

有害物质	绿色制造非烟熏肉	重庆熏肉	湖南熏肉	国家标准限量	欧盟标准限量
甲醛/(μg/kg)	未检出	22.51～124.30	8.88～24.99	不得检出	不得检出
3,4-苯并芘/(μg/kg)	<1	1～10	0.98～8.89	<5	<5

参 考 文 献

[1] 彭增起，吕慧超．绿色制造技术：肉类工业面临的挑战与机遇 [J]．食品科学，2013，34（7）：345-348．

[2] 彭增起，惠腾，王园等．四非肉制品加工方法：201210131864.8 [P]．2012.08.01．

[3] 姚瑶，彭增起，邵斌等．20 种市售常见香辛料的抗氧化性对酱牛肉中杂环胺含量的影响 [J]．中国农业科学，2012，45（20）：4252-4259．

[4] 刘森轩，彭增起，吕慧超等．120℃条件下模型体系烤牛肉风味的形成 [J]．食品科学，2015，36（10）：119-123．

[5] 石金明，王园，彭增起等．基于绿色制造技术的烤鸭品质特性与安全性研究 [J]．食品科学，2014，35（23）：274-278．

[6] 彭增起，卫璐琦，姚瑶．肉制品的绿色制造技术（Green manufacture technology for processed meats）[C] //第二届国际食品安全及可持续发展会议．美国圣地亚哥：2017．

[7] 彭增起，鲍英杰．先进肉制品绿色制造技术（Advanced green manufacture technology for processed meats）[C] //第九届欧洲全球峰会暨食品饮料博览会．德国科隆：2016．

[8] 郭秀云．绿色制造技术：肉类工业的挑战与机遇（Green manufacture technology：a challenge and opportunity for the meat industry）[C] //第 61 届国际肉类科技大会．法国：2015．

[9] 石金明，彭增起，朱易等．烧鸡油炸烟气中 PM2.5 浓度及有害物质含量的测定 [J]．肉类研究，2013，27（4）：36-39．

[10] Carcinogenicity of consumption of red and processed meat [EB/OL]．（2015-10-26）[2015-12-01]．http：//dx. doi. org/10. 1016/S1470-2045（15）00444-1．

[11] WANG Y，HUI T，ZHANG Y，et al. Effects of frying conditions on the formation of heterocyclic amines and trans fatty acids in grass carp (Ctenopharyngodon idellus) [J]．Food Chemistry，2015，167：251-257．

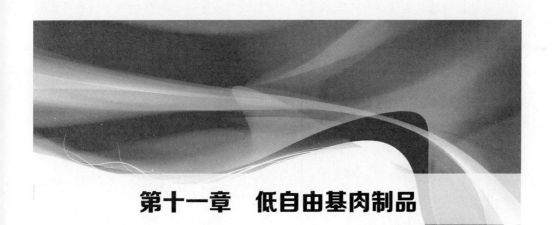

第十一章　低自由基肉制品

第一节　自由基概述

1900 年，M. Gomberg 第一次制得了三苯甲基自由基。1929 年，寿命更短的甲基自由基和乙基自由基被成功制得，从此自由基开始走入人们的视线，但此时人们仅仅把自由基当做一种奇特的新物质。1937 年 M. S. Kharasch 第一次发现自由基可以作为物质参加化学反应，从而创立了自由基化学。1944 年专门测定自由基信号的电子顺磁共振波谱仪（Electron Paramagnetic Resonance Spectrometer，EPR Spectrometer）被用来检测生物组织，生物体系中的自由基存在得以确认，但因设备昂贵研究进展缓慢。1969 年 McCord 和 Fridovich 发现超氧化物歧化酶（SOD），其重要的生物学意义促使自由基生物学研究突飞猛进。随着近代生物物理检测技术的发展，自由基研究已扩展到生物化学、细胞生物学、医药学、环境科学和农学等领域，相关期刊和专著亦相继出现，然而在食品领域尤其是肉制品方面的研究甚少，亟待人们去探索和开拓。

一、自由基的定义

（一）自由基与不成对电子

在一个原子轨道或分子轨道中两个自旋方向相反的电子称为成对电子（paired electrons），由于物理或化学因素导致原子或分子电子的成对性被破坏，生成带有不成对电子的产物，即自由基（free radical）。

$$A:B \rightarrow A \cdot + B \cdot$$

可见自由基既可以是分子或原子，也可以是带有正或负电荷的离子，也可以是作为分子片段的基团，但凡是自由基，其共同特征就是带有不成对电子。需要注意的是，有些过渡金属元素也具有不成对电子，不过这些不成对电子存在于电子层的内层，严格来说它们不属于自由基。

为了显示自由基的不成对电子的特征，在书写时，一般在带有不成对电子的原子或者原子团符号旁边加"·"，如氢自由基（H·）、甲基自由基（CH$_3$·）和羟自由基（OH·）。有时为了准确描述该不成对电子的位置，就把黑点标注在不成对原子上，如甲基自由基中不成对电子由碳原子贡献，其准确描述为·CH$_3$；羟自由基中不成对电子由氧原子贡献，其准确描述为·OH。

（二）自由基的顺磁性

电子在轨道上单向运动时必定会产生电流，形成磁场。在同一轨道中的成对电子自旋方向相反，有效电流为0，产生的磁场方向相反相互抵消，因而对外不显示磁性。而自由基带有一个不成对电子，其总自旋角动量不为0，对外显示顺磁性，这是自由基独特的物理特性。

由于自由基具有顺磁性，本身似一个磁体，在外加电场的作用下，不成对电子只能采取与磁场平行或反平行的取向，前者稳定能量低，后者不稳定能量高，能量差为ΔE。若外磁场方向合适且能量恰为ΔE，电子则吸收能量从低能级跃迁至高能级，产生电子能与外场共振的现象。电子顺磁共振（EPR）就是利用这一特性鉴定自由基。

二、自由基的来源

（一）自由基的产生

将成对电子破坏转为带有不成对电子的自由基，换句话说就是共价键断裂，一般通过热解、光解、辐射分解以及氧化还原反应等。

热解，即通过加热发生热均裂反应。在油炸过程中，脂肪和油炸油的温度一般都在200℃左右，此时脂肪酸断裂形成脂质自由基。

光解，即可见光和紫外线引起的光化学反应。牛奶暴露在日照下，其中酪氨酸经光解形成酪氨酰自由基，导致牛奶变味。

辐射分解，即辐射产生的裂解反应，辐解的能源为γ射线、X射线或高能量粒子流。当细胞受到辐射后，水会发生电离，产生氢自由基（H·）和羟自由基（OH·）。

过氧化氢、维生素C等与金属离子发生单电子氧化还原反应时，可以产生自由基。Fenton反应是典型的单电子氧化还原反应，产生羟自由基（OH·）。除铁之外，其他过渡金属也能催化Fenton反应。

$$H_2O_2 + Fe^{2+} \longrightarrow OH \cdot + OH^- + Fe^{3+}$$

（二）脂质自由基

1. 脂质的自由基链反应

脂质分子是相对稳定的，在空气中不易发生氧化。在活泼自由基的作用下，脂质中不饱和脂肪酸 RH 脱去 1 个氢原子形成碳原子为中心的脂质自由基 R·，该脂质自由基再与氧气发生反应生成脂质过氧自由基 ROO·。ROO·再进攻其他脂质分子 RH，生成新的脂质自由基 R·和脂质氢过氧化物 ROOH。此反应反复进行，从而导致脂质分子的不断消耗和脂质过氧化物的大量生成。

$$RH + OH \cdot \longrightarrow R \cdot + H_2O$$
$$R \cdot + O_2 \longrightarrow ROO \cdot$$
$$ROO \cdot + RH \longrightarrow R \cdot + ROOH$$

通常情况下，ROOH 是比较稳定的，不会对过氧化反应有促进作用。但实际上，ROOH 会与过渡金属离子发生类 Fenton 反应，产生脂质烷氧自由基 RO·和脂质过氧自由基 ROO·，继续引发和增长自由基链反应，极大加速脂质氧化过程。由上述可见，脂质过氧化是典型的自由基链反应。

$$ROOH + Fe^{2+} \longrightarrow Fe^{3+} + OH^- + RO \cdot$$
$$ROOH + Fe^{3+} \longrightarrow Fe^{2+} + H^+ + ROO \cdot$$

2. RO·、ROO·与 ROOH 的性质

R·、RO·、ROO·以及 ROOH 是脂质过氧化过程中的主要中间产物。其中，RO·、ROO·和 ROOH 也属于活性氧（ROS）。

（1）RO·脂质烷氧自由基　RO·可由 ROOH 通过类 Fenton 反应产生，它的性质类似于羟基自由基 OH·，但 RO·寿命相对稳定。OH·寿命极短，仅能作用于生成部位，而 RO·可以扩散到其他部位攻击生物大分子，从而导致损伤。因此来说，RO·的危害性更大。不饱和脂肪酸如花生四烯酸的过氧化物产生的 RO·可以经环化反应后形成环氧-烷基自由基。

（2）ROO·脂质过氧自由基　ROO·是脂质过氧化的主要中间产物之一，活性弱于 RO·，但仍能从脂肪酸分子中提取氢原子，若没有抗氧化剂等清除该过氧自由基，那么脂质过氧化过程将继续持续下去，从而增长自由基链反应。

（3）ROOH 在肉制品中，铁是最重要的脂质过氧化作用的促进剂，非紧密结合的铁如 Fe^{2+}-ADP 以及含紧密结合的铁，如血红素、高铁和氧合血红蛋白、肌红蛋白、细胞色素等均可以与 ROOH 发生类 Fenton 反应，从而生成 RO·和 ROO·间接起到促进作用。而在谷胱甘肽过氧化物酶或谷胱甘肽转移酶作用下，

ROOH 可以转变为化学反应性很低的 ROH。

（三）蛋白质自由基

肌肉中蛋白质占的比重约 $18\%\sim20\%$，蛋白质氧化是影响肉品质量的关键问题。

蛋白质氧化可以说是活性氧（ROS）诱导的蛋白质共价修饰或是与氧化应激副产物的反应。蛋白质氧化和脂质氧化一样，也是自由基链反应，蛋白质自身或组成蛋白质的氨基酸都是自由基的攻击靶分子，正常状态下细胞每消耗 100 个氧分子就会产生一分子氧化蛋白质。活泼自由基如 OH· 夺取蛋白质分子 PH 上的氢原子，形成碳原子为中心的蛋白质自由基 P·，在氧气存在的条件下，P·进一步转换为蛋白质过氧自由基 POO·。POO·再进攻其他蛋白质分子 PH，生成新的蛋白质自由基 P·和蛋白质氢过氧化物 POOH。

$$PH + OH· \longrightarrow P· + H_2O$$

$$P + O_2 \longrightarrow POO·$$

$$POO· + PH \longrightarrow POOH + P·$$

在过渡金属离子如 Fe^{2+} 存在时，蛋白质氢过氧化物 POOH 会发生类 Fenton 反应，产生蛋白质烷氧自由基 PO·。蛋白氧化还能发生在蛋白质分子之间，尤其是含有氮原子或硫原子为中心的活性氨基酸残基的蛋白质分子之间。脂质氧化产物如 ROOH、ROO·能夺取蛋白质分子的氢原子，从而促进蛋白氧化。

$$POOH + M^{n+} \longrightarrow PO· + OH^- + M^{(n+1)+}$$

$$PH + ROO· \longrightarrow P· + POOH$$

$$PH + ROOH \longrightarrow RO· + P· + H_2O$$

参与 DNA 合成的核糖核苷酸还原酶中包含的酪氨酸酰自由基是第一个被发现的参与酶催化反应的功能性蛋白质自由基。蛋白质中的甘氨酸、半胱氨酸、酪氨酸、色氨酸、修饰酪氨酸和色氨酸能够形成稳定的和瞬时的氨基酸自由基。H_2O_2 诱导的高铁肌红蛋白和牛血清蛋白反应产生的蛋白质自由基常温下可以存在 13min。

第二节　自由基的危害

一、自由基与衰老

（一）衰老自由基学说

衰老是机体随时间的推移必然发生的自然过程。衰老学说有 300 多种，1956 年 Denham Harman 首次提出自由基衰老学说，认为衰老过程中的退行性变化是由于细胞正常代谢过程中产生的自由基的副作用导致的。正常情况下，细胞新陈代谢不断产生新的自由基，而当自由基过量时，体内的自由基清除剂如超氧化物歧化酶（SOD）、过氧化氢酶（CAT）和谷胱甘肽过氧化物酶（GSH-Px）等会将其清除，从而维持机体内自由基的正常水平，自由基的生成和清除是处于动态平衡的。当机体衰老时，机体清除自由基的能力变弱，过剩的自由基就会对核酸、蛋白质和脂质等生物大分子造成损伤，当损伤程度大于修复能力时，组织器官的机能就逐步发生紊乱，机体表现出衰老现象。

衰老的自由基学说是有实验支撑的，1957 年 Denham Harman 用占饲料比重 0.5%～1.0%的几种自由基清除剂喂养小鼠终生，小鼠寿命得以延长，随后越来越多的研究相继证明了这一理论。经不断的发展和完善，该学说可以概括为机体产生的自由基越少或清除自由基的能力越强，寿命越长。

（二）活性氧促衰老

兔、猪、牛、鸭和鼠等 7 种哺乳动物的肾和心脏中线粒体产生 ROS 速率与其寿命成高度负相关，也就是说在单位时间内 ROS 产生得越多，其最长寿命越短。蝇类胸部飞翔肌亚线粒体质粒产生 ROS 的量与平均寿命呈负相关，ROS 产量越高，寿命越短。越来越多的研究证明 ROS 是衰老的决定性因素。

决定寿命的基因有 55 个以上，它们都与 ROS 有关。ROS 具有高度活性，能攻击组织器官的生物大分子如核酸、蛋白质和脂质等，导致这些生物大分子的氧化性损伤，从而改变基因表达，降低防御能力，反过来促进 ROS 的生成，形成恶性循环，加剧机体的衰老。衰老是由于自由基等各种因素对机体损伤积累的结果。

1. DNA 的氧化性损伤

ROS 中活泼的单电子易与亲核性的 DNA 分子结合，造成 DNA 碱基改变，甚至链的断裂。与细胞核 DNA（nDNA）相比，线粒体 DNA（mtDNA）没有组蛋白或其他结合蛋白的保护，更易受到 ROS 的攻击，比如它的鸟嘌呤氧化性损伤产物 8-OHdG 是 nDNA 的 80～200 倍。DNA 的损伤必定会引起一系列的连锁反应，如 RNA 转录减弱，蛋白质（尤其是酶）合成减弱，包括免疫功能在内的各种细胞功能的丧失和细胞死亡，导致衰老和死亡。

2. 蛋白质的氧化性损伤

ROS 是引起蛋白质氧化性损伤的主要因素之一，蛋白质氧化性损伤可以发生在主链和侧链，由于生物系统中潜在的复杂的修复作用，主链断裂产生的片段几乎不能用来作为蛋白质氧化性损伤的标志物。蛋白质侧链氧化性损伤会引入羰基，体内羰基水平的改变反映蛋白质氧化损伤的程度。酪氨酸易被 ROS 氧化成二酪氨酸，可以作为蛋白质氧化损伤的指标。

由 ROS 引起的蛋白质氧化性损伤与衰老发生相关。当机体衰老时，皮肤变皱、骨骼变脆、眼晶状体的物理性质改变等均是由于胶原蛋白的氧化性损伤引起的。衰老的交联理论认为衰老时胶原蛋白及其他细胞外的大分子的交联度增加，导致结缔组织的物理和化学结构的改变，衰老时胶原蛋白溶解度的降低也支持了该理论。在动物和人体中研究发现蛋白质氧化性损伤与寿命呈负相关，长寿的线虫其羰基含量明显少于短寿线虫，早老症患者的蛋白羰基在 10 岁时就会超过 80 岁的正常人。

3. 脂质的氧化性损伤

不饱和脂肪酸或脂类在有自由基引发剂和氧气的情况下，会发生过氧化作用。有一种易老的小鼠血清和肝中脂质过氧化物在出生后 2～3 个月就明显增多，而且一直高于正常的小鼠。脂质过氧化物的增多比衰老的临床症状出现得还早，说明脂质过氧化物引起和促进衰老。脂质过氧化的重要产物丙二醛与蛋白质和核酸交联后会形成脂褐质，或称老年斑。

二、自由基与癌

（一）自由基致癌

只有需氧高等生物才患癌，癌必然与氧存在某种联系。致癌物须在体内经过一个所谓代谢活化作用，形成极活泼的亲电子化合物或自由基，并去攻击 DNA 后，才产生致癌作用。致癌因素可分为物理、化学和生物三大类，三种致癌因素都有自由基参与。物理因素以电离辐射和紫外线为主，它们都能使生物分子产生自由基；化学致癌剂都必须经过体内代谢或体外活化，从分子状态变成自由基后才致癌，分子状态的致癌物是不发挥致癌作用的；生物致癌因素是指病毒将自身携带的基因直接感染宿主后发生癌变。病毒在感染和复制过程中必须有自由基参与。

（二）肉制品中常见致癌物致癌机理

1. 多环芳烃类

在烟熏、烧烤等传统肉制品加工方式中，多环芳烃类化合物如苯并芘（BP）会大量产生。苯并芘是多环芳烃中最典型的致癌物，它有 a 和 e 两种异构体（图 11-1）。

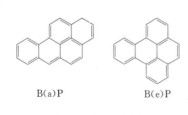

B(a)P   B(e)P

图 11-1　苯并芘结构

B(a)P（也称 3,4-苯并芘）为强致癌剂，而 B(e)P 却无致癌作用。多环芳烃类的不饱和双键经活化后产生自由基中间体，再氧化性攻击形成酚、二醇类、环氧化物和亲电性的正碳离子等。许多致癌致突变生物学实验证明，苯并芘的最终致癌物是两类立体异构的 7,8-二羟-9，10-环氧化物（图 11-2），它们能结合大分子，导致癌症的发生。而 6-OH 苯并(a)芘比其他位的羟化物有较高的致突性，最终形成苯并(a)芘二醌导致成纤维细胞生成活性氧簇（reactive oxygen species，ROS），DNA 受损，细胞突变。

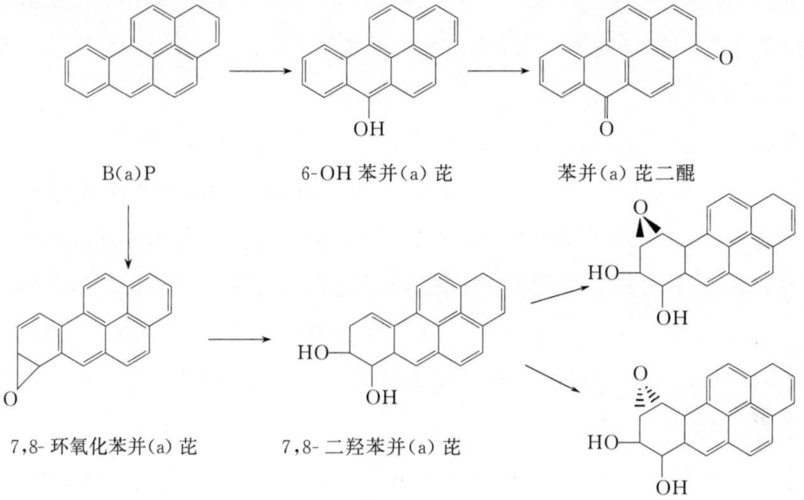

B(a)P　　　6-OH 苯并(a)芘　　　苯并(a)芘二醌

7,8-环氧化苯并(a)芘　　　7,8-二羟苯并(a)芘

图 11-2　苯并芘的衍生物

2. 杂环胺类

杂环胺是传统肉制品加工方式尤其是烧烤中常见的有害物之一，是致癌致突变前体物。它们经 N-羟基化形成不稳定中间体 N-羟基胺，它有可能进一步变成氮氧自由基及烃基正碳离子中间体。这些亲电子的中间体也不稳定，能与亲核性靶物质反应，于是致癌。

3. 硝盐及亚硝盐

硝盐和亚硝盐是常用肉品发色剂，当它们转变成亚硝胺时就形成强烈致癌剂。亚硝胺在酶的羟化作用下形成烷化剂，例如烃基正碳离子。硝基还原酶能催化硝基芳香性化合物（RNO_2）还原成阴离子自由基（$RNO^- \cdot$），它可将孤电子给细胞中的氧，使之还原成 $O_2^- \cdot$。

第三节　肉制品中自由基常用检测方法

电子自旋共振（Electron spin resonance，ESR）又称电子顺磁共振，是检测自由基最直接最有效的方法。电子自旋共振是研究电子自旋能级跃迁的一门学科，通过利用自由基独特的顺磁性，记录 ESR 信号，检测和鉴定自由基。

一、ESR 参数的选择

ESR 测量和研究自由基，其测定参数选择尤为重要，若参数选择不当，得到的结果可能出现误差甚至错误。测量自由基时需注意的主要参数有微波功率、调制幅度、扫场宽度和扫描时间、扫场速度和时间常数等。

（一）微波功率

微波功率是重要的 ESR 参数之一，它的选择直接关乎到能否检测到自由基。饱和功率是自由基的属性，不同的自由基具有不同的饱和功率。出现饱和之后，电子在不同能级间的分布差减少，其 ESR 信号强度随功率增加而减小，这对检测 ESR 信号来说是不利的。当微波功率过低于饱和功率，则得不到足够强的自由基信号；当微波功率过高于饱和功率，则会导致谱线发生畸变，甚至无法检测到信号。最理想的微波功率应该是略低于饱和功率，此时谱线便于研究分析信息。

在某些情况下，饱和功率也可以用来区别不同的 ESR 信号。例如半醌自由基和多环芳烃自由基，它们的 ESR 波谱很相似，g 因子也很接近，但是它们的饱和功率有很大的差别，半醌自由基的饱和功率为 2 mW 左右，多环芳烃自由基的饱和功率在 100 mW 以上。因而在 2 mW 以下测得的 ESR 信号，主要是半醌自由基，多环芳烃自由基在这么低的功率下其信号强度可忽略不计。再在 100 mW 测量得到的 ESR 信号，则主要是由多环芳烃自由基贡献，半醌自由基在这么大的功率下早已饱和畸变消失。

（二）调制幅度

通常情况下调制频率是不调节的，只调节调制幅度。调制幅度不同，谱线信号是不同的。调制幅度与线宽相关，当调制幅度与线宽比很小是，得到的 ESR 波谱不发生任何畸变，在一定范围内，ESR 信号强度与调制幅度呈正相关。当调制幅度比较大时，这一正比关系就消失了；当调制幅度等于线宽时，记录的信号最大；如果调制幅度再增大时，得到的 ESR 信号就开始下降了，而且线宽被增宽，波谱出现畸变。ZrO_2 的调制幅度在 0.6~1.4mT 时，ESR 信号的相对强度跟调制幅度成正比；当在调制幅度小于 0.6mT 时，ESR 信号的相对强度随调制幅度变化是不均匀增强的；当调制幅度大于 1.4mT 时，这一正比关系就开始消失了，但信号强度仍随之增大的，如果调制幅度进一步增大时，谱线则会出现畸变。一般为了保证得到的信号较突出、不畸变，取调制幅度为线宽的四分之一比较合适。

(三) 扫场宽度与扫场时间

检测未知样品时，因不确定其 ESR 信号位置，通常先扩大扫场范围，防止漏掉 ESR 信号。发现 ESR 信号后再将扫场范围缩小，使得所要研究的 ESR 信号处在适当的位置。要测量线宽和 g 值的 ESR 波谱，还应尽量将扫场范围缩小，使 ESR 波谱拉开。这样可以保证测量的精确度，减少测量误差。

不同扫场时间 ESR 波谱的线型和强度是有差异的。扫场时间在一定程度上会影响 ESR 波谱的分裂，尤其是具有超精细分裂的自由基 ESR 波谱，扫场时间要慢，否则波谱的线型和强度会发生畸变，得不到满意的谱线。一般情况，不同自由基有不同的扫场时间设置，在实际操作过程中，扫场时间的设置要结合扫场宽度和时间常数来恰当设置。

(四) 扫场速度和时间常数

时间常数对平均噪声和提高信噪比（S/N）有重要作用。通常情况下，为了避免记录的 ESR 波谱畸变和基线噪声过大，扫场速度和时间常数要耦合得当。如果时间常数取的比较大，其扫场速度就要慢些，最佳的时间常数要设定成与扫场速度的乘积远远小于 1。

二、g 因子

g 因子在本质上反映出一种物质分子内局部磁场的特征，能提供分子结构信息。每种自由基都有其特定的 g 因子，就像在紫外一个吸收峰的波束和 NMR 的化学位移一样重要。通过测量 ESR 波谱的 g 因子，有助于鉴定自由基的结构和性质。已知自由电子的 g 因子 $g_e = 2.002319$，电子的自旋运动与轨道运动的耦合作用越强，则 g 因子对 g_e 的增值越大，表现出来的波谱的 g 因子越大。

在给定的 ESR 波谱上，可以求出该自由基的 g 因子，以此鉴别自由基：

$$h\nu = g\beta H$$

$$g = h\nu / \beta H$$

式中，h 是普朗克常数，ν 是微波频率，β 是玻尔磁子，H 是磁场强度。

一些物质的 ESR 波谱的 g 因子见表 11-1。

表 11-1　一些物质的 ESR 波谱的 g 因子

物质名称	g 因子	物质名称	g 因子
DPPH	$2.0036 \sim 2.0038$	苯半醌类	$2.0040 \sim 2.0050$
氮氧自由基	$2.0050 \sim 2.0073$	Fe^{3+} 络合物(低自旋)	$1.4 \sim 3.1$
过氧化自由基	$2.01 \sim 2.02$	Fe^{3+} 络合物(高自旋)	$2.0 \sim 9.7$
含硫自由基	$2.02 \sim 2.06$		

三、自由基浓度

g 因子主要反映了样品中自由基的种类，自由基浓度则主要是对样品中自由基定量的物理量。自由基浓度通常表示为每克、每毫克、每毫升样品中所含自旋数或自由基的量，它正比于样品 ESR 信号吸收峰的面积，微分信号需要积分两次才能得到。一般来讲，样品中自由基浓度的绝对定量比较困难，经常采用比较法，作相对浓度测量。通过比较已知浓度和未知浓度样品的 ESR 信号吸收峰面积，可以计算出未知样品自由基的浓度：

$$C_x = C_i(S_x/S_i)$$

C_x 是未知样品浓度，C_i 是已知浓度，S_x 是样品吸收峰面积，S_i 已知浓度吸收峰面积。这种测量方式适用于线形和线宽都不相同的两种样品自由基。

当两种样品的 ESR 信号的线性相同，但线宽不同时，其自由基的相对浓度则可用 ESR 波谱的峰高和线宽（H）来表示：

$$C_x = C_i h_x (H_x)^2 / h_i (H_i)^2$$

当两种样品的 ESR 信号线性相同（即都是高斯型或洛伦兹型），线宽也相同时，自由基浓度的测量就会大大简化。只要比较两者 ESR 信号的峰高 h 即可：

$$C_x = C_i (h_x/h_i)$$

第四节　肉制品中自由基含量与减控

一、肉制品中自由基含量

（一）辐照肉制品中自由基含量

辐照杀菌作为冷杀菌的一种，其工艺简单容易控制，且不损害加工产品的外观品质和内在特性，在食品行业中一度流行。1980 年由联合国粮农组织（FAO）、国际原子能机构（IAEA）以及世界卫生组织（WHO）组成的"辐照食品卫生安全性联合专家委员会"就辐照食品的安全性得出结论：食品经不超过 10 kGy 的辐照，没有任何毒理学危害，也没有任何特殊的营养或微生物学问题。

1. 含骨类动物源性食品

早在 1996 年，欧盟就颁布了《EN 1786：1996 食品.含骨类辐照食品的 ESR 波谱检测法》；2007 年我国农业部发布了《NY/T 1573—2007 辐照含骨类动物源性食品的鉴定—ESR 法》。含骨类动物源性食品中都含有钙化物质，经 γ 射线或低能加速器放射出的高能电子束（EB）辐照后会产生电离辐射作用，钙化物质的共价键会均裂而产生大量长寿命自由基，通过 ESR 可检测出辐照后在骨组织中产生的自由基，反应在 ESR 图谱上出现典型的不对称信号（分裂峰），产生的自由基数量随吸收剂量的增加而增加，故 ESR 信号强度也随吸收剂量的增加而增加（图 11-3 和图 11-4）。

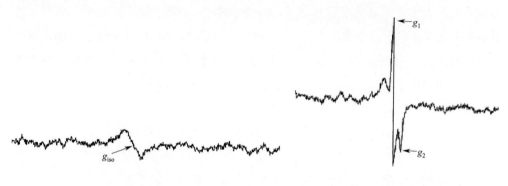

图 11-3　未辐照鸡肱骨 ESR 图　　　　图 11-4　辐照鸡肱骨 ESR 图谱

2. 辐照肉品

肉品经辐照会产生异味，肉色变淡，1 kGy 剂量辐照鲜猪肉即能产生异味，30 kGy 异味增强，这主要是含硫氨基酸分解的结果。辐照处理的剂量与处理后的储藏条件会直接影响其效果，辐照剂量越高，保藏时间越长。不同肉类辐照剂量与保藏时间见表 11-2。

表 11-2　不同肉类辐照剂量与保藏时间

肉类	辐照剂量/kGy	保藏时间
鲜猪肉	^{60}Coγ：15	常温保存 2 个月
鸡肉	γ 射线：2～7	延长保藏时间
牛肉	γ 射线：5	3～4 周
羊肉	γ 射线：47～53	灭菌保藏
腊肉罐头	^{60}Coγ：45～56	灭菌保藏

未干燥处理的样品经辐照后形成的自由基易衰减，而经干燥处理如冷冻干燥的样品其自由基能存在更长的时间而被 ESR 检测。Rosa Escudero 研究发现在 0～4 kGy 辐照过的西班牙干腌火腿（Serrano ham）的脂肪和肌肉部分均能检测到 ESR 信号，信号强度与辐照剂量呈正相关，且肌肉部分信号强度显著高于脂肪部分。脂肪中饱和及不饱和脂肪酸酯和甘油三酯经辐照后会形成烷基、羰基、烯丙基以及酰基自由基等大量自由基，在 ESR 图谱上显示出较为复杂的多峰，且信号强度随辐照剂量增加而增加。

（二）热加工肉制品中自由基含量

检测热加工肉制品中自由基含量主要利用两种技术——冷冻干燥技术和自旋捕获技术。冷冻干燥的样品几乎都能检测到 ESR 信号，主要是由于在冷冻干燥过程中氧气会与样品发生反应以及水的去除引起了化学键的断裂等，样品中原有的信号发生改变甚至引入了新的自由基信号，因而通常不能反映样品中实际的自由基。自旋捕获技术是将一种不饱和的抗磁性物质——自旋捕获剂加入到待检测样品体系中，加合形成寿命较长自旋加合物，可以用 ESR 检测，最常用的自旋捕获剂有苯基叔丁基硝酮（phenyl-tert-butylnitrone，PBN）、5,5-二甲基-1-吡咯啉-1-氧化物（5,5-dimethyl -1-pyrroline-1-oxide，DMPO）等。

热加工肉制品中自由基含量主要来源于脂质氧化和蛋白质氧化，脂质来源的自由基活性较高且寿命短，蛋白质来源的自由基活性较低且寿命较长。加工肉制品中自由基含量与加工温度和加热时间呈正相关。本实验室前期研究表明，牛肉在 55℃水中煮 1 h 几乎检测不到自由基信号，在 65℃时能看到明显的 ESR 信号，且随热加工温度和时间的提高，ESR 信号强度增加，自由基含量增加（图 11-5 和图 11-6）。

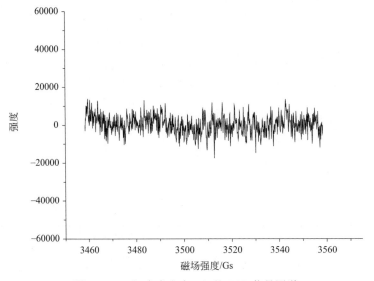

图 11-5　55℃水煮牛肉 1 h 的 ESR 信号图谱

（三）高压肉制品中自由基含量

超高压，国外称高静压，是指将 100～1000 MPa 的静态液体压力施加于处理制品上，同时保持一定时间，以达到杀菌、破坏酶以及改善物料结构和特性为加工目的的处理手段。超高压杀菌技术是一种非热加工技术，其更能较好地保持食品的固有营养成分、质构、色泽和新鲜程度，一直是国内外食品科学与工程领域的研究热点。

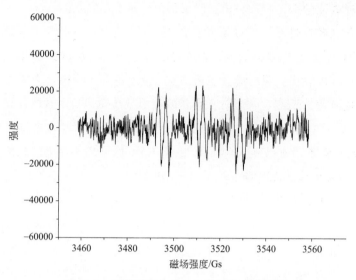

图 11-6　65℃水煮牛肉 1 h 的 ESR 信号图谱

超高压能够导致脂类（甘油三酯）溶解温度的可逆上升，一般为 10℃/100 MPa，室温状态下液体的油脂结晶化，还能引起脂质的氧化和水解。而对蛋白质的一级结构基本不产生影响，主要会对非共价键如氢键、盐键和疏水键等有修饰作用，引起蛋白质发生变性或形成新的稳定结构。Tomas Bolumar 发现高压处理的鸡胸肉中有自由基的形成，且自由基的生成与温度和压强相关。在 5℃下，自由基产生的压强阈值为 400 MPa，在 25℃下，压强阈值升高，达到 500 MPa。在阈值之上，随着压力（400～800 MPa）、温度（5～40℃）和时间（0～60min）的增加，ESR 信号强度增加，自由基增多（表 11-3）。可见，高压处理条件的优化对于减少肉制品中的自由基含量有重要作用。

表 11-3　鸡胸肉在 25℃高压处理过程中产生自由基量

时间/min	自由基量/μmol		
	500 MPa	600 MPa	700 MPa
10	0.183	0.239	0.697
30	0.505	0.651	1.468
60	0.871	1.248	1.881

二、自由基减控研究

（一）抗氧化剂

抗氧化剂和自由基清除剂在自由基生物学上几乎是同义词。自由基清除剂能清

除自由基，或者能使一个有毒自由基变成另一个毒性较低的自由基。

抗氧化剂主要通过两种途径清除自由基。一是清除自由基引发剂和中间产物（如 OH·/ROO·），能够提供氢原子或电子给 OH·，从源头上防止脂质或蛋白质自由基链反应的发生，或是结合脂质氧化中间产物 ROO·，破坏并终止脂质或蛋白质的自由基链式反应，从而防止额外的脂质或蛋白质自由基的形成。形成的苯氧自由基（PO·）相对稳定，也可以与其他自由基反应中断自由基链反应。二是螯合过渡金属离子（如 Fe^{2+}/Cu^+）形成不溶性的或不活泼的化合物，防止 Fenton 反应的发生以此限制自由基引发剂的产生。

$$OH·/ROO· + POH \longrightarrow H_2O/ROOH + PO·$$

$$PO· + R· \longrightarrow POR$$

植物多酚类及其所属黄酮类物质较维生素 E 和抗坏血酸具有更强的体外抗氧化能力。在肉制品加工生产过程中，为了改善和提高肉制品的感官品质和食用特性，常在肉制品中添加一些辅料如生姜、大蒜、陈皮等，同时它们也具有较强的抗氧化作用。

（二）真空包装

真空包装是指除去包装袋内的空气，经过密封，使包装袋内的食品与外界隔绝。真空包装一般需要结合其他一些常用的防腐方法才能取得良好的保护效果，如脱水、加入香辛料、灭菌、冷冻等。

参 考 文 献

[1] Tomas Bolumar, Leif H. Skibsted, et al. Kinetics of the formation of radicals in meat during high pressure processing [J]. Food Chemistry, 2012, 134: 2114-2120.

[2] Michael J. Davies. Detection and characterization of radicals using electron paramagnetic resonance (EPR) spin trapping and related methods [J]. Methods, 2016, 109: 21-30.

[3] Andrew B. Falowo, Peter O. Fayemi, Voster Muchenje. Natural antioxidants against lipid-protein oxidative deterioration in meat and meat products: A review [J]. Food Research International, 2014, 64: 171-181.